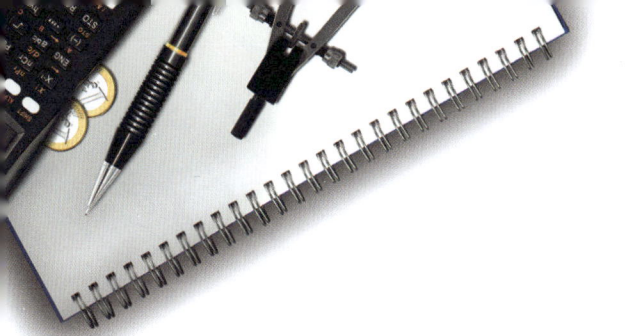

装修基础指南 流程篇

理想·宅 编

兵器工业出版社

内容提要

本书分为上下两册，上册的主要内容为家装的基本流程。包括前期准备，中期选择设计公司以及后期施工的先后顺序和种类等。其中关于施工过程又细分为各类更具体的流程步骤。

下册的主要内容为如何在装修过程中做到既省钱又保证质量。其结合了软装配色的基础知识，对色彩与软装进行了详细解说。本书不仅能够使读者了解施工工艺和流程，还能从根本上提高读者对于家居软装色彩的敏感度并为其提供超级实用的宝典级素材库。

图书在版编目(CIP)数据

装修基础指南 / 理想·宅编 . -- 北京：兵器工业出版社, 2019.2

ISBN 978-7-5181-0494-9

Ⅰ.①装… Ⅱ.①理… Ⅲ.①住宅－室内装饰设计－指南 Ⅳ.① TU241-62

中国版本图书馆 CIP 数据核字（2019）第 030281 号

出版发行：兵器工业出版社	责任编辑：贺婷婷
发行电话：010-68962596，68962591	封面设计：骁毅文化
邮　　编：100089	责任校对：郭芳
社　　址：北京市海淀区车道沟 10 号	责任印制：王京华
经　　销：各地新华书店	开　　本：787×1092　1/16
印　　刷：天津雅泽印刷有限公司	印　　张：27
版　　次：2019 年 3 月第 1 版第 1 次印刷	字　　数：750 千字
印　　数：1-4000	定　　价：128.00 元

（版权所有　翻印必究　印装有误　负责调换）

前言 PREFACE

众所周知，家庭装修是一件劳心费力的事情。因为其涉及的知识面广泛，产品繁多，对于不了解此行业却需要装修的读者来说，若是系统学习需要花费大量的时间与精力。且绝大多数的读者没有装修经验，这就很可能发生被装修公司或装修工人欺骗的情况。

《装修基础指南》一书旨在帮助需要装修的读者了解有关装修的基础知识和注意事项，以及如何在省钱的同时也能保证良好的质量，使读者在装修前做到心中有数。

本书分为六部分内容，主要包括装修前应做的准备工作、如何选择合适的装修团队、施工流程、装修基础、装修可以省的操作和装修不可以省的细节等。

其中，本书讲解的装修流程以及省钱技巧利用流程演示图、图像表格的形式来表达较为晦涩难懂的内容。目的是使业主更直观、更清晰的了解到装修过程中最重要最核心的部分。还附有精美实景图片搭配讲解，辅助掌握更轻松。

目录 CONTENTS

流程篇

第一章
装修准备提前做，理智规划第一步

第一节 确认装修需求 … 002
一、明确居住需求，装修设计有基础 … 002
二、确定空间分配，空间利用最大化 … 004
三、结合成员习性，风格定位有依据 … 005

第二节 合理规划预算 … 058
一、了解装修费用组成，资金流向更清楚 … 058
二、分清装修档次区别，量力分配不盲目 … 060

第三节 确定功能分区 … 062
一、区分空间设计，精准要点效果佳 … 062
二、熟悉空间动线，生活便利又舒畅 … 074
三、了解家具尺寸，空间规划更准确 … 078

第二章

装修团队选择对，
减少操心第二步

第一节
了解装修公司　　　　　　　　　**082**

一、认识发包方式的差异，合理选择少出错　　082

二、搞懂装修公司差别，自由选择更放心　　　084

三、掌握沟通谈判技巧，需求传达才清晰　　　086

第二节
选择家装团队　　　　　　　　　**094**

一、梦想家居效果呈现，选对理想设计师最关键　094

二、装修不费心力与精力，寻对专业监理很重要　096

第三节
谨慎签订合同　　　　　　　　　**098**

一、了解装修合同的要点，避免蒙混出问题　　098

二、读懂装修报价单、识破陷阱不被坑　　　　100

三、识别预算报价黑幕，不做装修冤大头　　　106

目录 CONTENTS

四、提前了解增费项目，意外开支可避免　　108

第三章
实战施工要把控，保证质量第三步

第一节
选购装修材料　　**112**

一、建材购买有顺序，提前购买不耽误　　112
二、建材档次划分多，勤加比较性价高　　116
三、材料用量计算请，避免浪费白花钱　　118
四、材料选购常识多，质高价廉不难买　　120

第二节
了解施工项目　　**128**

一、拆除施工要谨慎，拆除小心别拆错　　130
二、新建施工不能急，准备充足根基稳　　134
三、水电施工规划好，管线质量把控牢　　137
四、木工施工要严格，装订牢固才安全　　143
五、瓦工施工要细心，瓷砖粘贴需整齐　　146
六、油工施工要求多，基层处理最关键　　154
七、安装施工需仔细，细节出错难修缮　　159

第三节
熟悉监工重点   **185**

一、施工工艺不同，细节检查有区分   185

二、认识常见施工错误，及早规避免麻烦   189

第四节
掌握验收细节   **197**

一、验收工具自己备，辅助检测用处大   197

二、验收重点掌握清，分期监控更全面   199

三、局部验收不忽视，避免返工费钱力   210

第四章
装修准备要做好，实战省钱基础牢

第一节
确认装修需求   **220**

一、了解装修基本流程，坚实走好每一步   220

二、明确自身装修需求，理性装修最关键   222

三、调查对比装修市场，打好基础不慌乱   226

目录 CONTENTS

第二节
定位装修风格　　228

一、中式古典风格古典华贵，装饰复杂昂贵　　228
二、新中式风格质朴传统，设计简洁不失韵味　　230
三、欧式古典风格精致奢华，繁复造型预算高　　234
四、简欧风格化简去繁，效果精美预算低　　236
五、美式乡村风格稳重大气，厚重家具价格高　　240
六、现代美式风格自由包容，简化材质更省钱　　242
七、现代时尚风格创造革新，个性设计花费多　　246
八、现代简约风格简朴实用，重装饰轻装修更节约　　248
九、英式田园风格悠闲高雅，实木材质花费高　　252
十、韩式田园风格清新自然，布艺装饰更简朴　　254
十一、东南亚风格风情娇媚，雕刻家具价格高　　258
十二、地中海风格明朗奔放，色彩装饰韵味足　　260

第三节
规划预算投入　　264

一、认识装修公司，了解预算差别能省钱　　264
二、读懂装修报价，降低无意义费用支出　　265
三、签订装修合同，减少额外费用损失　　270
四、约定付款方式，装修施工有保障　　274

第五章

可以省的装修操作，
放心省钱有技巧

第一节
建材设备　　　　　　　　　　276

一、石材价格浮动大，规划详细再购买　　276
二、壁纸纹路花样多，按需选购能省钱　　280
三、瓷砖种类规格复杂，理性选择省钱多　　282
四、马赛克装饰性强，DIY制作独特又节省　　284
五、人造木皮代替天然木皮，美观实惠选择多　　286
六、百叶帘简洁美观，清理方便占地小　　288
七、窗帘辅料分开买，省钱不止一小笔　　290
八、大理石辅材价更高，购买前期要问清　　291
九、水管太粗流速慢，白花费用效果差　　292
十、浴缸清理不简单，不常使用浪费钱　　294
十一、淋浴屏代替淋浴房，空间宽敞更实惠　　295
十二、台上盆美观难打扫，费时费钱不划算　　296
十三、做饭频率少，抽油烟机功能要求可放宽　　298
十四、定速空调价格实惠但费电，变频空调价格较贵能省电　　300

第二节
施工验收　　　　　　　　　　302

一、保留原墙面防水腻子，节约铲除、修缮费用　　302
二、原瓷砖地平整可直接铺木地板，减省拆除费用　　304

目录 CONTENTS

三、少装石膏线，降低损耗更省钱　　　　　　　　　　306

四、少做室内吊顶，减少昂贵装修费用　　　　　　　　308

五、保持砖墙，打造个性家居又省钱　　　　　　　　　310

六、不靠隔墙分隔空间，软装代替更省钱　　　　　　　312

七、少做木工工程，耗时费钱不环保　　　　　　　　　314

八、现场做门套，价格便宜更节省　　　　　　　　　　316

九、简约式电视墙，装饰效果百搭且便宜　　　　　　　318

十、不做木地台，避免淋雨受潮白花钱　　　　　　　　320

十一、中央空调功效发挥靠安装，提前规划更省钱　　　321

十二、自备验收工具，自己验收放心又省钱　　　　　　322

十三、无需专业质检员，重点验收自己做　　　　　　　323

第三节
软装配饰　　　　　　　　　　　　　　　　　328

一、沙发样式老旧单一，多彩靠枕修饰焕然一新　　　　328

二、选择多功能家具，充分利用空间不浪费　　　　　　330

三、老旧餐桌厚重沉闷，实惠桌布增添情趣　　　　　　332

四、过时床头难搭配，更换床头软包罩少花钱　　　　　334

五、地面光秃乏味，纯色地毯调节不出错　　　　　　　336

六、老旧衣柜有磨损，贴纸翻新更省钱　　　　　　　　338

七、浴室柜有脏污难清理，卸掉柜门隔板更有设计感　　340

八、昏暗玄关通道，装饰镜提高明亮度显宽敞　　　　　342

九、不做过多照明，保证需求不浪费才省钱	344
十、空间色彩单调，亮色摆件活跃气氛预算低	346
十一、白色墙面无新意，组合装饰画艺术感强	348
十二、童趣壁贴更安全，烘托氛围花费少	350
十三、厨房瓷砖老旧变黄，贴纸翻新美观又实惠	352
十四、墙面发黄掉皮，壁纸贴画遮盖强	354

第六章
不可省的装修细节，当心高花费陷阱

第一节
建材设备　　　　358

一、玻璃选购，安全系数比省钱更重要	358
二、涂料价格便宜，环保不合格危害大	362
三、杂牌橱柜容易坏，本末倒置修理贵	366
四、耐火板贴面不过关，耐火性能差易老化	368
五、无牌人造皮革价格低，气味浓烈危害大	370
六、地板选择要谨慎，分辨不清易花冤枉钱	373
七、暖气片质量很关键，保暖效果全靠它	377
八、水泥质量不合格，墙面裂缝麻烦多	379
九、劣质铝合金窗要防范，价格便宜易变形	381
十、不锈钢水槽选择要选对，后期腐蚀难清理	382
十一、五金件虽小，质量不好更换花费高	383
十二、地漏不防干，气味难闻疏通难	387
十三、合页不用便宜货，使用长久能省钱	390

目录 CONTENTS

第二节
施工验收　　　　　　　　　　　　　　　391

一、马桶移位容易堵，改回位置要花钱　　　391

二、客厅外扩不能做，恢复原状更花钱　　　393

三、忽视腻子质量，墙面起皮返工更花钱　　394

四、墙面底漆被遗漏，面漆寿短重刷烦　　　396

五、插座安装图省钱，乱接插板隐患大　　　397

六、窗户填缝技术差，填缝不实麻烦多　　　398

七、防水施工不做好，重新刷墙花费高　　　399

八、不做止水墩，漏水渗水损失大　　　　　401

九、不装三角阀崩水难控制，淹水修缮开销大　403

十、打压测试不能省，后期渗漏麻烦多　　　405

十一、铝扣板别用胶水粘，容易起翘要返工　406

十二、忽略空气质量检测，影响入住最糟心　408

第三节
软装配饰　　　　　　　　　　　　　　　411

一、家具质量要把关，质次价高要规避　　　411

二、亲肤布艺要注意，含量不好易过敏　　　415

三、劣质地毯价格低，影响健康代价高　　　416

第一章
装修准备提前做，理智规划第一步

在确定装修前，首先要明确装修需求。其中包括对家庭成员的习性、爱好等进行分析，从而确定出合理的功能空间分区，以及适合个人品味的室内风格。同时，应做好合理的预算规划，并学会根据预算定位家居装修档次。只有在装修前期做足准备工作，后期装修才能更顺畅。

第一节

确认装修需求

一、明确居住需求，装修设计有基础

在开始确定需要对室内空间进行装修的前期，业主应做一些准备工作。首先就是要了解各个家庭成员的需求，此步骤可以通过填写家庭成员需求表来收集相关信息。其次，要结合成员习性、爱好以及家庭收入来考虑预算问题，做到心中有数。

1. 家庭成员需求表

姓名				
年龄				
关系				
日常生活时间					
起床时间	平时		周末	
早餐时间	平时		周末	
晚餐时间	平时		周末	
洗漱时间	平时		周末	
就寝时间	平时		周末	
平时如何度过晚餐后的时间（经常在哪里，做什么？）					
如何度过周末（经常在哪里，做什么？）					
爱好，参加的活动					
和家人或朋友相聚的时候一般去哪里，做什么？					
喜欢的颜色是什么？					

续表

对新家的期待		
全家团聚与用餐		
全家团聚的时间每周几天？时间带？	每周（ ）天	时间带（ ）
全家团聚的地点，方式		
全家一起的用餐次数		
关于客人		
每个月有几次来客？		
来客人时，带对方到哪个房间？		
需不需要专用客房？		
有无养宠物的计划？		

2. 确定意向

在前期的准备工作中，业主需要确定装修档次。为了确定装修档次，应简略做一个开支计划。（以下列表格为例）

意向			
预算		喜好	
设计费预算		喜欢的风格	
基础施工预算		喜欢的颜色	
主材预算		喜欢的材质	
家具预算		喜欢的造型	
软装饰品预算		喜欢的布局	
总价：			

3. 收集相关资料

为了了解以及确定居室的装修风格以及后期装修可能会呈现出来的效果，业主可购买一些室内设计相关的书籍或杂志进行自我学习（也可以浏览家装类型的网站）。

二、确定空间分配，空间利用最大化

明确清楚每个居住人员对生活的需求，具体讨论出成员对新居室的理想取向，逐步了解自己与成员的喜好与习惯，将这些需求确认清楚，才能为今后的理性装修打好坚实的基础。

1. 考虑居室活动空间的大小和频率

受到室内空间的限制，要优先考虑使用率较高的空间，使频率较高的活动有独立的空间。而使用率较低的空间则可以进行多项次要活动。

使用 \ 室内空间	卫生间	厨房	餐厅	卧室	客厅	书房	阳台
高	√	√	√	√			
低					×	×	×

例如，客厅的使用频率相较于其他主要空间来说较少，可以将多项功能结合在一个空间。看电视，家人之间的小聚，招待来访的客人等都可以在这一个空间进行。

2. 考虑家庭成员的组成

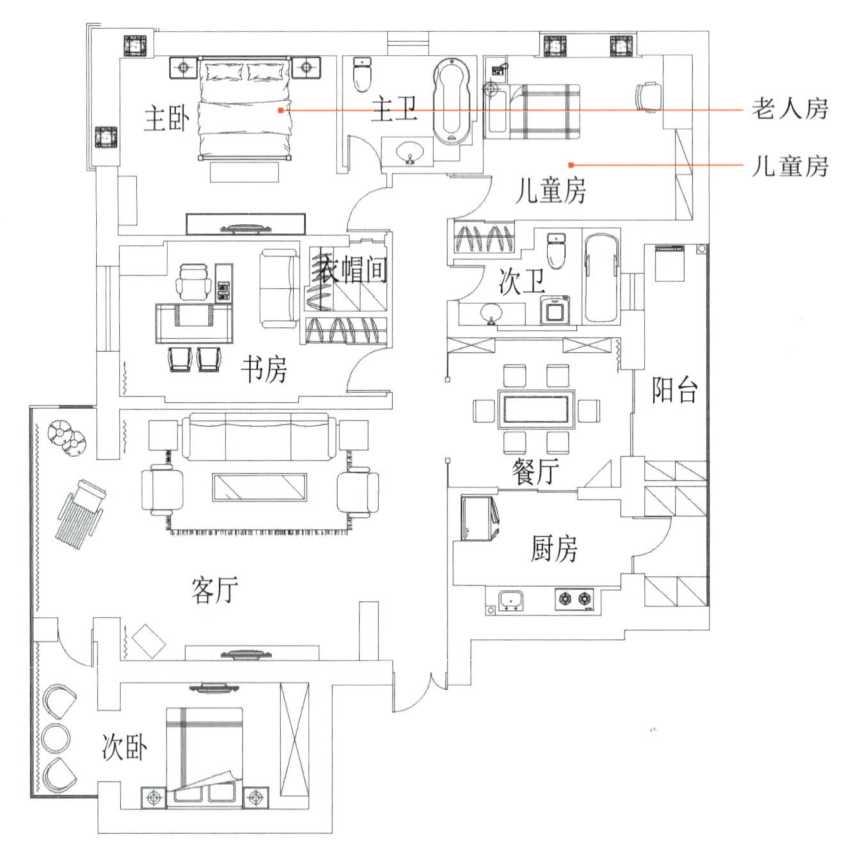

家庭成员的组成和数量会直接影响居室空间的规划。如果家里有老人，则需要将采光最好的卧室给老人住，方便有充足的阳光照耀，并且尽可能在老人房设置卫生间，方便老人以最短的距离解决个人需求。如果有孩子，则需要儿童房，给孩子私密空间。

三、结合成员习性，风格定位有依据

室内装饰风格多种多样，家庭中的每一个成员可根据以下的风格定位并结合自己的喜好来大致确定喜欢的风格。

▎室内风格与氛围特点▎

现代风格
- ☐ 张扬个性
- ☐ 贴近潮流
- ☐ 理性主义

简约风格
- ☐ 整洁利落
- ☐ 干净通透
- ☐ 注重细节

北欧风格
- ☐ 明亮洁净
- ☐ 柔和素雅
- ☐ 注重实用

工业风格
- ☐ 颓废冷峻
- ☐ 粗犷原始
- ☐ 怪诞夸张

中式古典风格
- ☐ 气势恢宏
- ☐ 壮丽华贵
- ☐ 优美高雅

新中式风格
- ☐ 民族精髓
- ☐ 气韵典雅
- ☐ 品质精良

欧式古典风格
- ☐ 高雅和谐
- ☐ 色彩浓重
- ☐ 高雅精美

简欧风格
- ☐ 高雅和谐
- ☐ 低调华丽
- ☐ 追求品质

美式乡村风格
- ☐ 色彩厚重
- ☐ 朴实无华
- ☐ 自然舒适

田园风格
- ☐ 装饰华丽
- ☐ 悠闲舒畅
- ☐ 简单质朴

地中海风格
- ☐ 明媚清亮
- ☐ 浪漫唯美
- ☐ 悠闲舒适

东南亚风格
- ☐ 异域风情
- ☐ 古朴厚重
- ☐ 禅意悠然

日式风格
- ☐ 简洁自然
- ☐ 宁静素雅
- ☐ 侘寂悠远

装修基础指南

1. 现代风格

> **风 格 速 览**
>
> **硬装造价**：10万～15万元
> **材料特点**：尊重材料的特性，选材更加广泛，讲究材料自身的质地和色彩的配置效果。
> **配色要点**：可将色彩简化到最少程度，也可使用强烈的对比色彩。
> **家具选用**：家具线条简练，无多余装饰，柜子与门把手设计尽量简化。
> **装饰要点**：装饰体现功能性和理性，简单的设计中，也能感受到个性的构思。

（1）配色表现

※无色系

黑、白、灰组合

用黑、白、灰作为空间的主要色彩，也可加入其他不是很明亮的颜色作为点缀，例如棕色。

无色系+鲜艳的颜色

以黑、白、灰为主基调，之后加入1~2种鲜艳的颜色，形成强烈的视觉冲击。

白色+高纯度色系

以白色为主的空间加入纯净度高的颜色会给人眼前一亮的感觉，例如，红色、蓝色、橙色、黄色等。

006

※对比色

双色对比

　　用白色或灰色调和对比色，能使空间具有强烈的冲击力。

多色对比

　　用无色系调和，再加以少量多种配色并搭配上金属与玻璃材质，会使居室更显时尚。

色调对比

　　用相近的色彩产生较弱的对比效果，相对于前两种比较缓和，视觉冲击力没有那么强烈。

（2）常见软装

家具		
几何造型家具	玻璃＋金属材质的家具	横平竖直、线条简洁的家具

灯具		
几何造型吊灯	金属基座台灯	金属落地灯

饰品		
抽象艺术画	无框画	艺术陈列品
抽象金属饰品	玻璃装饰品	造型花瓶

（3）风格案例

① 造型吊灯　② 饱和度较高的亮色　③ 玻璃＋金属家具

① 方形拼接造型装饰　② 时尚灯具　③ 强烈的对比色彩

2. 简约风格

> **风 格 速 览**
>
> **硬装造价**：8万～12万元
> **材料特点**：用材简单，不会用过多的材料搭配，和美观度相比，更重实用性。
> **家具选用**：不占面积、折叠、多功能等为主，力求为家居生活提供便利。
> **配色要点**：白色常大面积使用，且常用纯色或流行色装点空间。
> **装饰要点**：尽量简约，但要到位，以实用性为主。

（1）配色表现

※白色+其他无色系

白色+暖灰色+银色

　　以白色为主可扩大空间感，搭配暖灰色和银色，营造出纯净、简洁的氛围。

白色+冷灰色+金色

　　白色与多种冷灰色结合的配色在无色系中最具层次感，可令空间呈现都市气息。

白色+黑色

　　白色与黑色结合的空间具有神秘、肃穆的氛围，但最好搭配亮色的工艺品，否则易产生压抑感。

※白色+高明度彩色点缀

白色+高明度暖色系

　　白色的家具搭配高纯度暖色背景墙，能令空间增加靓丽、热烈的氛围。

白色+高明度冷色系

　　白色搭配高纯度冷色调沙发或餐桌椅具有清爽、冷静的效果，搭配浅色具有清新感。

白色+高明度对比色

　　白色搭配一对或几对对比色能够活跃客餐厅的氛围，但宜小面积使用。

（2）常见软装

家具		
带有收纳功能家具	直线条家具	巴塞罗那椅

灯具		
造型简洁的吸顶灯	斗胆灯	鱼线吊灯

饰品		
纯色地毯	三联画	黑白装饰画
金属果盘	玻璃花瓶	单一色彩的陶瓷摆件

（3）风格案例

① 饰面板　② 多功能家具　③ 直线条布艺沙发　④ 纯色家具装点

① 黑白装饰画　② 直线条家具
③ 纯色涂料　　④ 通体砖

① 石膏板造型吊顶　② 灯带
③ 条纹壁纸　　　　④ 占地较小的收纳柜

装修基础指南

3. 北欧风格

> **风 格 速 览**
>
> **硬装造价**：10万~15万元
> **材料特点**：保留材质的原始质感。
> **家具选用**："以人为本"是家具设计的精髓，完全不使用雕花、纹饰线条明朗，简化流畅。
> **配色要点**：讲求浑然天成，使用黑白灰营造强烈效果，也常见浅淡色彩，多使用中性色进行柔和过渡。
> **装饰要点**：注重个人品味和个性化格调，不会很多，但很精致。

（1）配色表现

※ 无彩色

白色+黑色

白色为主，黑色为辅，再用木质家具调节，这是比较典型的北欧风格配色。

白色+原木色

墙顶面为白色，木地板或家具为原木色。这样会营造出宁静的空间氛围。

白色+其他颜色

白色也可以搭配其他偏灰色调的颜色并点缀少量明亮的颜色，让人眼前一亮。

※浊色调

微浊色调的蓝色为背景色

　　微浊色调的蓝色会给人清爽的感觉，除了用蓝色之外，也需要无彩色来进行调节中和。

微浊色调的绿色为背景色

　　微浊色调的绿色会给人一种清新，融入自然的感觉，再配以原木色，便会产生质朴的空间氛围。

淡浊色调的粉色为背景色

　　淡浊色调的粉色会增加空间的唯美感，具备女性柔美的特征，适合女生公寓的颜色搭配。

（2）常见软装

家具		
板式原木家具	布吉·莫根森两人位沙发	伊姆斯椅

灯具		
魔豆灯	经典鱼线吊灯	AJ 落地灯

饰品		
几何图案的地毯	组合照片墙	网格架
谷仓门	药瓶 + 插花	鹿角饰品

（3）风格案例

① 大面积白色墙面　② 鱼线灯　③ 灰色系布艺沙发　④ 符合人体曲线的座椅

① 流畅线条的空间　② 玻璃瓶插花　③ 简洁壁炉装饰　④ 浅色 + 木色

4. 工业风格

> **风格速览**
>
> **硬装造价**：15万～20万元
> **材料特点**：保留原有建筑材料的部分容貌，材料呈现粗糙、粗犷的质感。
> **家具选用**：从细节上彰显粗犷、个性的格调；金属集合物，有焊接点、铆钉等公然暴露在外的结构组件。
> **配色要点**：突显颓废与原始工业化，冷静的色彩搭配，且避免色彩感过于强烈的纯色。
> **装饰要点**：多见水管造型的装饰，擅用身边的陈旧物品。

（1）配色表现

※无色系+木色

浅灰色+黑色+木色

以浅灰色及黑色为主可以营造出室内空间的沉静感，再加以原木色又增添了些许温暖的氛围。

水泥灰+黑色

水泥灰加黑色给人强烈的冷峻感，可使空间呈现出硬朗的感觉。

水泥灰+木色

水泥灰加上木色使原本肃穆的空间增加了自然温暖的感觉。

※**水泥灰+砖红色/褐色**

水泥灰+砖红色

灰色的水泥墙最能体现出工业风的特点，再加上砖红色，空间内又增添了老旧摩登的感觉。

水泥灰+褐色

水泥灰与褐色的结合会更加凸显出工业风颓废感的氛围，再点缀一点黑色，更显冷峻。

水泥灰+砖红色+其他颜色

在水泥灰加砖红色的基础上再搭配其他明度较高的颜色或是对比色，能使原本冷峻的空间增加活泼感。

（2）常见软装

家具		
皮质沙发	做旧木质+金属框架家具	tolix 金属椅

灯具		
爱迪生灯泡	工业风吊灯	金属水管壁灯

饰品		
动物皮毛地毯	工业风装饰画	齿轮装饰钟
铁艺自行车墙面挂件	风扇装饰	机车摆件

（3）风格案例

① 水管风格装饰架　② 暴露的水管装饰

① 旧自行车装饰　② 水管风格装饰架　③ 金属与旧木结合的家具

5. 中式古典风格

> **风格速览**
>
> **硬装造价**：18万～25万元
> **材料特点**：多以深色的木材为主，且造型复古，镂空类的造型以及拱门形状的垭口应用广泛，使空间充满古典韵味。
> **配色要点**：配色以恢弘的黄色系以及喜庆的中国红或沉静的中国蓝为主，展现出或气派或典雅的中式古典风情。
> **家具选用**：家具大多装饰着复古的雕花还有镂空的造型，烘托出空间的古典怀旧氛围。
> **装饰要点**：以造型繁复的古典家具为主，可用颜色鲜明的丝绸类布艺饰品进行点缀。

（1）配色表现

※黄色系

土黄色+棕色

这两种颜色结合具有浓重的中式古典感，但色彩适用于较大空间。

明黄色+褐色

明黄色的加入，使室内空间的色彩提亮了不少，同时又给人一种奢华的感觉。

黄色+蓝色

与前两种相比起来更清爽素雅，对比感强烈。

※中国红/中国蓝

大红色+蓝/绿色

　　用大红色搭配蓝色或绿色，视觉冲击力强并有一种活泼的感觉。

红棕色+青砖色

　　红棕色的家具与青色砖墙相结合，会营造出一种古朴的韵味。

蓝青色+黑色

　　青色加黑色可以营造出古朴沉稳的氛围。

（2）常见软装

家具		
明代太师椅	明式雕花翘头条案	实木雕花电视柜
灯具		
有雕花造型的宫灯	大红色灯笼灯	祥云台灯
饰品		
镂空对称造型笔架	山水国画装饰画	丝绸刺绣抱枕
中式盆栽摆件	青花瓷花瓶	古典江南油纸伞

（3）风格案例

① 国画装饰画　② 丝绸刺绣抱枕　③ 明代太师椅

① 山水装饰画　② 佛像装饰摆件　③ 实木雕花电视柜

6. 新中式风格

> **风格速览**
>
> **硬装造价**：15万～20万元
> **材料特点**：主材常取材于自然，也不必过于拘泥，可与现代材质巧妙兼柔。
> **家具选用**：线条简练的中式家具，现代家具与古典家具相结合。
> **配色要点**：色彩自然、搭配和谐。常以苏州园林和京城民宅的黑、白、灰色为基调，也常以皇家住宅的红、黄、蓝、绿等为局部色彩。
> **装饰要点**：装饰细节上崇尚自然情趣。

（1）配色表现

※ 无色系+米色/棕色

无色系同类配色

整体感觉色调较为淡雅，观感舒适。

无色系+木色

整体为无色系再添加木色，会营造出一种自然温馨的氛围。

无色系+棕色

无色系加上棕色会增加室内空间的厚重感。

※ 无色系+皇家色

无色系+红、黄

　　无色系与红黄搭配，具有极强的古典韵味。

无色系+蓝、绿

　　无彩色加入蓝绿，会散发出清新的韵味。

无色系+多彩色

　　多个色彩的加入可以使空间看起来更具有活泼感。

（2）常见软装

家具		
线条简练的新中式沙发	线条简练的实木茶几	无雕花架子床

灯具		
线条简洁的中式吊灯	青花瓷台灯	中式特色灯具

饰品		
中式帘头的窗帘	书法装饰画	水墨/梅兰竹菊装饰画
莲蓬喜鹊摆件	笔挂	新中式花艺

（3）风格案例

① 水墨山水画　② 线条简练的中式家具　③ 水墨纹样地毯

① 仿古灯　② 中式镂空雕刻　③ 无雕花架子床

装修基础指南

7. 欧式古典风格

> **风格速览**
>
> **硬装造价**：18万~25万元
> **材料特点**：常用材质为石材，且造型繁复，花纹繁多的木质护墙板也是必不可少的。
> **配色要点**：金色或明黄色以及红棕色都是古典欧式的常用色调。
> **家具选用**：家具线条大多精美且纷繁复杂，较常见的是洛可可与巴洛克风格的装饰线条。
> **装饰要点**：造型繁多，且气氛雍容华贵。

（1）配色表现

※金色/明黄色系

金色+银灰色

　　金色配以银灰色，是最能彰显奢华氛围的组合。

金色+紫色

　　紫色带有神秘的感觉，与金色结合，能体现出欧洲贵族高贵的气质。

金色+蓝色

　　金色与蓝色搭配，能够营造出低调的奢华氛围。

※红棕色系

红棕色系+金色

　　红棕色加金色能够彰显出古典欧式的奢华大气之感。

红棕色+黑色

　　红棕色与黑色结合，能够烘托出室内空间的古典感。

红棕色+蓝色

　　红棕色与蓝色的冷暖对比可以使空间的层次感更加丰富。

（2）常见软装

家具		
巴洛克线条的欧式沙发	有软包的欧式双人床	洛可可线条的欧式茶几

灯具		
精美欧式水晶吊灯	烛台造型的欧式台灯	花纹精美的欧式壁灯

饰品		
装饰油画	石膏像雕塑摆件	有精雕花纹的壁炉
欧式古典宫廷战马摆件	镀金欧式皇家马车饰品	欧式植物花纹首饰盒

（3）风格案例

① 有金箔的石膏线造型吊顶　② 精美的水晶吊灯　③ 典雅的丝质窗帘

① 造型繁复的木质线条　② 罗马柱　③ 洛可可造型茶几

8. 简欧风格

> **风格速览**
>
> **硬装造价**：18万~25万元
> **材料特点**：石材依然较常用，色彩更淡雅；保留欧式古典的选材特征，但更简洁。
> **家具选用**：家具线条简化，更具现代气息，保留传统材质和色彩大致风格，但摒弃过于复杂的肌理和装饰。
> **配色要点**：常选用白色或象牙白做底色，也常见浅色调。
> **装饰要点**：空间注重装饰效果，用室内陈设品来增强历史文脉特色，可照搬古典陈设品烘托室内环境。

（1）配色表现

※ 白色/象牙白

白色+金属色

白色加金属色具有雅致以及华丽的感觉，金属的配色一般出现在吊灯、家具装饰画框中。

白色+黑色

白色占据的面积较大，不仅可以用在背景色上，还会用在主角色上；用黑色进行点缀，极具时尚感。

白色+暗红色

白色作背景色，搭配暗红色令配色带有明媚、时尚感。配色时，也可以少量地糅合墨蓝色和墨绿色，丰富配色层次。

※淡雅色调

淡雅蓝色系

具有清新、自然的美感。高明度、淡色调的蓝色应用较多，暗色系的蓝色则比较少见。

淡雅绿色系

绿色很少大面积运用，常作为点缀色或辅助配色；且多用柔和色系，基本不使用纯色。这种配色印象清新、时尚。

淡雅紫色系

紫色常用作配角色、点缀色，是倾向于女性化的配色方式；也可以利用不同色系的紫色来装点家居，会令家居环境更显典雅与浪漫。

（2）常见软装

家具		
线条简化的硬木雕花沙发	金属边框电视柜	布艺软包休闲椅

灯具		
全铜吊灯	小型水晶吊灯	成对出现的壁灯

饰品		
罗马帘	欧式花纹抱枕	星芒装饰镜
欧式人物雕像	天鹅陶艺品	欧风茶咖具

（3）风格案例

① 铁艺枝灯　② 石膏板工艺　③ 雕塑　④ 曲线家具　⑤ 湖蓝色点缀

① 薰衣草紫床品　② 镜面＋金属装饰　③ 金色Y字形餐椅

9. 美式乡村风格

> **风 格 速 览**
>
> **硬装造价**：18万～25万元
> **材料特点**：运用天然木、石等材质的质朴纹理。
> **家具选用**：颜色多仿旧漆，实用性较强，体积庞大，质地厚重；一般保有木材原始的纹理和质感，会刻意添上仿古瘢痕和虫蛀痕迹。
> **配色要点**：以自然色调为主，也常见比邻乡村色彩搭配。
> **装饰要点**：常见带有岁月沧桑的配饰，以及自然韵味的绿植、花卉。

（1）配色表现

※**大地色+其他色彩**

大地色组合

　　大地色组合在一起使用最能体现出美式乡村的厚重感。

大地色+绿色

　　大地色与绿色搭配就像是泥土的芳香再加上自然的生机，能营造美式乡村的朴实氛围。

大地色+白色

　　白色大多作为墙面和顶面的背景色，而大地色多为地面、门与家具的颜色。

※ 比邻配色

红色系+ 蓝色系

具有清新、自然的美感。高明度、淡色调的蓝色应用较多，暗色系的蓝色则比较少见。

红色系+ 绿色系

绿色搭配类似色调的红色，兼具质朴感和活泼感。

蓝色系+ 黄色系

最具活泼感的美式配色，两种颜色任何一种做背景色均可。

（2）常见软装

家具		
皮质沙发	粗犷的木家具	五斗柜

灯具		
金属风扇吊灯	鹿角灯	彩绘玻璃台灯

饰品		
花鸟图案的抱枕	地图装饰画	鹰型工艺品
猫头鹰摆件	鹿头墙饰	大型植物装饰

（3）风格案例

① 大地色系为主色　② 鹿头墙饰　③ 大型植物装饰　④ 粗犷的木家具

① 铁艺灯　② 绿色系+棕色系　③ 粗犷的木家具

装修基础指南

10. 田园风格

风格速览

硬装造价：18万～25万元
材料特点：取材天然，实木材质涂刷清漆较少，一般在材料的表面涂刷有色漆。
家具选用：讲求舒适性，多以白色、木本色为主，相互搭配的家具应具有同样的设计细节。
配色要点：明媚的配色，以及带有自然气息的色调；强调色彩的深浅变化与主次变化。
装饰要点：精细的后期配饰融入设计风格中，以及样式复古的造型。

（1）配色表现

※ 本木色

本木色为主色

　　背景色、主角色均会用，例如常出现在软装家具和吊顶横梁的装饰之中。这种纯天然的色彩具有令家居环境显得自然、健康的优点。

白色（主色）+ 本木色

　　白色作为主色奠定空间的纯净特色，再将木色表现在家具、地面之中，同时加入绿植的点缀，即可营造出自然、清新感的空间。

绿色+本木色

　　绿色一般为布艺家具的色彩，也可为主题墙的色彩设计；本木色常用于地面，也可加入白色作为吊顶、墙面的配色，缓解浓郁色彩带来的压力。

※ 来源于自然的配色

浅色调+紫色

将紫色运用在布艺、装饰品等处，尽显浪漫、唯美。其中，紫色和白色搭配，空间印象较利落；紫色和浅黄色搭配，空间则更显温馨。

白色（主色）+ 粉色

粉色色调的选择针对不同空间有所不同，例如儿童房常见淡雅粉色，女性空间则多为浓色调或深色调，并可搭配黑色使用。

自然花纹颜色的组合运用

自然花纹本身的色彩可令家居空间具有丰富的配色效果。但花纹配色一般较繁复，最好用明亮的白色或柔和的米色与之搭配，适量简化配色。

装修基础指南

（2）常见软装

家具		
碎花布艺家具	胡桃木家具	白色低姿家具

灯具		
太阳花吊灯	蕾丝田园台灯	枝蔓落地灯

饰品		
蕾丝花边床品	条纹/格纹布艺抱枕	盘状墙饰
田园双面挂钟	树脂萌物装饰品	木质水培植物墙饰

（3）风格案例

① 白色＋绿色＋木色　② 格纹布艺抱枕　③ 清新的插花装饰

① 蝴蝶图案窗帘　② 木质餐边柜　③ 布艺桌面餐椅

11. 地中海风格

> **风格速览**
>
> **硬装造价**：15万～20万元
> **材料特点**：材质讲求质朴、自然，马赛克和白灰泥墙的运用广泛。
> **家具选用**：做旧处理的家具，集装饰与应用于一体；以及常用低矮、低彩度、线条简单，且修边浑圆的木质家具。
> **配色要点**：以清雅的白蓝色为主，以及来自于大自然最纯朴的色彩，表达纯美、自然的色彩组合。
> **装饰要点**：以海洋风的装饰元素为主，少有浮华、刻板的装饰，非常注意绿化。

（1）配色表现

※ 蓝色

蓝色+白色

最常经典的地中海风格配色，效果清新、舒爽，常用蓝色门窗搭配白色墙面，或蓝白相间的家具。蓝色色调基本不受限制，但要避免大量暗色调的运用。

蓝色+黄色

黄蓝是对比色，这两种颜色结合在一起会给人很强烈的视觉冲击，因而更加能体现地中海风格的自由特性。

白色+蓝色+绿色

白色为背景色，再搭配蓝色与绿色，体现自然、惬意感。蓝色一般可用于家居的一侧墙面，而绿色则可用到擦漆做旧的家具上。

※大地色

不同色调的大地色组合

典型的北非地域配色，呈现热烈感觉。大地色包括土黄色系或红棕色系。具体设计时，红棕色可运用在顶面、家具及部分墙面。

大地色+白色+蓝色

可塑造出明亮中不乏自然、清新感的空间环境。大地色最好使用木色系，蓝色多作为点缀、辅助，基本不做背景色。

大地色+多彩色

大地色系为主色，搭配红色、黄色、橙色等暖色，可令家居环境显得温暖、热情；若色彩的明度和纯度低于纯色，则更容易获得协调效果。

（2）常见软装

家具		
地中海风格布艺沙发	实木擦漆四柱床	船型家具
灯具		
地中海彩绘玻璃吊灯	海洋元素创意台灯	地中海复古壁灯
饰品		
轻缈的纱帘	圣托里尼装饰画	地中海拱形窗
渔网装饰	船、船锚、船舵等装饰	爬藤类植物

（3）风格案例

① 铁艺吊灯　② 纯色布艺沙发　③ 格子桌旗　④ 干净的配色

① 蓝色+白色　② 色彩鲜艳的花艺装饰　③ 天然材质的餐椅　④ 仿古地砖

12. 东南亚风格

> **风格速览**
>
> **硬装造价**：28万～35万元
> **材料特点**：广泛地运用天然原材料。
> **家具选用**：常使用实木、棉麻以及藤条材质，以纯手工编织或打磨为主，多数只是涂一层清漆作为保护。
> **配色要点**：大胆用色，但最好做局部点缀，也常用夸张艳丽的色彩冲破视觉沉闷；另外，色彩强调回归自然，常见统一的中性色系。
> **装饰要点**：别具一格的东南亚元素。

（1）配色表现

※大地色

大地色+紫色

可体现出神秘与高贵感，但紫色用得过多会显得俗气，在使用时要注意度的把握，适合局部点缀在纱缦、手工刺绣的抱枕或桌旗之中。

大地色+金色

金色多以点缀色出现，比如饰品摆件墙饰等，与大地色结合有种华丽的质朴感。

大地色+冷色

冷色多为浓色调，如孔雀蓝、青色、宝蓝色等，另外，冷色最常使用泰丝材料展现，如果用在墙面上建议使用具有变换感的壁纸。

※无色系

白色（主色）+浅木色

具有朴素、纯净感。为了丰富配色层次，可以少量运用黑色作为色彩调剂，也可以利用绿植的色彩来提升自然感。

白色（主色）+对比色

基本不会使用纯色调的红绿对比，多为浓色调对比，主要通过各种布料或花艺来展现，也可以将其中一种色彩运用在局部墙面之中。

无彩色（主色）+多彩色

无彩色为主要配色，紫色、黄色、橙色、绿色、蓝色中的至少三种色彩作为点缀色，可用在软装和工艺品上，且在色调上拉开差距。

装修基础指南

（2）常见软装

家具		
藤编沙发	木雕家具	带帐幔的架子床
灯具		
木皮灯具	竹编吊灯	手工风化木艺台灯
饰品		
泰丝抱枕	异域风情装饰画	东南亚特色花纹壁挂
佛手饰品	东南亚纯铜佛像摆件	金属大象摆件

（3）风格案例

① 褐色系木质格栅　② 佛像装饰　③ 东南亚建筑摆件　④ 锡器

① 木质吊顶　② 纱幔　③ 烛台　④ 色彩鲜艳的台灯　⑤ 花草纹样地毯

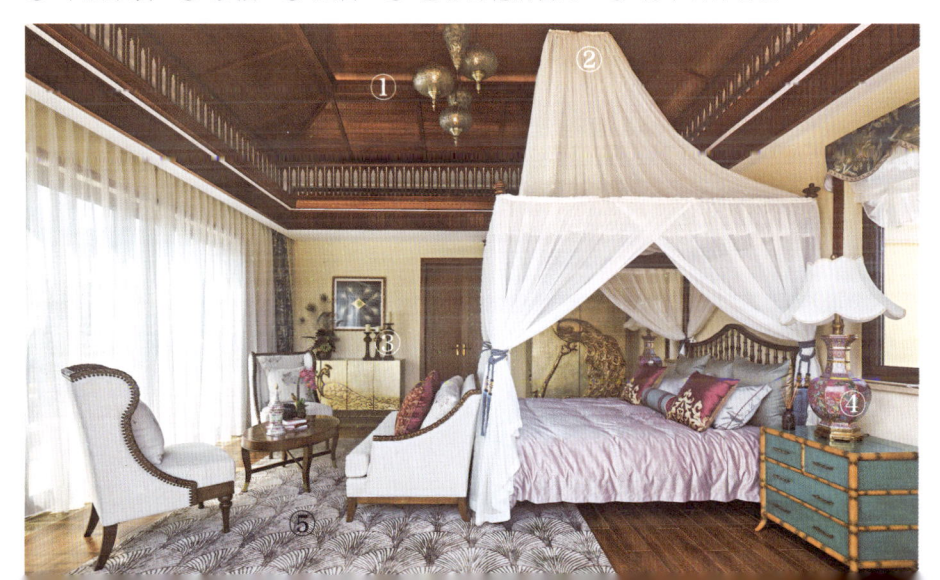

装修基础指南

13. 日式风格

> **风格速览**
>
> **硬装造价**：12万~18万元
> **材料特点**：自然界的材质大量运用于居室。
> **家具选用**：家具低矮且不多，设计合理、形制完善、符合人体工学。
> **配色要点**：多偏重于原木色，以及沉静的自然色彩。
> **装饰要点**：和风传统节日用品。

（1）配色表现

※原木色

原木色为主色

原木色占空间色彩的比例较大，通常超过50%，营造出舒适质朴的氛围。

白色+原木色

这种配色在日式风格中最为常见，白色和木色比例基本均等，可体现出其自然禅意之感。

无色系组合+原木色

利用黑色和灰色作为色彩协调，相对于白色加原木色的组合，可以令空间配色更具层次感。

※浊色调为点缀色

浊色调暖色点缀

浊色调暖色与木色在色调上比较接近，可以令整体空间的融合度更高。浊色调暖色常用在布艺之中。

浊色调冷色点缀

在白色与木色为主色的空间中，加入浊色调的冷色，在不改变禅意基调的基础上，体现出理性特征。

浊色调中性色点缀

在白色与木色为主色的空间中，选用黄绿色做点缀，兼具自然与温馨感，是一种更适合居住的配色方式。

装修基础指南

（2）常见软装

家具		
榻榻米	榻榻米座椅	日式茶桌

灯具		
和式吊灯	宣纸灯具	日式木质灯具

饰品		
装饰半帘	浮世绘装饰画	枯枝/枯木装饰
和服人偶工艺品	动漫手办	江户风铃

（3）风格案例

① 原木色定制装饰　② 竹子图案装饰　③ 日式推拉格栅　④ 低矮家具　⑤ 升降桌

① 浮世绘装饰画　② 沉静的配色关系　③ 取材自然的装饰

第二节

合理规划预算

一、了解装修费用组成，资金流向更清楚

装修费用大体由设计费用、材料费用、人工费用组成。

1. 设计费用

设计费用占整体装修费用的5%~20%。其中包括设计师对室内空间的合理构思，出具一整套施工图及效果图等服务。如果是找家装公司或设计工作室，这笔费用是必不可少的，应在装修之前就考虑到。

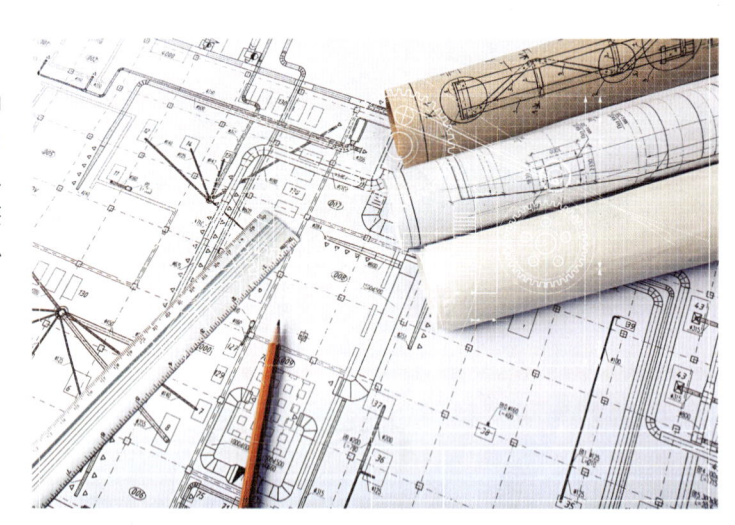

2. 材料费用

材料费分为主材费和辅材费。

主材费：指在装修过程中，按施工面积或单项所涉及的成品或半成品的材料费。如：墙地砖、地板、木门、铝扣板、橱柜、衣柜、卫浴、壁纸等。

辅料费：指施工过程中需要消耗的难以明确计算使用数量的材料费用。如：线管水管、水泥沙子、界面剂、铁丝网、墙友（石膏）、墙宝（腻子粉）、油漆、石膏板、石膏线、踢脚线、开关面板、螺丝钉等。

① 石膏板（辅材） ② 石膏线（辅材） ③ 油漆（辅材）
④ 中央空调（主材） ⑤ 踢脚线（主材） ⑥ 地砖（主材）

小 贴 士

家装公司常见的报价单中会存在一些专业性词汇，初次接触装修的业主第一时间对这类词汇不太理解，以下表格整理了家装公司报价单中的常用辅材词汇以及日常释义，目的在于使业主对辅材有初步的了解。

常用家装专业词汇与日常释义的对比解析：

专业词汇	日常释义
墙顶抽涂刷界面剂	界面剂是一种涂料，用来清除原墙体表面的浮土灰尘，并增加后期墙面其他涂料与墙面的结合力度，避免产生空鼓。
墙顶面墙友找平	墙友即石膏，粉状石膏加入一定比例的水进行搅拌涂刷于墙面上，使原来不平整的墙面更加平整。
墙顶面批墙宝	墙宝即俗称的腻子。石膏找平晾干之后会涂刷腻子。
墙顶面涂刷乳胶漆	乳胶漆即俗称的油漆。
墙面捕挂钢丝网	钢丝网是细密的金属网格，一般新建墙体或是非承重墙应用的比较多，有利于增加墙体的稳定性，不易开裂。
围砌轻体砖	这一项实质内容是包管道。即把卫生间还有厨房的竖向粗管道都用砖围砌起来，便于后期的墙面贴砖工程顺利进行。
柔性防水	防水是用于卫生间的一种涂料，为了防止水渗漏，一般地面与墙面都会涂，墙面是涂到距离地面1.8m高度的位置。而现在用的最多的柔性防水则具有伸缩性，会跟随墙面的热胀冷缩进行变化，防止开裂漏水。
地面水泥砂浆找平	铺木地板时会有这一项，在将原地面清理干净后，铺上配比好的水泥砂浆，目的是使地面更加平整，便于后期木地板的铺设。

3. 人工费用

人工费用是指施工过程中所消耗的工人工资，其中包括工人直接施工的工资、工人上缴劳动力市场的管理费等。工程量的大小、工期的长短、设计的复杂程度、施工的难易程度都对人工费用有直接影响。此项费用约占装修总费用的30%。

装修基础指南

二、分清装修档次区别，量力分配不盲目

装修档次大体可以分为四种，分别是：经济型、中档型、高档型、豪华型。

1. 经济型

经济型适用于只需要进行简单装修的人群。其需要用到的施工项目大致为少量水电改造，墙顶地涂刷界面剂，墙顶面墙友找平，墙顶面批墙宝，墙面刷乳胶漆或者贴壁纸，地面铺装木地板或地砖，厨卫安装铝扣板吊顶墙面贴墙砖等。

此类装修一般不需要找设计师设计，格局上也几乎没有改动，并且主要由业主自己找施工队伍。经济型装修需要业主掌控每个环节，稍有不慎，就会造成工艺质量和效果达不到自身要求或造成材料浪费的后果。

2. 中档型

中档型除了简单的刷墙铺地之外还可以找设计师进行风格设计。因此，可以根据所确定的风格来进行一些简单的造型设计，空间布局的改造等。并且，找设计师以及他的施工队伍施工，工程的质量也相对有保障，业主也可以减少一些压力。

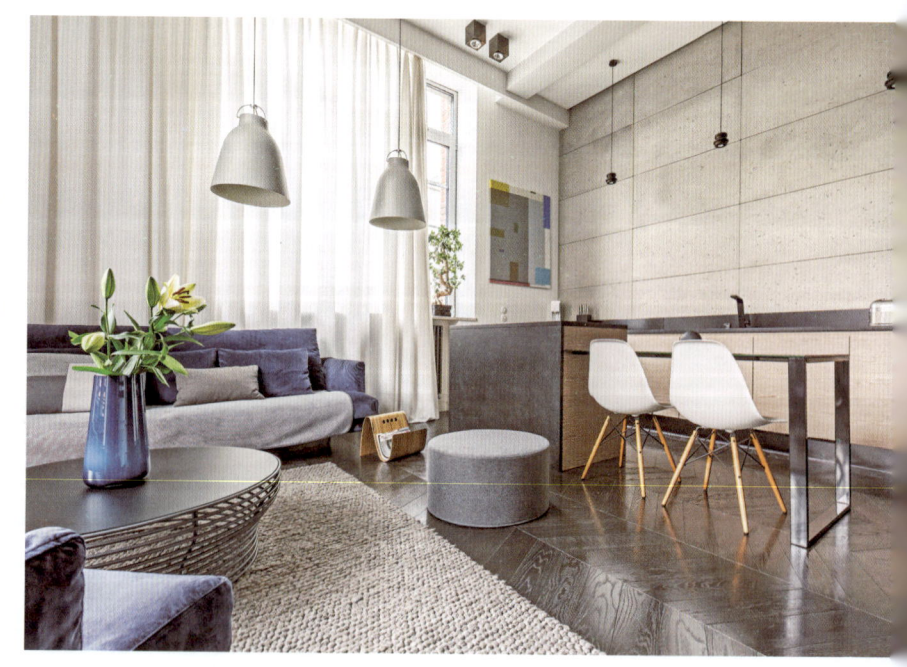

3. 高档型

高档型装修一般由有经验的设计师提供设计方案并且施工工艺与所用材料都要比中档型更好。而且售前、售中、售后都有专人对工程负责，在设计以及施工质量方面保障性更强。在家具选择软装搭配方面，设计师也会给出更适合的建议。

4. 豪华型

对于豪华型装修来说，好的施工材料是必然的，其最突出的特点是更好的设计。豪华型装修对应的设计师应是从事此行业多年并有许多优秀的作品，有很高的审美能力及美学素养；懂得环境与居住空间的关系，懂生活，懂以人为本的设计理念。此类型最后所呈现出来的效果应该是令人叹为观止的，就如同一件艺术品一样。

不同装修档次的预算价格

装修档次	预算价格（大致估算）
经济型	500元/㎡
中档型	1000元/㎡
高档、豪华型	2000元/㎡及2000元以上，上不封顶

第三节

确定功能分区

一、区分空间设计，精准要点效果佳

1. 客厅设计

（1）格局设计

对于客厅而言，采光是最重要的。没有充足的采光，客厅会显得暗淡和沉闷，住起来十分不舒适。以下图为例，南侧，有阳台，充沛的光源可以通过阳台上面的玻璃洒向室内。这样会使得客厅宽敞明亮。所以在格局设计上，采光通风，是第一要义。

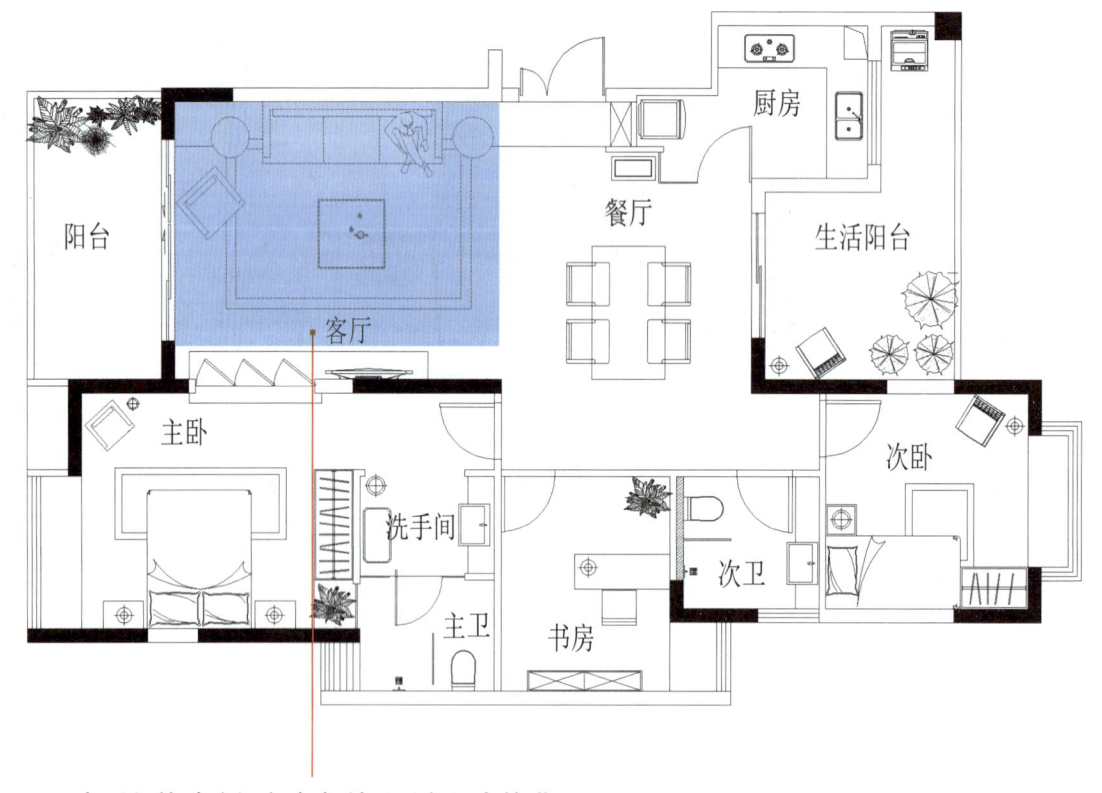

大面积的玻璃门窗也有利于更多阳光的进入

（2）墙顶地设计

墙面设计

客厅的墙面设计可选择的材质较多，有乳胶漆、壁纸、护墙板、软包、石膏线条等。也可多种材质组合在一起，营造出不同风格的空间氛围。

顶面设计

顶面可做石膏板造型吊顶，可增加灯带、筒灯、射灯。也可用木线、金属线条等强化空间风格。

地面设计

客厅的地面大多选择地砖，可选择釉面砖、仿古砖，也可做地砖拼花，使客厅空间更加丰富。

（3）照明设计

客厅的灯光一定要明亮，这样才会显得宽敞。在客厅中部选择明亮的吊灯或吸顶灯，同时在沙发一侧放置台灯作为辅助光源。灯光的色调以暖色为主，同时也可以点缀一些冷色调的筒灯或射灯，丰富空间的层次。

（4）软装应用

客厅的软装是最能体现出整个居室设计风格的部分，起到定调的作用。具体设计时，可以选择在色彩上有所呼应的布艺来体现居室的整体感，也可以在电视柜上摆放一些装饰品和相框，但不要全部集中，稍微有点间距，且前后具有层次感。

2. 餐厅设计

（1）格局设计

餐厅的位置距离厨房一定要近，这样做完饭菜方便以最短的距离端到餐桌上。而且需要注意的是餐厅的位置不应正对着卫生间，就餐时周围的环境应是干净的，不应有浊气。

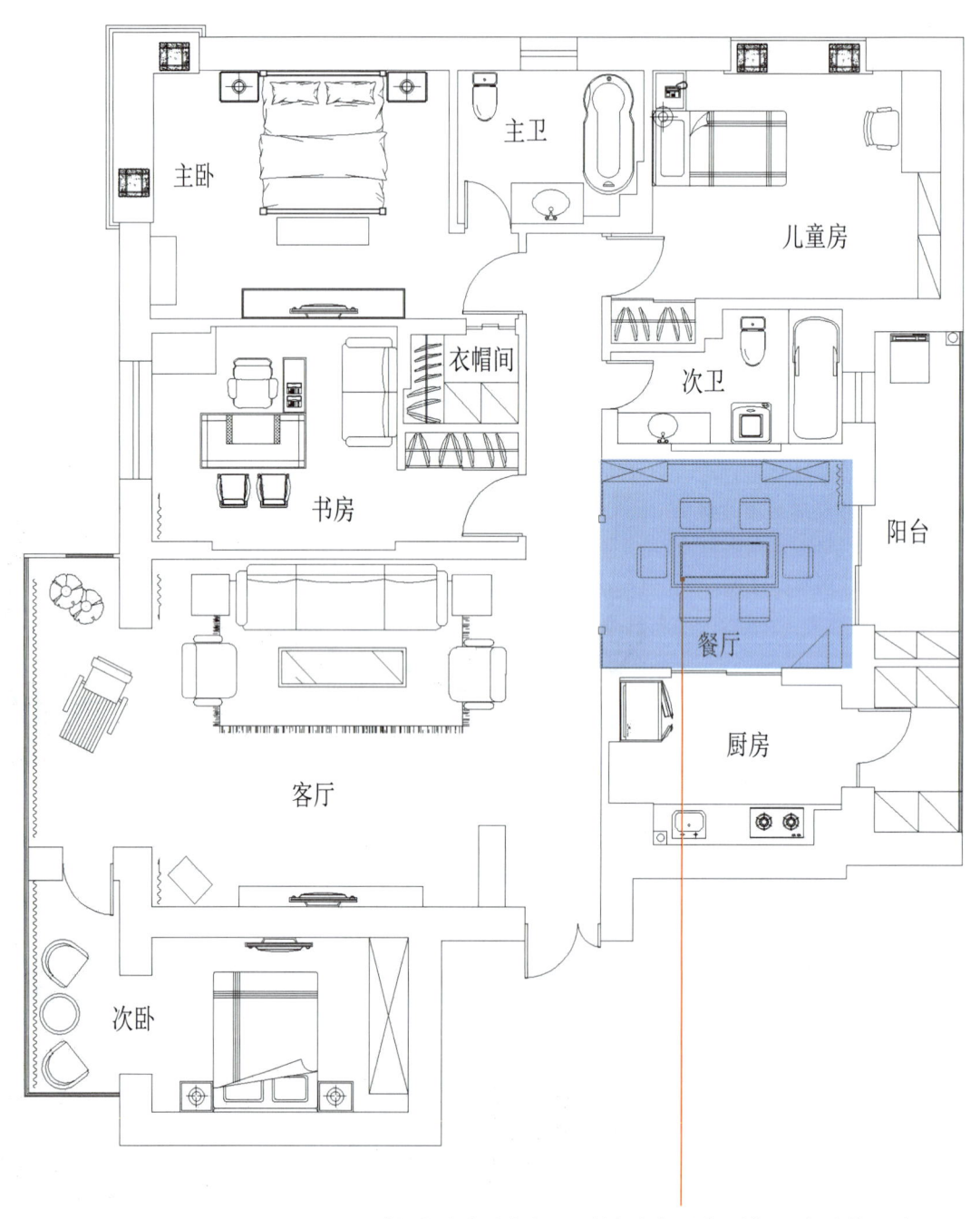

餐厅面对厨房门，可以减少厨房到餐厅走动的距离

（2）墙顶地设计

墙面设计

餐厅的墙面设计也可与客厅相同，但应以简单为主。可以选择乳胶漆、壁纸等营造温馨的就餐氛围。

顶面设计

顶面可设计石膏板造型吊顶、灯带等元素，也可只做简单的平顶加石膏线条，利用餐桌上方的吊灯来营造空间风格。

地面设计

餐厅的地面可选择铺地砖，吃饭时偶尔会有食物残渣掉落，选择地砖更好清理。

（3）照明设计

餐厅的照明以温馨为主，所以灯光的主要颜色还是暖色。要使用吸顶灯或是吊灯增加室内整体明亮度，确保生活中必要的光线亮度。要注意吊灯最低点距离餐桌不能低于750mm，否则可能会有碰撞的危险。

（4）软装应用

餐厅的装饰应以祥和的气氛为主，所以软装配饰的选择要向这个方向靠拢。比如在餐桌上摆一束干花，会使空间增加温馨感。还可选择风格较强的吊灯，墙面挂一两副装饰画，点缀空间。

3. 卧室设计

（1）格局设计

卧室最基本的是要有窗，同客厅一样，卧室也需要充足的采光。除此之外，卧室是私密的空间，在整个居室中各个空间的位置分布来看，卧室应在角落处，这样休息时不会被打扰。

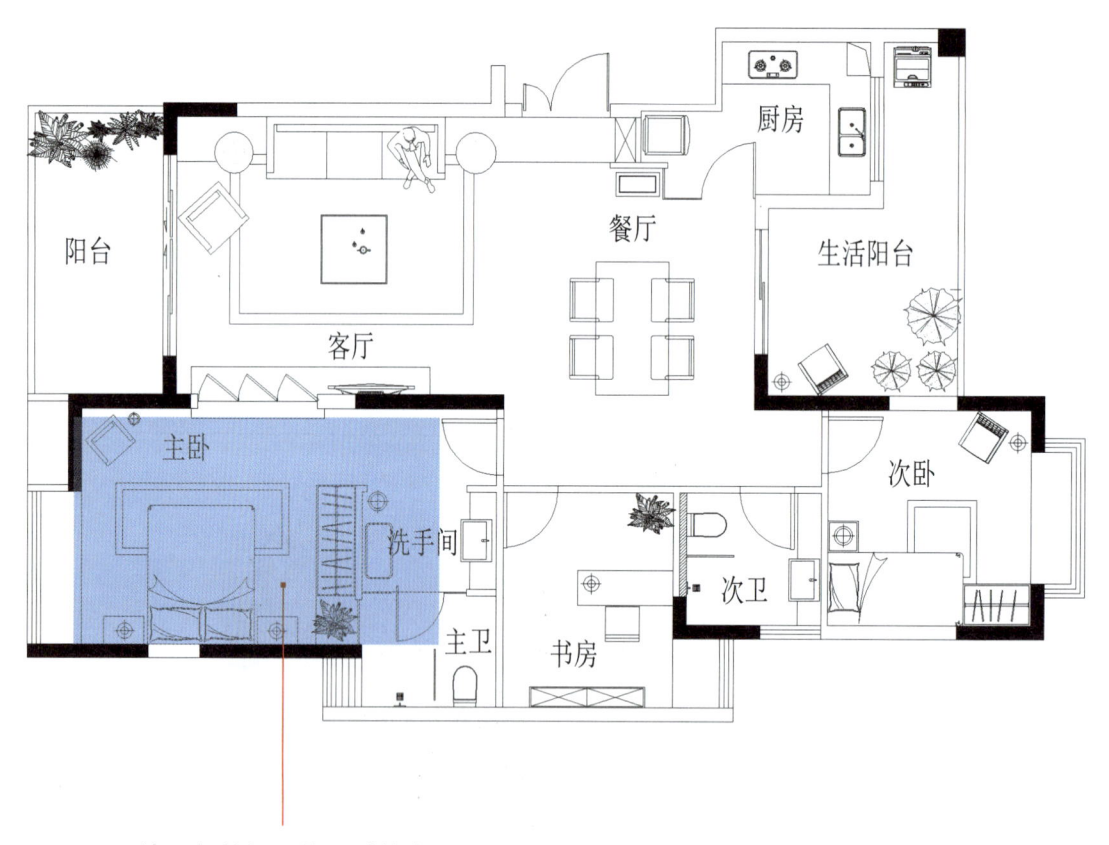

洗手间的门不能正对着床

（2）墙顶地设计

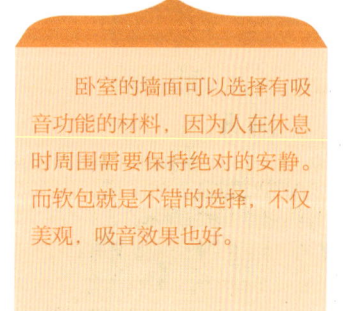

墙面设计

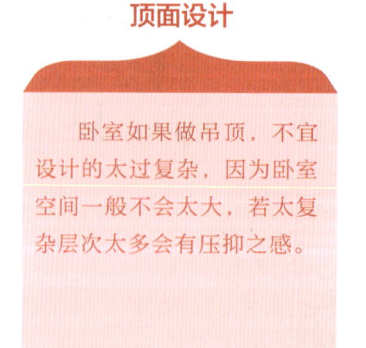

卧室的墙面可以选择有吸音功能的材料，因为人在休息时周围需要保持绝对的安静。而软包就是不错的选择，不仅美观，吸音效果也好。

顶面设计

卧室如果做吊顶，不宜设计的太过复杂，因为卧室空间一般不会太大，若太复杂层次太多会有压抑之感。

地面设计

卧室地面可以选择木地板，脚感舒适，人踩在上面不会有瓷砖的冰冷感，也可选择地毯，质感更加柔和。以上两者都会在卧室空间内营造出自然温馨的氛围，适合休息。

（3）照明设计

卧室的照明以柔和为主，在主照明工具上安装灯罩，可以柔和灯光，不至于光线过亮刺眼；而用落地灯和床头灯作为辅助照明，可以调节卧室内的光线。另外，卧室主灯宜设计在床尾处，避免强烈光线直射眼睛。

（4）软装应用

卧室内的软装配饰应主要以柔软的材质，温馨的色调为主。此空间中的布艺不宜使用大量艳丽颜色，应以浅色为主，可点缀一些颜色属性明显的饰品。同时，用色也不宜太沉闷，深色调应较少使用。另外，窗帘对于卧室来说必不可少，其柔软的质地不仅使空间增加温馨感，且能够隔绝室外的光线，营造属于卧室的静谧氛围。

4. 书房设计

（1）格局设计

书房一般兼具工作以及学习的功能，所以也是需要绝对安静的，书房的位置一般距离卧室不远，或者如果卧室足够大的话，书房也可在卧室内部。

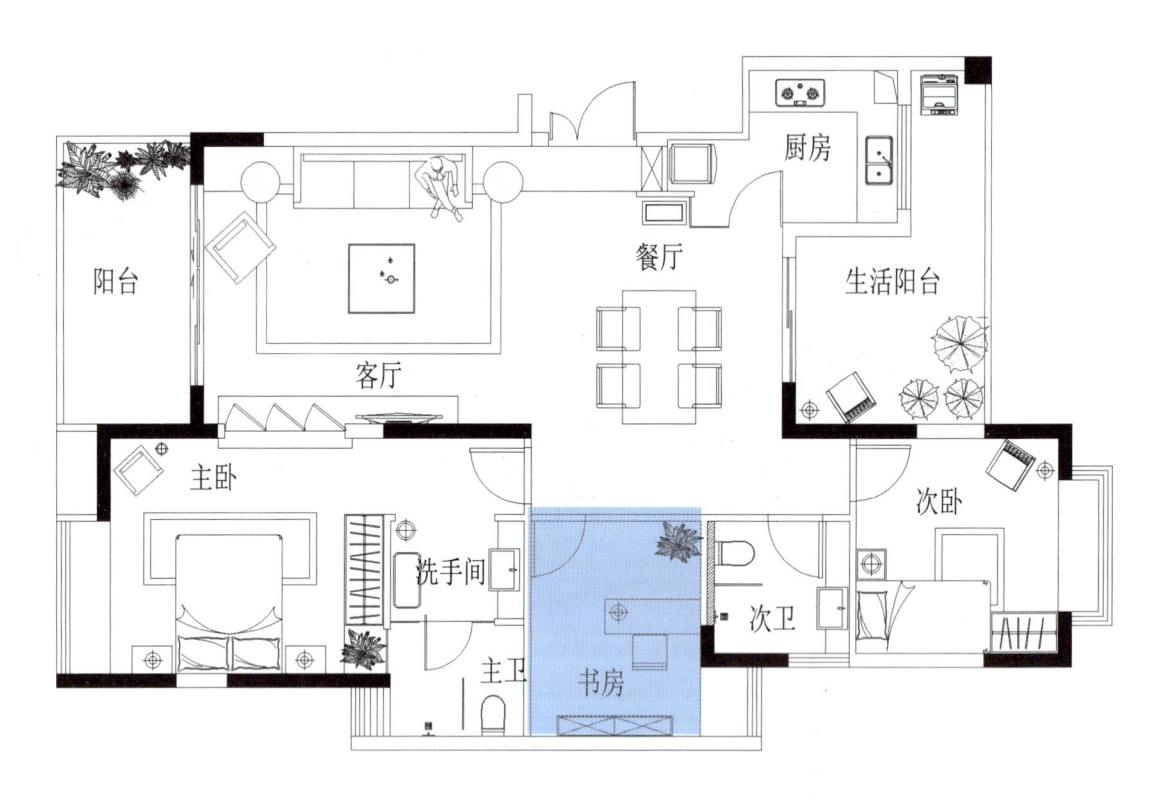

（2）墙顶地设计

墙面设计

书房是需要安静的空间，所以在选择墙面材料时可选择具有吸音功能的木质吸音板、聚酯纤维吸音板或者软包等。

顶面设计

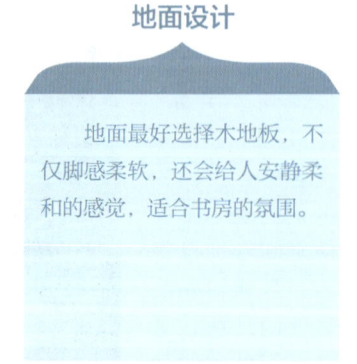

顶面不需要太多造型，仅原顶面基层处理过后涂刷乳胶漆或者安装普通石膏板即可（也可选择吸音效果好的15mm的石膏板或矿棉板）。

地面设计

地面最好选择木地板，不仅脚感柔软，还会给人安静柔和的感觉，适合书房的氛围。

（3）照明设计

书房内要安装作为主照明的吸顶灯，辅助安装用于近距离照明的落地灯或者台灯。对于经常使用电脑的人来说，最好使用护眼灯，可以减轻眼部疲劳，色调也以暖色为主。

（4）软装应用

书房装饰画的色彩应以清雅宁静为主，避免太过鲜艳、跳跃的色彩，以免分散学习工作的注意力。书房饰品应体现端丽、清雅的文化气质和风格，文房四宝和古玩能够很好地凸显书房韵味。

5. 厨房设计

（1）格局设计

　　厨房的位置距离餐厅越近越好，因为这样做好饭菜可以以最短的距离端到餐桌上。而且厨房最好要在有窗的位置，这样洗菜切菜时才能够看得清楚。需要注意的是厨房的门不能正对入户门，也尽量避免正对卧室门，因为油烟容易进入卧室影响人体的健康。

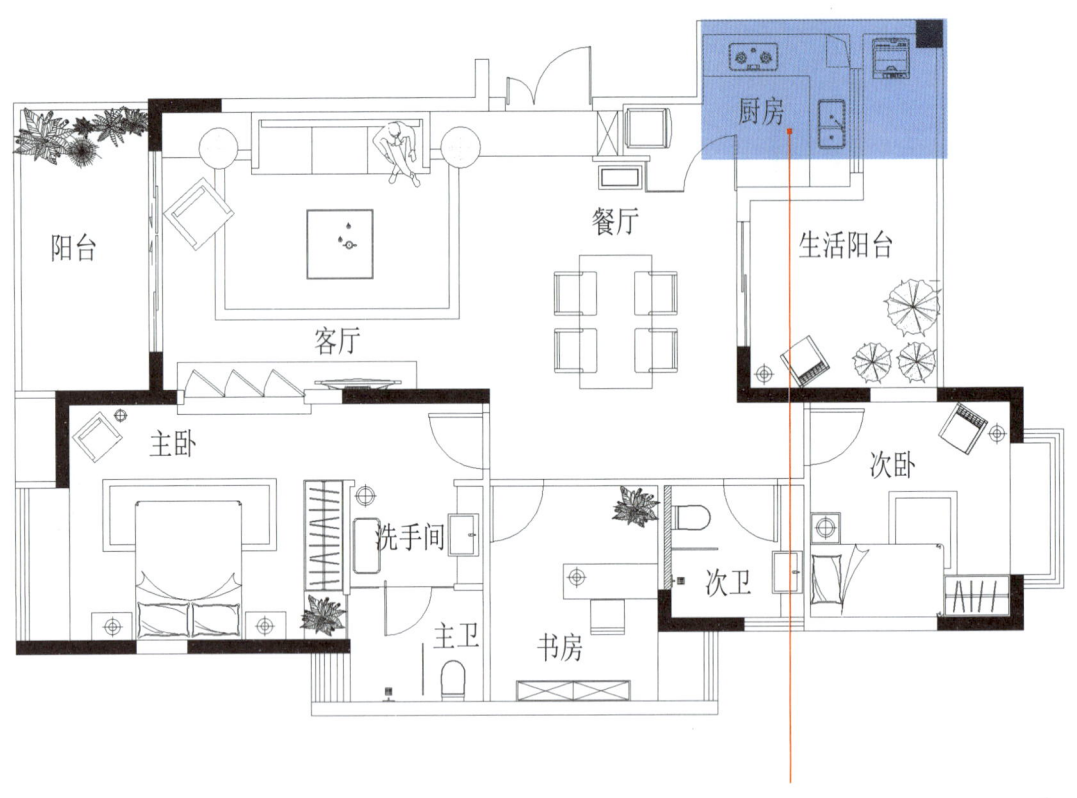

灶台不能正对着厨房门，要错开一些

（2）墙顶地设计

墙面设计

　　厨房墙面应选择易清洁的墙砖，且面积不应过大，因为厨房面积较小，选择面积小的瓷砖不仅节约成本降低损耗还能起到延伸视觉的作用。

顶面设计

　　顶面选择集成吊顶（铝扣板吊顶）比较好，不仅有通风换气的功能还能照亮厨房空间，做饭时视野更加明亮。

地面设计

　　厨房应选择易清洁且防潮性强的地砖，瓷质砖的吸水率仅为0.5%，极低的吸水率适合在地面铺设。

（3）照明设计

厨房的照明主要来自于顶面集成吊顶的光源，可以选择白色的灯光，会使厨房更加明亮。另外，光线不宜过暖或过冷，会影响对食材的判断。灯具则应选择防水、易清洁的材质，并且密封性能要好。

（4）软装应用

在厨房中可以用有艺术气息的碗盘或调味盒等来装饰空间，再摆放上适应性强的小型盆花，以增加厨房的生动性。但切忌选用花粉太多的花，以免开花时花粉散入食物中。

6. 卫生间设计

（1）格局设计

卫生间可以紧挨着卧室，这样洗漱或者如厕都能以最短的距离，最少的时间到达。同时，卫生间不能正对入户门，也尽量与其他空间的门都错开，且卫生间尽量要在有窗的部位，方便空气流通排出浊气。

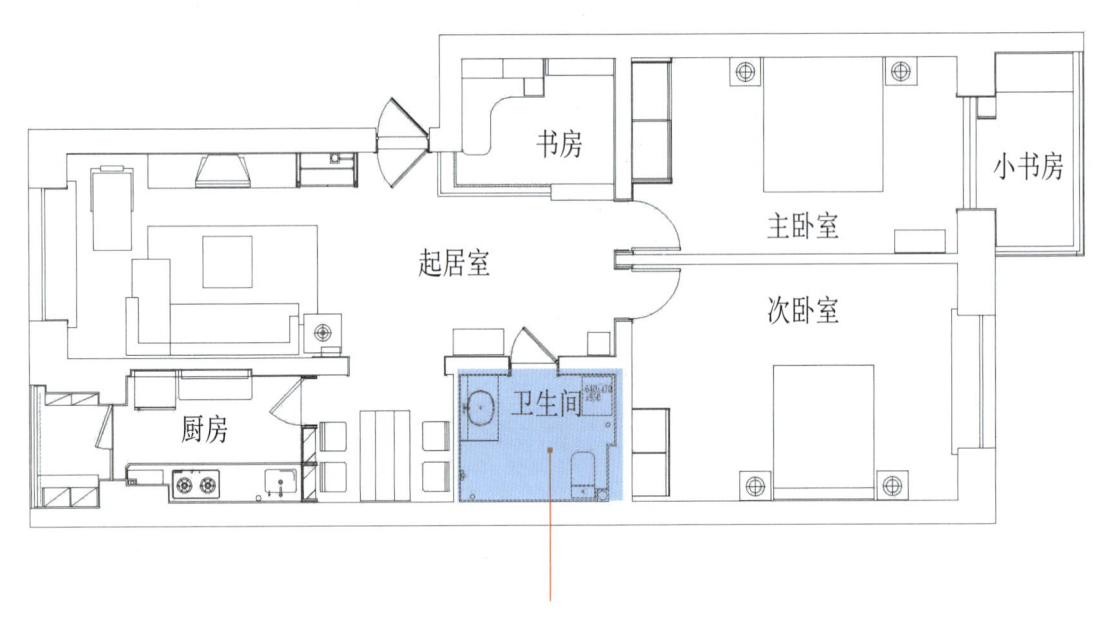

卫生间临近卧室，方便如厕

（2）墙顶地设计

墙面设计

墙面应选择防水性强又具有抗腐蚀抗霉变的墙砖。

顶面设计

顶面应选择铝扣板吊顶或者是防水石膏板。

地面设计

地面应选择表面带有凹凸花纹的防滑地砖。

（3）照明设计

卫生间除了顶部的主灯之外，还需要辅助光源。其位置在浴室柜的梳妆镜处，需要安装镜前灯，方便洗漱时的照明需求。

（4）软装应用

卫生间的装饰没有必要过多，可以选择一些色彩艳丽的陶瓷、塑料制品，不容易受潮，且清洁方便，若使用同一色系的洗漱产品，会让空间更有整体感。另外，也可以摆放一些耐湿性的观赏绿植，如蕨类植物、垂榕、黄金葛等。

二、熟悉空间动线，生活便利又舒畅

1. 动线的定义及特征

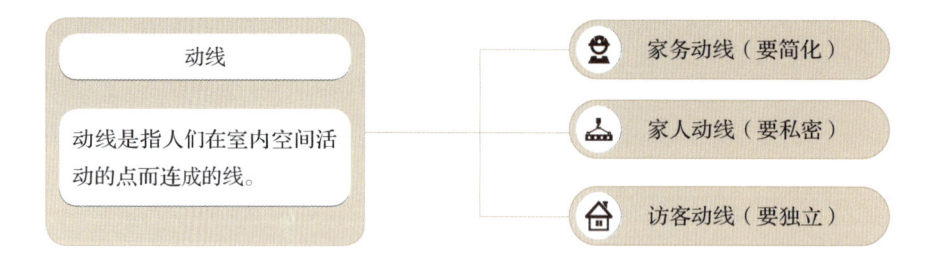

动线

动线是指人们在室内空间活动的点而连成的线。

- 家务动线（要简化）
- 家人动线（要私密）
- 访客动线（要独立）

家务动线

家务动线是指从卫生间到厨房到生活阳台这条路线及其活动区域。这条动线相比于其他两条来说是最为烦琐的。其进行的主要活动是买菜、做饭、洗衣、打扫卫生等。所以活动空间集中在卫生间、厨房以及阳台。因为家务劳动烦琐所以家务动线的设计一定要尽量简化，减少距离。

家人动线

家人动线的主要特性是私密，其活动空间为卧室、书房、卫生间等。这条动线的设计要尽量满足居住者自己居住的习惯。

访客动线

访客动线是指从客厅到餐厅的活动路线。这条动线应尽量避免与其他两条动线的交叉，要独立存在，防止客人来访时影响其他家庭成员的休息与工作。

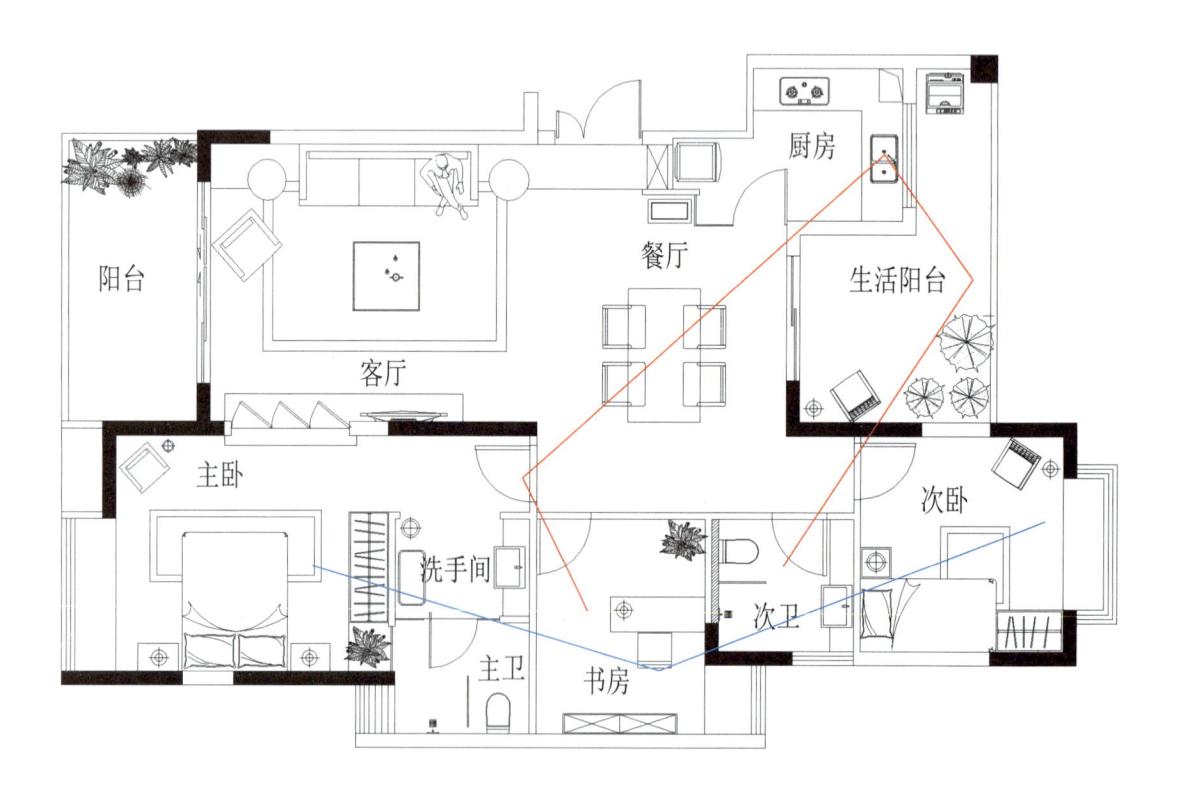

2. 功能空间的动线设计

（1）客厅

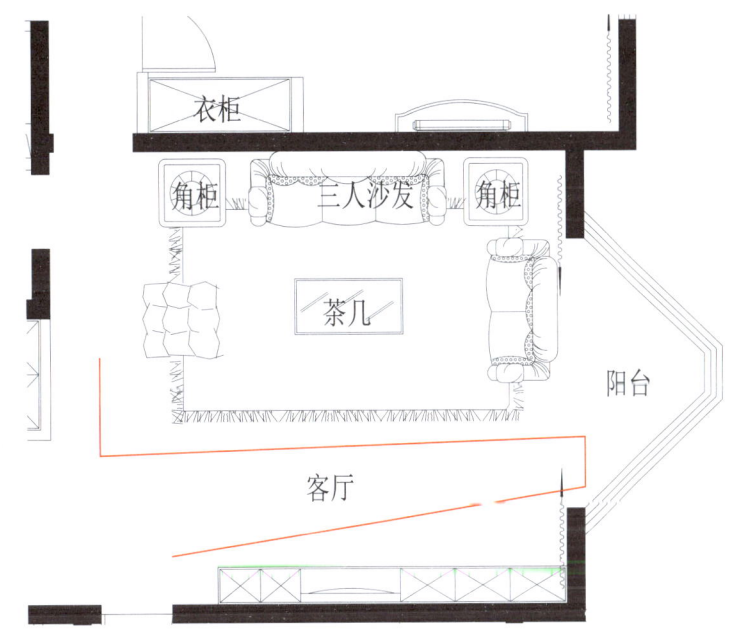

客厅动线是规划的重点，由两部分构成：一是固定家具的摆设；二是人行走的路径。沙发、电视柜等固定物品的尺寸及摆放位置要根据客厅空间的大小来决定。沙发与茶几之间，茶几与电视柜之间的距离要合理，以免出入不便。如果沙发区域为静态区域，而茶几与电视柜之间属于动态区域，则动态区域需要留出更大的活动空间，保证日常活动不受限制。

（2）餐厅

餐厅内的主要家具为餐桌椅，餐桌椅要依据空间的大小选择尺寸，最起码应做到将椅子放进餐桌下时，能保证一个人的正常通过，餐桌边缘距离墙壁最短距离不能少于800mm，要做到当人经过餐桌时不会对通行造成障碍。

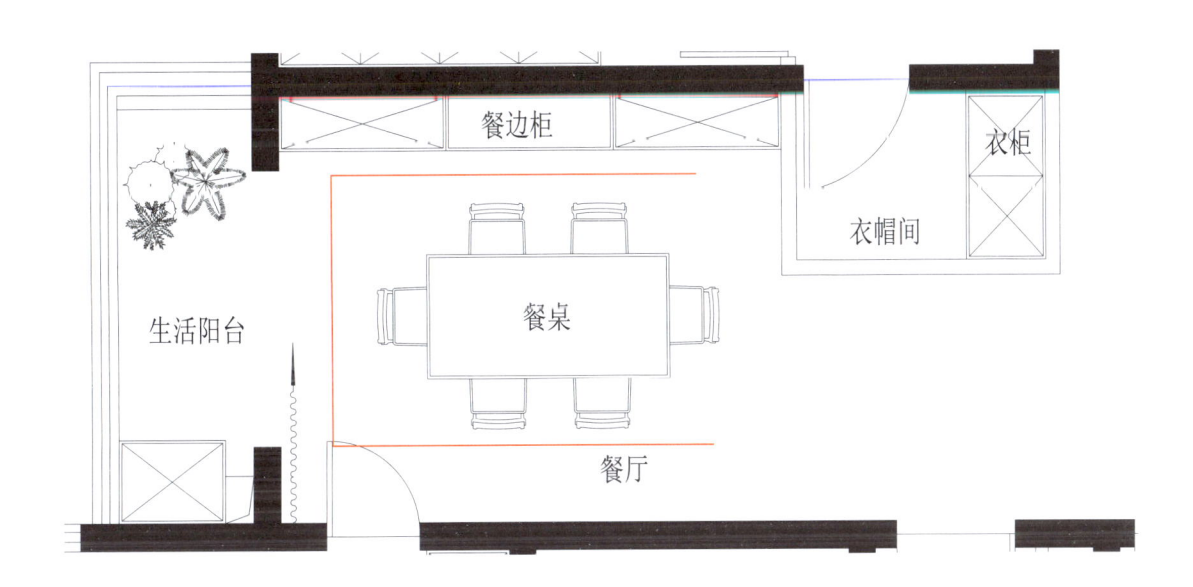

（3）卧室

　　卧室的使用频率很高，卧室动线要注意摆放和收纳。床的摆放应平行或垂直于墙壁，以便室内动线的流畅。双人床最好不要靠墙放置，否则睡在内侧的人下床不方便，且床两侧的通道不应小于500mm。

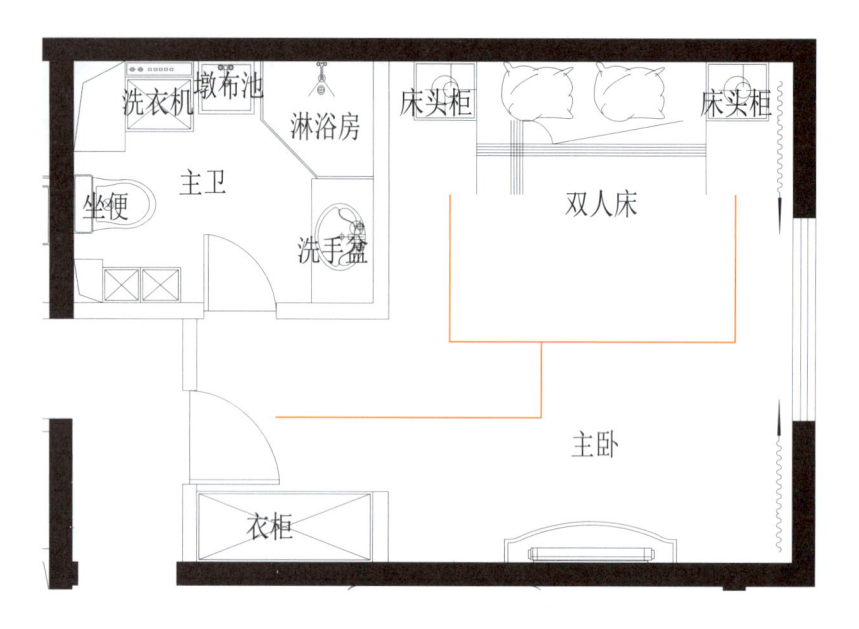

（4）书房

　　书房的动线主要是协调书桌、椅子以及书架三者之间的关系。书架要放置在相对来说靠里的角落，但需要查找资料时走几步便能到达的位置。

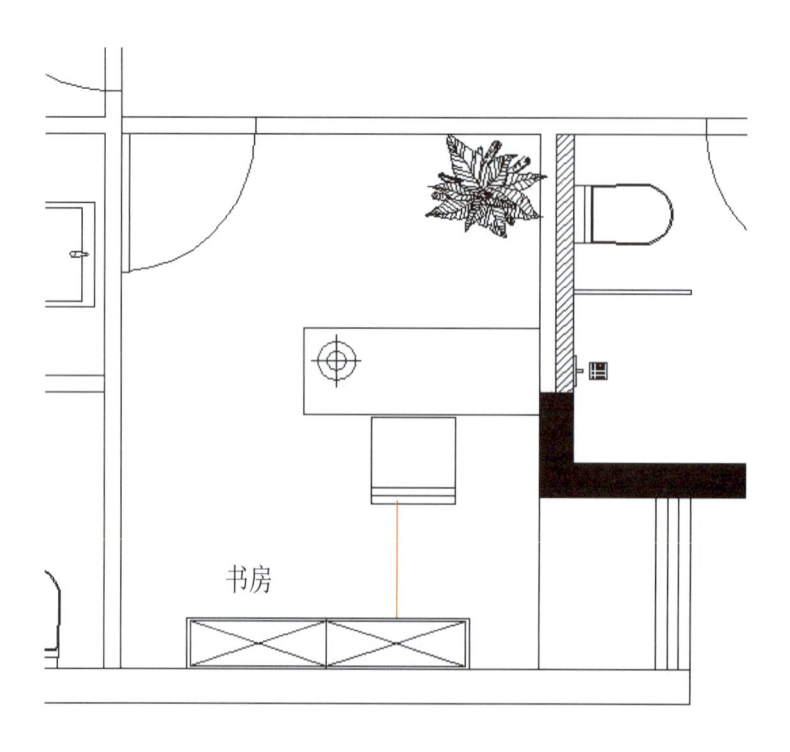

（5）厨房

在设计厨房动线时需要注意"拿、洗、切、炒"这四个活动的连贯性。即在冰箱拿出食材，走到洗菜盆清洗之后，再拿到案板上切菜，然后拿到灶台处放入锅里进行翻炒，最后端着饭菜出锅走到餐厅。这一些列动作最好在一条动线上完成。

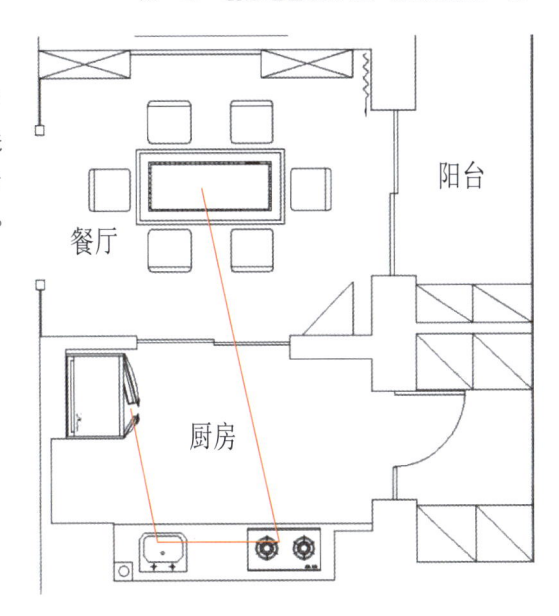

（6）卫生间

在室内空间中卫生间可分为主卫以及次卫。两者功能不同，动线也不同。卫生间包括洗手池、马桶、淋浴等，其布局决定了卫生间的动线，按照布局以及使用功能不同大致可分为两类。

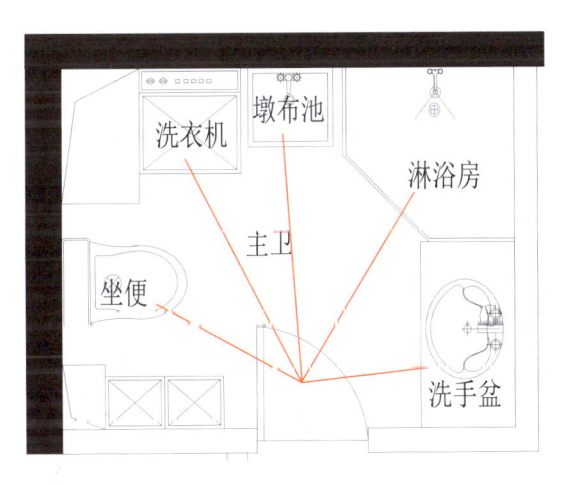

◀ **集中式布局**

即将卫生间的所有功能集中在一起，包括洗手池、马桶、淋浴、洗衣机等。这类布局动线简单，但做不到干湿分区，当一人使用卫生间时其他人便无法使用，不适合人多的家庭。

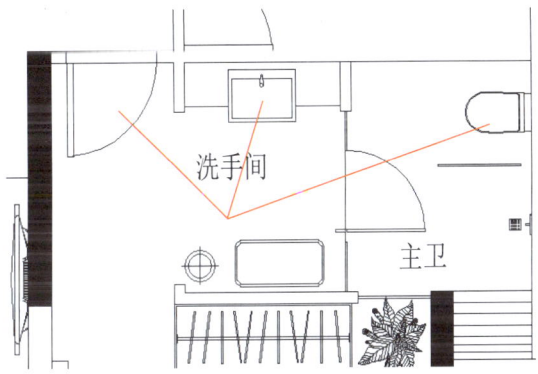

◀ **三分式布局**

将卫生间进行干湿分区，可同时使用，避免人多拥挤。

三、了解家具尺寸，空间规划更准确

※客厅家具

沙发

单人沙发：长800~900mm，深850~900mm
双人沙发：长1260~1500mm，深800~900mm
三人沙发：长1750~1960mm，深800~900mm
四人沙发：长2320~2520mm，深800~900mm
扶手高560~600mm，坐高350~420mm，背高700~900mm

茶几

正方形茶几：长800~1300mm，宽800~1300mm
长方形茶几：长1100~1600mm，宽600~850mm
圆形茶几：直径800~1200mm

电视柜

长1500~1800mm，宽400~600mm，高500~600mm

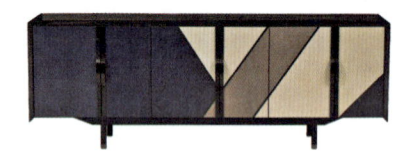

※餐厅家具

餐桌

方形餐桌：长600~2400mm，宽600~1200mm，高710~750mm
圆形餐桌：直径500~1800mm

餐椅

坐高380~450mm，坐深450mm，坐宽400~530mm

餐边柜

长1000~1700mm，宽400~500mm，高800~900mm（高度也可与室内墙高相同）

※卧室家具

床

单人床：长1800~2000mm，宽800~1200mm，高450~500mm
双人床：长1800~2100mm，宽1200~2000mm，高450~500mm

衣柜

宽600~650mm（长度及高度均可自定义）

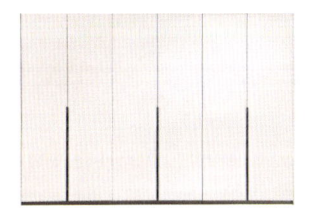

床头柜

长480~560mm，宽440~500mm，高400~650mm

※书房家具

书桌

长1000~2000mm，宽450~750mm，高750~800mm

书架

宽350~400mm（长度及高度均可自定义）

装修基础指南

※厨房家具

整体橱柜

操作台：宽560~600mm，高650~800mm（长度需根据厨房尺寸来确定）
吊柜：宽320~350mm，高650~910mm（长度需根据厨房尺寸来确定）
注意：吊柜底部距离操作台的距离为500~600mm

※卫生间家具

浴室柜

长800~1200mm（包括镜柜在内）；宽450~500mm；高800~850mm（包括洗手池在内）

小 贴 士

卫生间各类洁具设备决定着卫生间的实际使用尺寸，其尺寸应加以考虑。

卫生间设备尺寸参考

洗手池

长310~1000mm，宽310~600mm（长宽均可自定义），高700~800mm

马桶

桶距350~450mm　长620~700mm
宽300~500mm　高750~830mm

浴缸

长1500~1900mm　宽700~900mm
高580~900mm

淋浴房

长800~1300mm　宽800~1200mm
高1600~2200mm（长宽均可自定义）

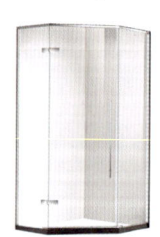

第二章
装修团队选择对，减少操心第二步

　　装修团队是整个施工过程的重中之重，这决定了以后的装修能否顺利进行。选择好的装修团队能避免许多后顾之忧。若装修团队不合格则会出现：施工不规范，水电管线在墙面斜着走；卫生间防水涂料不合格，水漏到楼下邻居家；使用劣质石膏板，后期黑心开裂等装修事故。

第一节

了解装修公司

一、认识发包方式的差异，合理选择少出错

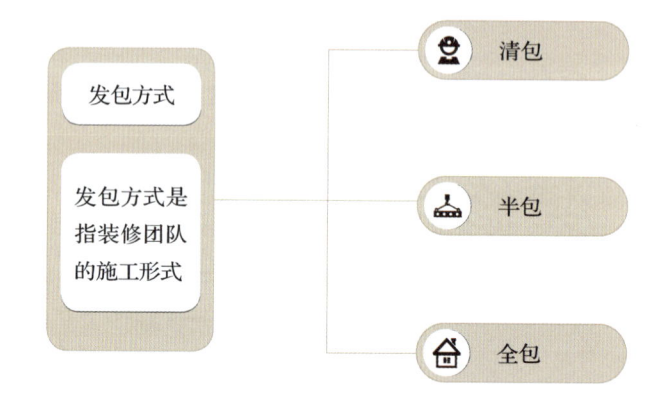

```
发包方式 ─┬─ 清包
          ├─ 半包
发包方式是   └─ 全包
指装修团队
的施工形式
```

1. 清包

省事指数：★　　省钱指数：★★★★　　装修效果：★★★　　**最省钱**

清包也叫包清工，是指业主自行购买所有材料，找家装公司或装修队伍来施工的一种工程承包方式。由于材料和种类繁多，价格相差很大，有些人担心别人代买材料可能会从中渔利，于是部分装修户采用自己买材料、只包清工的装修形式。

优点： 自由度和控制力大；自己选材料，可以充分体现自己的意愿；通过逛市场，可以对装修材料的种类、价格和性能有个大致的了解。

缺点： 清包需要投入的时间和精力较多；逛市场、了解行情、选材，这需要大量的时间；联系车辆，拉运材料，工期相对会较长；清包需要对材料相当了解，否则在与材料商打交道的过程中，难免会吃亏上当。

解读　最省钱的方法是清包，即所有主料和辅料都由自己购买，装修队只负责施工，赚人工费。这种方式虽然好，但会占用大量时间。装修期间，家里基本上要有一个人全职负责工地上的协调工作，并兼职当装修工的下手，随时补货。另外，清包工的装修队一定要经验丰富，否则很容易留下各种隐患，或者使家里的装修风格不统一，造成遗憾。

2. 半包

省事指数：★★★　　省钱指数：★★★　　装修效果：★★★★　　**| 装修效果最好**

半包是介于清包和全包之间的一种方式，施工方负责施工和辅料的采购，主料由业主采购。包工方式分为全包和包工包辅料两种方式。其中包辅料是业主自购主料，而施工单位承担人工、施工机具及辅料；包工包料是由施工单位负责采购全部材料、提供人工以及施工机具。

优点： 价值较高的主料自己采购可以控制费用的大头；种类繁杂价值较低的辅料业主不容易搞得清，由施工方采购比较省心。

缺点： 半包装修的优点是选购建材有主导性，但同时也是它的缺点所在。主材挑选需要花不少时间跑建材市场，而且每一款材料都需要做好验收，家装公司负责提供的材料与自购的材料必须写明在合同上，避免家装公司钻空子。

> **解读**
>
> 在具体操作时，半包更需要事先明确房东和装修队各自应尽的职责。比如地板一项，如果由自己购买、装修队负责安装，就要事先明确，搬运费、樟木块、防潮垫等由谁负责购买。另外，对于各自购买的材料，必须在进场时由对方进行验收，认可后再进行施工。现在，不少大件材料的厂家都提供安装服务，由厂家安装，万一出现质量问题，只要盯住厂家负责即可，不会出现扯皮现象。

3. 全包

省事指数：★★★★★　　省钱指数：★　　装修效果：★★★★　　**| 最省事**

全包也叫包工包料，所有材料采购和施工都由施工方负责。装修造价包括材料费、人工机械费、利润等，另外还要暗摊公司营运费、广告费、设计师佣金等，客户交的钱只有六成能花到房子上面。

优点： 相对省时省力省心，责权较清晰；一旦装修出现质量问题，家装公司的责任无法推脱。

缺点： 费用较高；由于材料价格、种类繁杂，装修户了解甚少，很容易上当。

> **解读**
>
> 要选择这种方式，一定要把好合同关，除了审核各项费用的合理性，更要对自己需要的主材料标明品牌、型号、颜色，谨防装修队偷梁换柱。同时，除了签订本市统一的装修合同，还可和公司签订补充合同，明确各项权利，具体的版本可上网搜索。还要把握好各个关键节点的验收和付款环节，如有可能，在每次验收和付款时，必须本人到场。此外，还可以聘请独立监理，监督工程队的各项工作。

二、搞懂装修公司差别，自由选择更放心

1. 装修公司分类

装修公司种类繁多，从施工方式上大致可以分为三类，即上述所说的清包、半包以及全包公司。但在设计以及装修质量上又可以分为施工队，连锁家装公司以及高端设计工作室。

种类	特征	选择重点
施工队	施工队或部分小型个人家装公司，没有或只有浅显的设计知识，施工大多不规范，施工质量无法保证，没有保修期。	若是选择施工队，则不必太侧重于设计感，想要了解选择的装修队适不适合，最应该去其正在施工的工地观看，看所用的材料是否合格，施工工艺是否规范。
连锁家装公司	这类家装公司大多有统一的施工规范，装修质量有保证，售后服务比较完善但设计能力一般，此类公司的设计师偏向销售类型的多一些。	连锁家装公司的施工工艺还是有一定保证的，去这类公司要了解其报价方式以及报价内容，还应了解保修年限及保修种类等问题，一般来说，连锁家装公司的售后相对较完善。
高端设计工作室	工作室的设计师设计能力及素养相对来说很高，有自己的设计风格，能结合业主的想法给出合适的设计方案，施工质量也有保证。	选择高端设计工作室的业主想必自身也有一定的审美素养，与设计师交谈时主要观察其设计理念以及设计思路还要了解其设计案例最终完成时的效果。

注：每个种类的装修公司都有好坏之分，具体的辨别还需业主本人多了解多去实地考察比较。

2. 装修公司基本服务流程

在去家装公司之前，首先需要了解的是他们的服务流程（此处以连锁家装公司为例）。

初次进店咨询	家装公司竞争激烈，所以有装修需求的业主（尤其是有新房的业主）会经常接到各类家装公司的邀约电话或是在逛建材市场时会遇到询问自身是否有装修需求的设计师。此类情况下，业主可选择其中几家进店咨询。
与设计师交谈	初次见面，业主需要了解家装公司的优缺点以及将对装修的大致需求与期待告知设计师。
交定金	如果业主对设计师以及公司比较满意，则可先缴纳一部分定金（定金会被转移到后期的装修款项里，不满意可退）。
预约量房	缴纳定金后，业主可与设计师约定时间上门量房。
现场勘测	设计师及其助理会在现场勘测尺寸，业主可在这个时间内向设计师详细说明自身的需求，可以精确到每一个空间有怎样的布置。
绘制施工图	量房过后，业主只需耐心等待即可。因为设计师会依据量房图的尺寸以及需求绘制一整套完整的施工图并作出详细的报价单。
二次进店交谈	施工图绘制完成后，业主需要进店确定这是否为最终方案，若不确定，则设计师根据需求再次进行修改（此过程的次数需要一次及以上，业主在此期间需要有耐心）。
签约	施工方案及价格确定后便可签约，签约时业主及设计师都需要在施工图、工程预算书以及施工合同上签字。
施工	签约完成后便可立即施工。
主材选购	若是半包公司签约完成时业主便可由设计师带领或自己去主材市场选购主材；若是大包公司在确定设计方案时主材就应该都选择好。

三、掌握沟通谈判技巧，需求传达才清晰

1. 与家装公司洽谈前要做的准备工作

（1）了解主要材料的市场价格

家装的主要材料一般包括：墙地砖、木地板、油漆涂料、多层板、壁纸、木线、电料、水料等。掌握这些材料的价格会有助于在与家装公司谈判时控制基本工程总预算，使总价格不至于太离谱。

（2）了解常见装修项目的市场价格

家装工程有许多常见项目，如贴墙砖、铺地砖或木地板等，这些常见项目往往占到中高档家装总报价的70%～80%。对这些常见项目的价格心中有数，有助于业主量力而行，根据自己的投资计划决定装修项目，也可以预防一些家装公司在预算中漫天要价，从而减少投资风险。

（3）了解与其合作的家装公司情况

在初步确定了几家家装公司作为候选目标以后，要尽可能地多了解一些关于这些公司的情况，以便于下一步的筛选工作。

具体方法：如果这家公司在家装市场，可以去市场办公室请工作人员介绍一下该公司的情况，或者以旁观者的身份从旁边观察这家公司，如他们是怎样和客户谈判的，有无客户投诉及投诉的内容是什么。

（4）清楚希望做的家装主要项目

根据投资预算决定了关键项目以后，就要有目的地了解掌握相关的知识，因为这些关键项目也许会决定业主的家庭经过装修后的整体效果，千万不要在谈判时让人家看出自己一点也不懂而受到欺骗。

小贴士

对家居情况了如指掌，才能在谈判时省时省钱

在与家装公司洽谈前，如果业主没有做好必要的准备工作，洽谈可能因为资料不足而不能进行下去；相反，做好准备工作可以高效清楚的进行谈判。因此如下几项需要了解：

※ 有尺寸的详细房屋平面图，最好是官方（物业等部门）出具的；

※ 将各个房间的功能初步确定下来，拿不定主意的可以留待与设计师讨论，就这些问题要尽量与家人统一思想；

※ 分析自己的经济情况，根据经济能力确定装修预算。

重点考虑：装修所需的费用，购买家具、洁具、厨具、灯具等的费用。

2. 与家装公司洽谈的重点内容

说明家庭成员的情况

与设计师进行沟通时，业主应详细说明家庭成员的年龄、职业等信息。有无学龄前儿童以及是否与老人同住是需要重点说明的，这两类家庭成员会决定空间设计的侧重点以及日常主要需求。

说明自身的喜好

业主需要将自己喜欢的风格类型、颜色等告知设计师，可以将自己喜欢的图片给设计师看，这样对方才能更了解业主的真正需求。

说明收纳方式

每个家庭的收纳空间是必不可少的，将自身日常的收纳方式以及需要收纳物品的种类和数量告知设计师，这样对方才能规划出合理又实用的收纳空间。

询问必做工程

与设计师沟通时，要了解哪些工程是必须要做的而哪些又是可做可不做的，这样会对预算有一个相对准确的了解。

说明新旧家具的使用

将需要保留的旧家具拍照给设计师参考，看其是否会与后期的装修风格产生冲突。优秀的设计师会将陈旧的元素合理的应用于新装修的室内空间中。

探讨大体户型设计

与设计师初次见面交谈时最好准备需要装修的室内空间平面图，设计师可以以此为依据并结合业主的习性爱好在第一时间给出大体方案。

说明心里预算价格

业主需要对设计师说明大体的心里预算价格，这样设计师会在一定的可控制范围内做出相应的空间设计以及报价。

小 贴 士

认真记录，有备而谈

在与家装公司谈判时，一定不要忘记作一些记录，这样做有两个目的：一是可将几家家装公司做比较，同样的问题看看谁解答得合理客观；二是同样的问题，下一次再去问同一个人，看他答的是否一样，由此可以看出对方是不是真有水平。

链接

整套施工图具体内容

施工图是表示工程项目总体布局、内部布置、结构构造、材料作法以及设备、施工等要求的图样。业主大致了解施工图的概况，可以有效监督施工单位，防止只听"一言堂"。

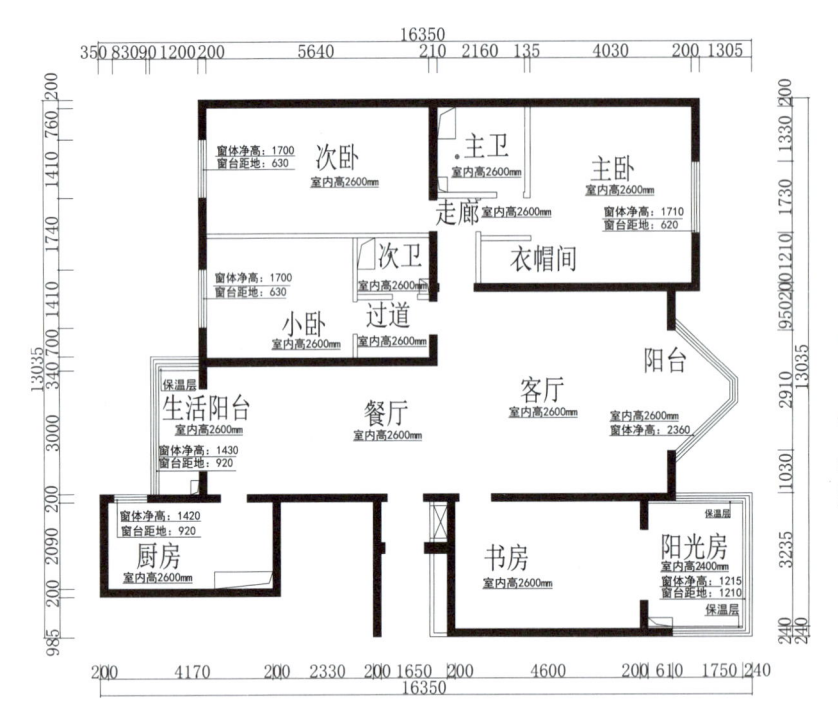

◀ **原始结构布置图**

根据业主自身需要装修的房屋现场测量绘制出来的尺寸图，是以下一系列图的基准。

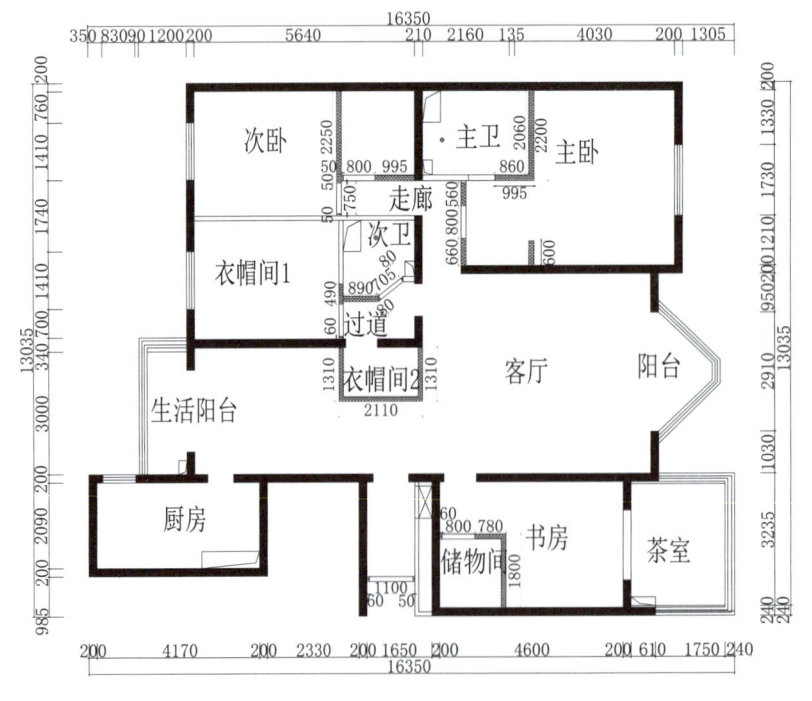

◀ **墙体拆改示意图**

根据业主自身需求，若有需要拆除的墙体则会有这一项（承重墙不能拆）。

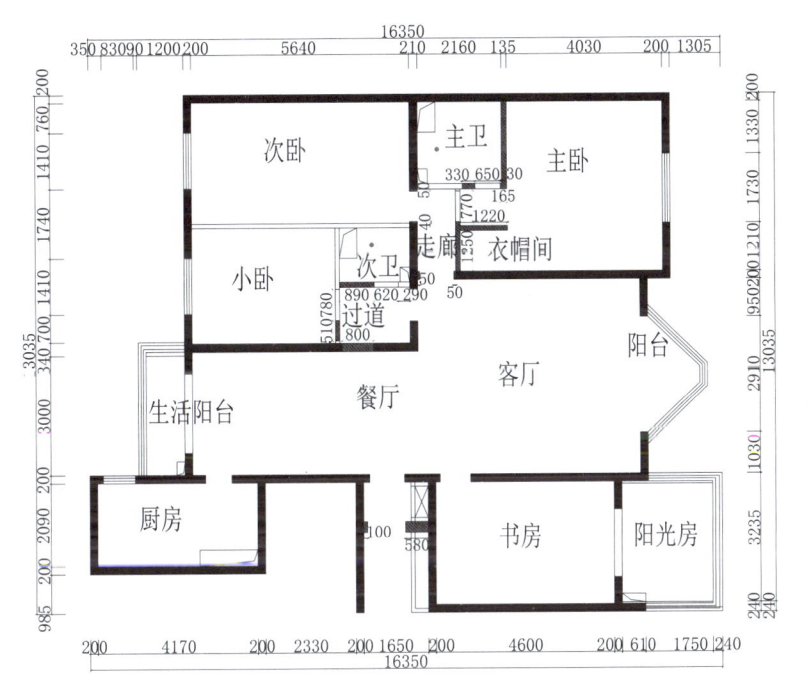

◀ **墙体新建示意图**

与上一张对应，有拆改则也会有新建墙体，一切均以业主需求为准。

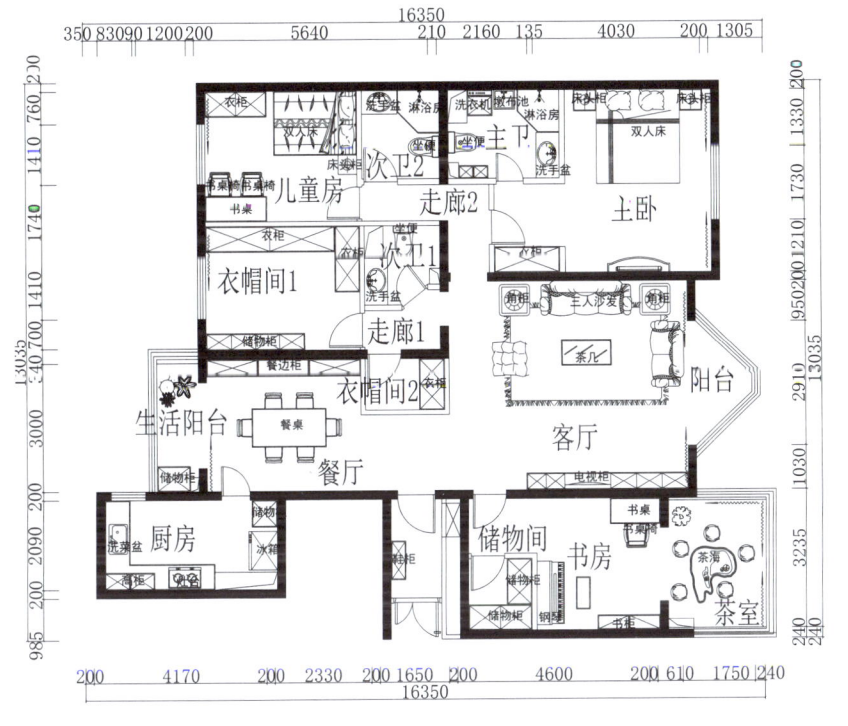

◀ **平面布局图**

这张图很重要，它决定了整个空间的布局以及动线走向，决定了家具的尺寸以及如何摆放。

◀ **家具尺寸布置图**

基于上一张图，这张图标出所有家具的尺寸，方便业主根据具体尺寸购买家具。

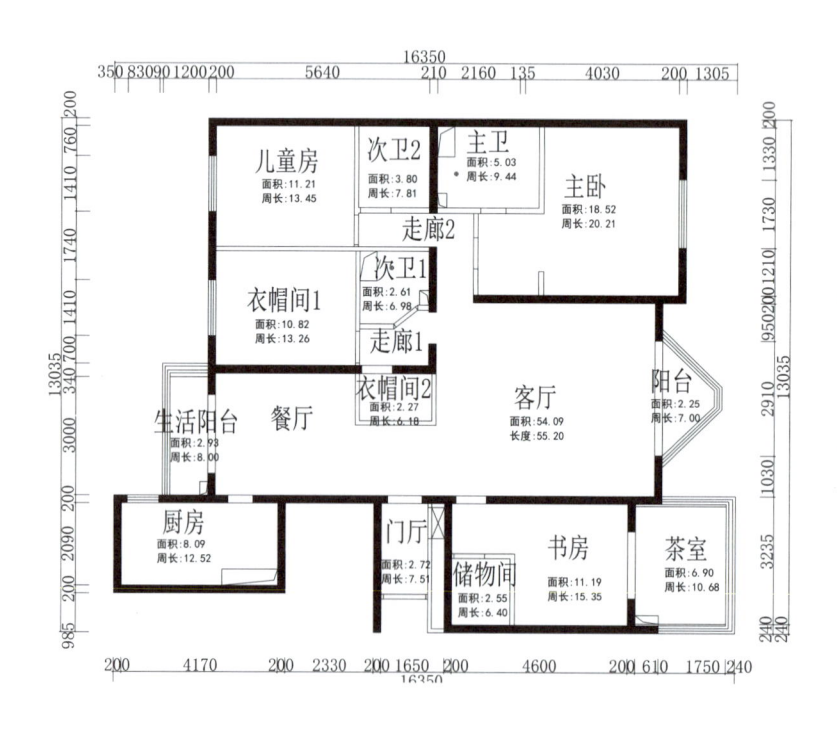

◀ **面积周长示意图**

这张图标出了每个空间的面积和周长，工程预算书依据这张图上的尺寸来计算。

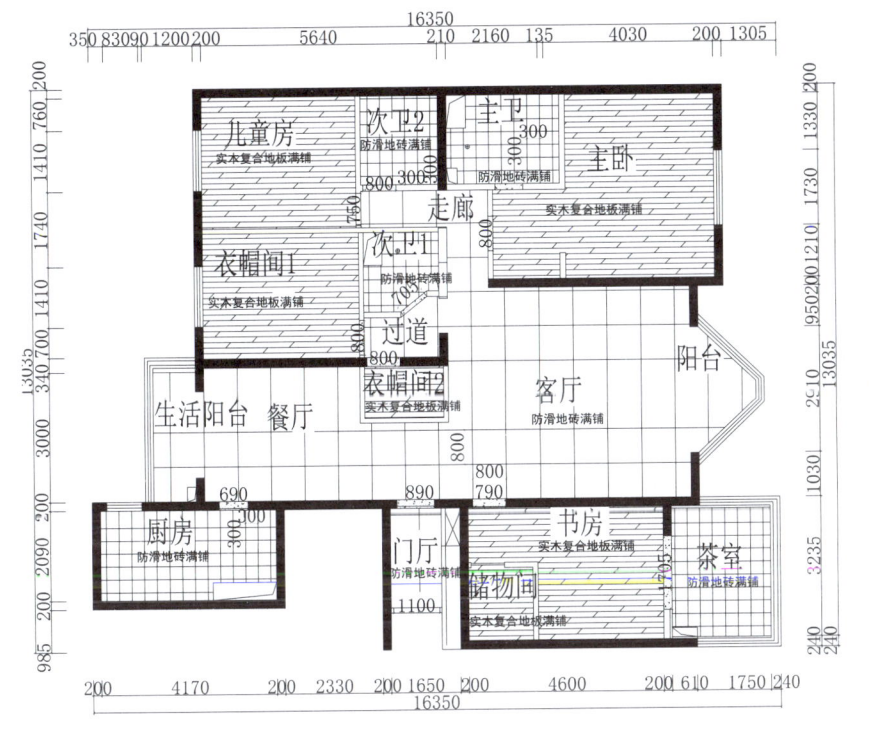

第二章 装修团队选择对，减少操心第二步

◀ **地面装饰布置图**

这张图标明每个空间的地面材质。

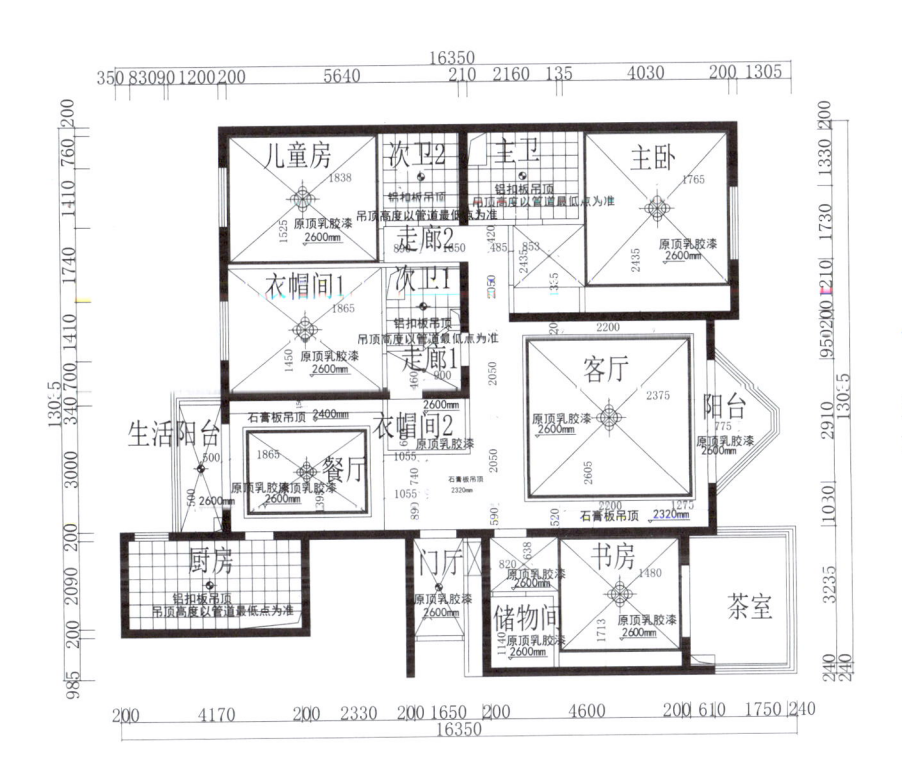

◀ **顶面装饰布置图**

对灯具的具体位置做出标注以及绘制顶面造型。

091

装修基础指南

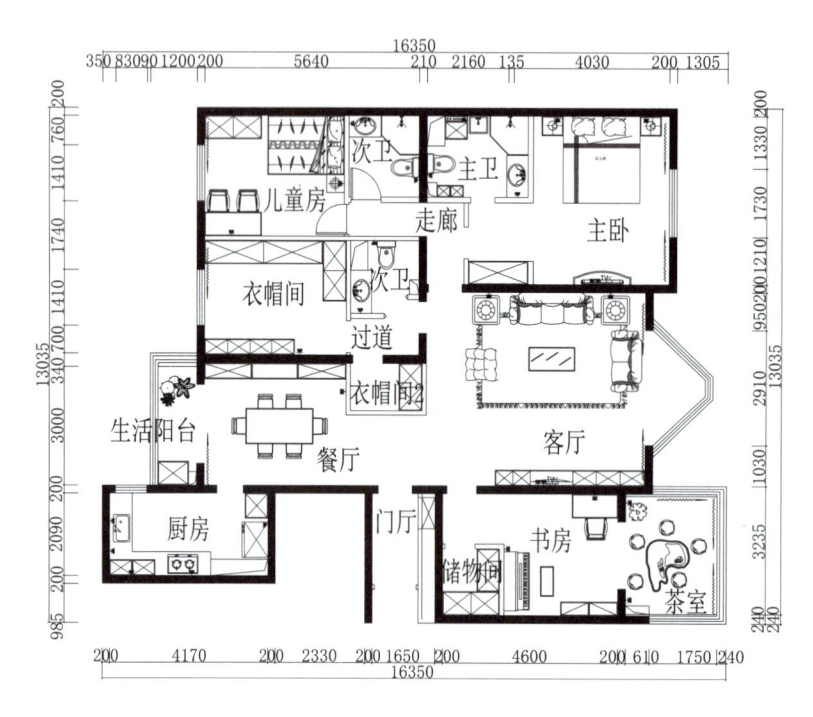

◀ 电源插座及弱电布置示意图

　　这张图主要标明的是普通插座的位置以及电视线网线插座的位置。

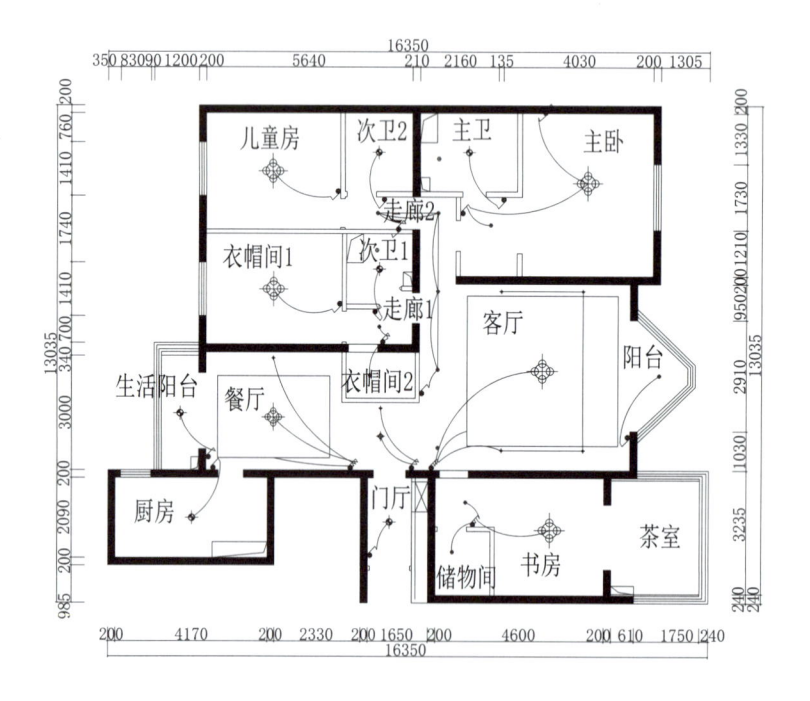

◀ 照明线路及灯具位置开关示意图

　　主要标明开关的位置以及数量还有线路的大致走向。

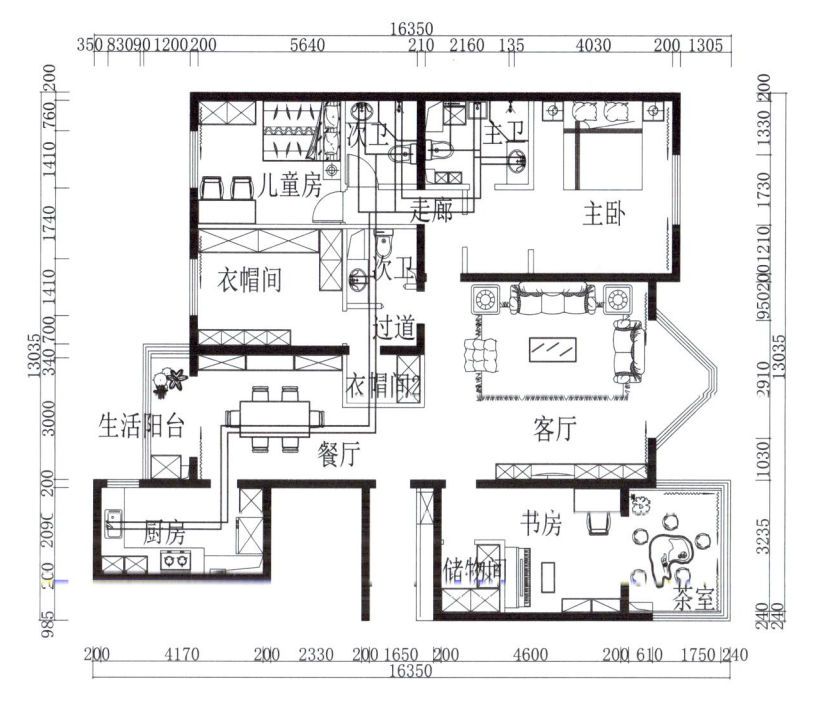

◀ **水路改造示意图**

这张图会简略绘制出冷热水管的具体走向。

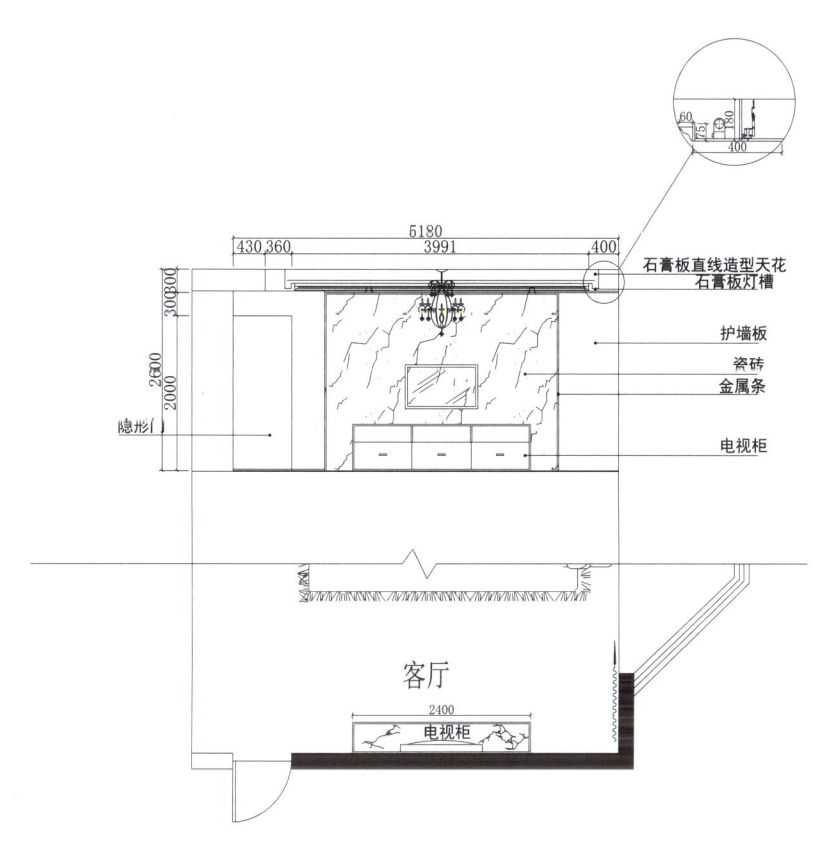

◀ **立面图**

有些公司会根据业主的要求绘制沙发背景墙立面图以及电视背景墙立面图或是其他空间立面图。但施工主要还是以上方的平面图为准。

第二节

选择家装团队

一、梦想家居效果呈现，选对理想设计师最关键

1. 设计师的定义

室内设计师是专门从事室内设计工作的人群，其主要职责是把业主对家装的想法与需求转化成现实。要点是着重沟通，充分了解业主的想法与需求，并在有限的空间、时间、科技、工艺、材料成本等压力之下创造出实用与美学并用的全新空间。

2. 鉴定优秀设计师的方法

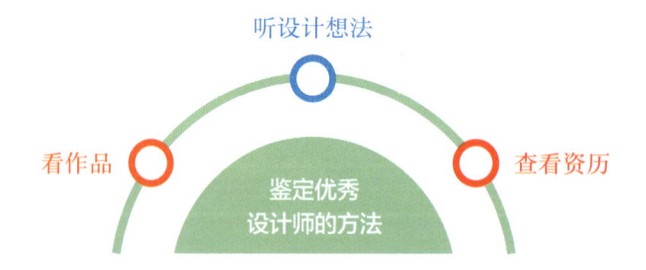

鉴定优秀设计师的方法：看作品、听设计想法、查看资历

（1）看作品

可以查看设计师之前的设计作品，观察他们对不同的户型有怎样的布局，以及每个户型相对应的设计理念和最终呈现的效果。以此来了解设计师的设计水平。

（2）听设计想法

听设计师对自家空间功能布局的设计想法，以及采用何种装饰手段处理空间。例如对房屋中不规则的地方以及边角的处理是否有独到的见解，而且要注意听其说出的想法是一时兴起还是有理有据。如果设计师只是一味的阐述自己所谓的设计风格、设计手法而不能说出道理所在，那这样的设计师不能选择。

（3）查看资历

专业的室内设计师会有学历证书，其中最普遍的是环境艺术专业、建筑设计专业、室内设计专业等，还有注册室内设计师资格证。这些证书有了会更好，没有的话也不要过于在意，最重要的还是其设计能力。

3. 设计师的工作内容及收费方式

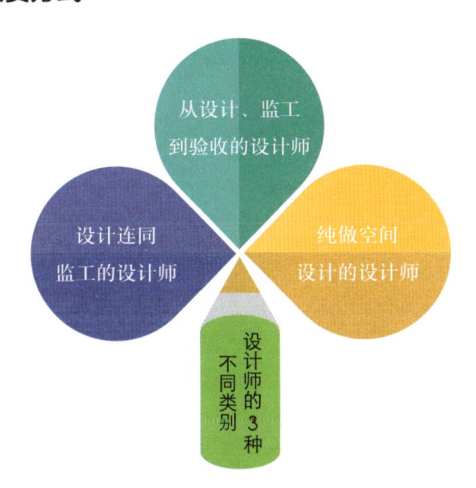

设计师的3种不同类别：
- 从设计、监工到验收的设计师
- 设计连同监工的设计师
- 纯做空间设计的设计师

（1）纯做空间设计的设计师工作内容及收费方式

设计师必须要给业主所有的图纸，包含平面图、立面图及各项工程的施工图（水电管路图、吊顶图、柜体细部图、地面图、空调图等超过数十张的图）。此外设计师还有义务帮业主跟工程公司或施工队解释图纸，若所画的图无法施工，也要协助修改解决。

付费方式：通常只收设计费，在确定平面图后，就要开始签约付费，多半分两次付清。

（2）设计连同监工的设计师工作内容及收费方式

这类设计师不光负责空间设计，还可以帮业主监工，所以设计师除了要出设计图及解说图外，还必须定时跟业主汇报工程进展情况（汇报时间由双方议定），并解决施工过程中所遇到的问题。

付费方式：多为2~3次付清。

（3）从设计、监工到验收的设计师工作内容及收费方式

业主与这类设计师合作最省心，他们不只要出所有的设计图，还必须帮业主监工，并安排工程、确定工种及工时，连同材质的挑选、解决工程中的各种问题，完工后还要负责验收工作及日后的保修，保修期通常是一年，内容则依双方的合同约定。

付费方式：签约付第一次费用，施工后再按工程进度收款，最后会有10%~15%的尾款留至验收完成时付清。

设计师的服务流程及工作内容

现场勘查及丈量空间尺寸──→平面规划及预算评估──→签订设计合同──→进行施工图设计，并确认工程内容及细节──→确认工程估价，包含数量、材料、施工方法──→签订工程合同──→确定施工日期及各项工程工期──→工程施工及监工──→完工验收──→维修及保修

二、装修不费心力与精力，寻对专业监理很重要

1. 监理的定义

装修监理是指由专业监理人员组成，经政府审核批准，取得装饰监理资格，在装饰行业中起着质量监督管理作用的职能机构。

2. 监理的工作内容

装修监理作为公正独立的第三方，在接受业主的委托及授权后，会依据《住宅装饰装修验收标准》和业主与装修公司签订装修合同，为业主提供预算审核、主材验收、质量控制、工期控制等一系列的技术性服务；并且在家装工程中替业主监督施工队的施工质量、用料、服务和保修等，防止装修公司和施工队的违规行为。

3. 请监理的优点

监理可代替业主把控各种施工材料以及施工工艺的质量。

业主无需担心施工方拖延时间，所有施工节点，监理会负责协调。

省力

省时

省心

省钱

业主不必每天在现场监工，有时间时可以去现场查看。

监理能够帮助业主省去装修过程中的不合理开支，减掉报价单中多余的水分。

4. 家装监理的收费标准

（1）收费方式

家装监理是从工程建设监理中细化出来的，工装监理是有定额指导价，但家装监理究竟该怎么收费，国家标准目前还没有明确规定。在实际操作中，家装监理的收费标准都是参考工装来实施的。

收费方式	特征
按照建筑面积计费	一般 20~50 元 /m^2，别墅的收费标准相对比较高
按照工程量来计费	一般按装修额的 4%~6% 收取监理费用，装修额较大所提取的点数则会低一些。如工程合同金额在 10 万元以下按 3%（不含 10 万元）；工程合同金额在 10~20 万元以下按 2.5%（不含 20 万元）；工程合同金额在 20 万~50 万元以上按 2%（含 20 万元）

（2）付费周期

在与家装监理企业签订了家装监理合同后，家装监理公司会尽快通过有关渠道落实家装施工企业，征得业主同意后与家装施工企业签订施工合同，如果业主已落实好了家装施工企业，家装监理公司则应尽快协助业主与施工单位签订施工合同或对合同进行审查。施工和监理合同签订后，业主应按施工合同额付给家装监理公司 50% 的家装监理费，待工程完成到 80% 应再付 30% 的监理费，工程验收完毕，符合合同规定应全部付完。

小贴士

选到合适监理的方法

◎ 看公司的规模

公司规模很容易看出来，重要的是要看公司的经营范围里是不是有"监理咨询"这项服务。

◎ 试监理的水平

选择之前要和监理进行沟通，可以聊一些该监理以往负责的项目，以及他是如何为业主服务的。有条件的话，可以把图纸、预算带过去，看看监理能不能做出一些客观评价。

◎ 听业主的口碑（最实用）

如果你身边有人找过监理，他们的反馈是衡量监理好坏的标准之一。

◎ 跟监理去现场（最有效）

跟监理到现场，看看他是如何与工人打交道的，同时工地施工质量的好坏，多少也反映了这个监理的水平。你还可以找一些现场中的"疑难杂症"来考考监理，看看他能不能给出一些有效的解决办法。

第三节

谨慎签订合同

一、了解装修合同的要点，避免蒙混出问题

1. 装修合同的构成

名称	简介
工程主体	工程地点以及甲乙双方的名称
工程项目	项目的名称、单价、数量、工法、合计、备注等
工程工期	工期的时长以及延期的违约金
付款方式	对款项支付手法的规定
工程责任	对施工过程中的质量以及安全问题的处理方式作出规定
双方签章	甲乙方双的签字以及乙方公司公章

2. 装修合同的重点

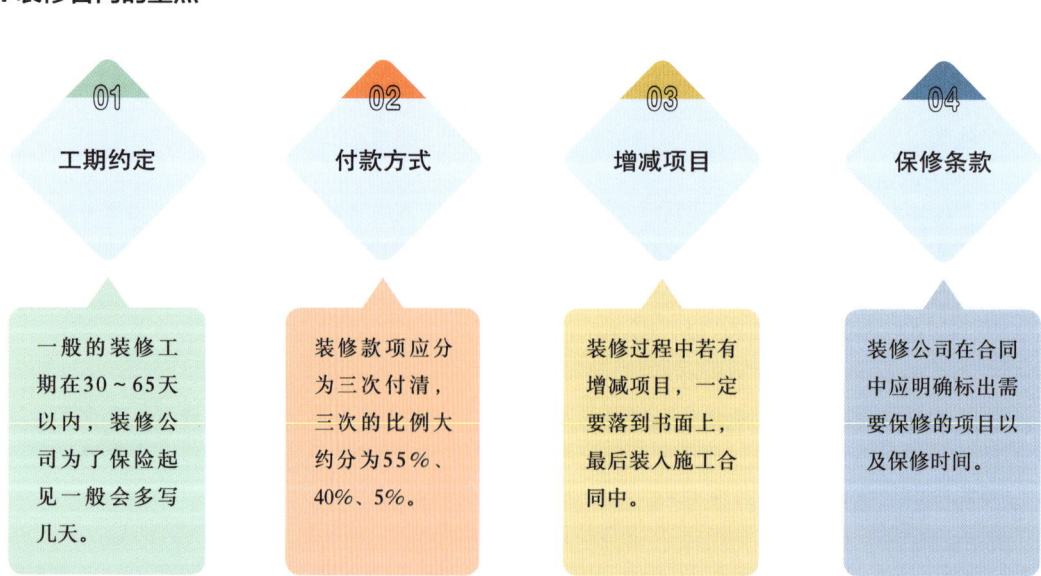

01 工期约定

一般的装修工期在30~65天以内，装修公司为了保险起见一般会多写几天。

02 付款方式

装修款项应分为三次付清，三次的比例大约分为55%、40%、5%。

03 增减项目

装修过程中若有增减项目，一定要落到书面上，最后装入施工合同中。

04 保修条款

装修公司在合同中应明确标出需要保修的项目以及保修时间。

05 书面文件	06 权利义务	07 违约责任	08 监理责任
最终确定的施工图纸以及工程预算书一定要双方签字并与合同保存在一起。	装修过程中会出现的各种问题应提早确定好责任归属。	合同中应明确写出双方若违约会承担怎样的责任。	若家装公司提供监理，应在合同中写明监理的职责。

3. 签订合同的注意事项

检查装修公司的手续是否齐全

查看装修公司是否有《建筑企业资格证书》及《工商营业执照》以及营业执照上公司的名称是否与装修合同当事人一样。

检查设计方案资料是否齐全

完整的施工图纸需要有原始量房图、平面布局图、顶面天花图、地面铺装图等。

装饰公司签合同的人员是否被授权

如果选择的是家装连锁公司，则需检查签合同的人是否得到装饰公司法人的授权。

二、读懂装修报价单、识破陷阱不被坑

1. 报价单中的主要项目

项目	费用说明	占比
主材费	按施工面积或单项产生的费用,如墙地砖、木地板、木门、橱柜、洁具等	60%~70%
辅材费	在装修过程中所消耗的难以计算的材料费用,如水泥砂浆、石膏板、水管线管、螺丝钉等	10%~15%
人工费	装修过程中消耗的工人工资	15%~20%
设计费	应支付给设计师的费用	3%~5%
装修管理费	装修过程中物业公司收取的管理费用	5%~10%
税金	装修企业在承接装修业务的经营中向国家缴纳的税金	3%~11%
利润	装修公司在装修过程中获得的企业基本利润	20%~40%

2. 报价单样本参考

下列表格为现实生活中常见的装修公司的工程预算书参考样本,业主可先提前了解其具体项目及工艺做法等(以适合大多数人的半包为例)。

工程预算书					
客户姓名:		联系方式:		金额总计:	
工程地点:		设计师:		工程等级:	
居室户型:		建筑面积:		预算员:	
序号	项目名称	单位	单价/元	数量	金额/元	工艺做法及材料说明
项目一 门、餐厅						
1	墙顶地面涂刷界面剂	m²				1.原墙、顶、地面清理干净;2.涂刷通用界面剂一遍;工程量按实际涂刷面积计算;3.施工项目高度≤3m,>3m加收高空作业费,每增加1m,收取10%,不足1m按1m计算。
2	墙顶面批墙宝	m²				1.墙顶面批刮专用耐水腻子三遍(墙宝),批刮顺直、打磨。2.客户提供墙漆,另加10元/m²涂刷工费;3.施工项目高度≤3m,>3m加收高空作业费,每增加1m,收取10%,不足1m按1m计算。
3	墙顶面墙友找平	m²				1.墙顶面批刮墙友批刮平整,墙面误差<5mm;2.≥5mm墙友找平行收费,每增加5mm厚度,另加20元/m²;3.面层腻子、涂料另计;4.施工项目高度≤3m,>3m加收高空作业费,每增加1m,收取10%,不足1m按1m计算。

续表

4	多乐士至尊家丽安无添加墙面漆	m²				1.墙面清理干净刷二遍面漆,一遍底漆;2.此价格限每一套居室刷单色,刷不同颜色的则每增加一色另加150元/色;3.墙面抹灰、找平另计;4.施工项目高度≤3m,>3m加收高空作业费,每增加1m,收取10%,不足1m按1m计算。
5	石膏线直线安装	m				1.墙面打孔下木楔,枪钉固定≤80mm宽石膏素线;2.选用其他石膏线费用另计;3.快粘粉粘贴,施工项目高度≤3m,>3m加收高空作业费,每增加1m,收取10%,不足1m按1m计算。
6	地砖长边>200mm,≤600mm	m²				1.地砖由客户提供;2.强度32.5普通硅酸盐水泥、中砂水泥砂浆铺贴,水泥砂浆厚度≤30mm,因原地面误差较大每增加10mm厚度,每m²另加6元;3.其他做法及拼花费用另计;4.不含踢脚板安装。
小计/元						
项目二 主卧						
1	墙顶地面涂刷界面剂	m²				1.原墙、顶、地面清理干净;2.涂刷通用界面剂一遍;工程量按实际涂刷面积计算;3.施工项目高度≤3m,>3m加收高空作业费,每增加1m,收取10%,不足1m按1m计算。
2	墙顶面批墙宝	m²				1.墙顶面批刮专用耐水腻子三遍(墙宝),批刮顺直、打磨;2.客户提供墙漆,另加10元/㎡涂刷工费;3.施工项目高度≤3m,>3m加收高空作业费,每增加1m,收取10%,不足1m按1m计算。
3	墙顶面墙友找平	m²				1.墙顶面批刮墙友批刮平整,墙面误差<5mm;2.≥5mm墙友找平另行收费,每增加5mm厚度,另加20元/㎡;3.面层腻子、涂料另计;4.施工项目高度≤3m,>3m加收高空作业费,每增加1m,收取10%,不足1m按1m计算。
4	多乐士至尊家丽安无添加墙面漆	m²				1.墙面清理干净刷二遍面漆,一遍底漆;2.此价格限每一套居室刷单色,刷不同颜色的则每增加 色另加150元/色;3.墙面抹灰、找平另计;4.施工项目高度≤3m,>3m加收高空作业费,每增加1m,收取10%,不足1m按1m计算。
5	石膏线直线安装	m				1.墙面打孔下木楔,枪钉固定≤80mm宽石膏素线;2.选用其他石膏线费用另计;3.快粘粉粘贴,施工项目高度≤3m,>3m加收高空作业费,每增加1m,收取10%,不足1m按1m计算。
6	地面水泥找平	m²				1.原地面清理,强度32.5普通硅酸盐水泥,中砂水泥砂浆抹平;2.找平厚度平均不超过30mm,每增加15mm,加价12元/㎡;3.地面表面赶实压光。
小计/元						

续表

项目三 次卧						
1	墙顶地面涂刷界面剂	m²				1.原墙、顶、地面清理干净；2.涂刷通用界面剂一遍；工程量按实际涂刷面积计算；3.施工项目高度≤3m，>3m加收高空作业费，每增加1m，收取10%，不足1m按1m计算。
2	墙顶面批墙宝	m²				1.墙顶面批刮专用耐水腻子三遍（墙宝），批刮顺直、打磨；2.客户提供墙漆，另加10元/㎡涂刷工费；3.施工项目高度≤3m，>3m加收高空作业费，每增加1m，收取10%，不足1m按1m计算。
3	墙顶面墙友找平	m²				1.墙顶面批刮墙友批刮平整，墙面误差<5mm；2.≥5mm墙友找平另行收费，每增加5mm厚度，另加20元/㎡；3.面层腻子、涂料另计；4.施工项目高度≤3m，>3m加收高空作业费，每增加1m，收取10%，不足1m按1m计算。
4	多乐士至尊家丽安无添加墙面漆	m²				1.墙面清理干净刷二遍面漆，一遍底漆；2.此价格限每一套居室刷单色，刷不同颜色的则每增加一色另加150元/色；3.墙面抹灰、找平另计；4.施工项目高度≤3m，>3m加收高空作业费，每增加1m，收取10%，不足1m按1m计算。
5	石膏线直线安装	m				1.墙面打孔下木楔，枪钉固定≤80mm宽石膏素线；2.选用其他石膏线费用另计；3.快粘粉粘贴，施工项目高度≤3m，>3m加收高空作业费，每增加1m，收取10%，不足1m按1m计算。
6	地面水泥找平	m²				1.原地面清理，强度32.5普通硅酸盐水泥，中砂水泥砂浆抹平；2.找平厚度平均不超过30mm，每增加15mm，加价12元/m²；3.地面表面赶实压光。
小计/元						
项目四 小卧						
1	墙顶地面涂刷界面剂	m²				1.原墙、顶、地面清理干净；2.涂刷通用界面剂一遍；工程量按实际涂刷面积计算；3.施工项目高度≤3m，>3m加收高空作业费，每增加1m，收取10%，不足1m按1m计算。
2	墙顶面批墙宝	m²				1.墙顶面批刮专用耐水腻子三遍（墙宝），批刮顺直、打磨；2.客户提供墙漆，另加10元/㎡涂刷工费；3.施工项目高度≤3m，>3m加收高空作业费，每增加1m，收取10%，不足1m按1m计算。
3	墙顶面墙友找平	m²				1.墙顶面批刮墙友批刮平整，墙面误差<5mm；2.≥5mm墙友找平另行收费，每增加5mm厚度，另加20元/㎡；3.面层腻子、涂料另计；4.施工项目高度≤3m，>3m加收高空作业费，每增加1m，收取10%，不足1m按1m计算。
4	多乐士至尊家丽安无添加墙面漆	m²				1.墙面清理干净刷二遍面漆，一遍底漆；2.此价格限每一套居室刷单色，刷不同颜色的则每增加一色另加150元/色；3.墙面抹灰、找平另计；4.施工项目高度≤3m，>3m加收高空作业费，每增加1m，收取10%，不足1m按1m计算。

续表

5	石膏线直线安装	m			1.墙面打孔下木楔,枪钉固定≤80mm宽石膏素线;2.选用其他石膏线费用另计;3.快粘粉粘贴,施工项目高度≤3m,>3m加收高空作业费,每增加1m,收取10%,不足1m按1m计算。
6	地面水泥找平	m²			1.原地面清理,强度32.5普通硅酸盐水泥,中砂水泥砂浆抹平;2.找平厚度平均不超过30mm,每增加15mm,加价12元/m²;3.地面表面赶实压光。
小计/元					
项目五 卫生间					
1	地砖长边>200mm,≤600mm	m²			1.地砖由客户提供;2.强度32.5普通硅酸盐水泥、中砂水泥砂浆铺贴,水泥砂浆厚度≤30mm,因原地面误差较大每增加10mm厚度,每平米另加6元;3.其他做法及拼花费用另计;4.不含踢脚板安装。
2	墙砖窄边≥200mm,长边≤450mm(薄贴法)	m²			1.清工辅料,墙砖由客户提供;2.成品砂浆铺贴,砂浆厚度≤5mm;.3.对原墙面进行仔细检查,平整度、垂直度、阴阳角方正度误差均≤5mm;墙面误差>5mm部位涂刷界面剂,用水泥砂浆找平费用另计;4.镶贴时允许留缝4-8mm;5.原墙做其他处理费用另计;6.施工项目高度≤3m,大于3m加收高空作业费,每增加1m,加收10%,不足1m按1m计算。
3	墙地面防水(丙烯酸酯防水或柔性防水灰浆)	m²			1.地面清理干净,涂刷水性丙烯酸酯防水涂料3遍,或适量喷水后涂刷防水灰浆,如需找平,费用另计;2.一般墙面上返300mm,淋浴处墙面上返1800mm;3.做24小时蓄水试验,经检查无渗漏为合格;4.不包含原地面装饰层拆除;5.按实际涂刷面积计算工程量;6.建议轻质墙面满刷防水。
4	水泥砂浆抹灰	m²			1.墙面空鼓或裂缝须铲除,刷界面剂;2.强度32.5普通硅酸盐水泥砂浆找平;3.找平厚度平均≤30mm;4.墙面如加钢丝网每平米增加18元;5.施工项目高度≤3m,>3m加收高空作业费,每增加1m,收取10%,不足1m按1m计算。
小计/元					
项目六 厨房					
1	地砖长边>200mm,≤600mm	m²			1.地砖由客户提供;2.强度32.5普通硅酸盐水泥、中砂水泥砂浆铺贴,水泥砂浆厚度≤30mm,因原地面误差较大每增加10mm厚度,每平米另加6元;3.其他做法及拼花费用另计;4.不含踢脚板安装。
2	墙砖窄边≥200mm,长边≤450mm(薄贴法)	m²			1.清工辅料,墙砖由客户提供;2.成品砂浆铺贴,砂浆厚度≤5mm;3.对原墙面进行仔细检查,平整度、垂直度、阴阳角方正度误差均应≤5mm;墙面误差>5mm部位涂刷界面剂,用水泥砂浆找平费用另计;4.镶贴时允许留缝4-8mm;5.原墙做其他处理费用另计;6.施工项目高度≤3m,大于3m加收高空作业费,每增加1m,加收10%,不足1m按1m计算。
3	水泥砂浆抹灰	m²			1.墙面空鼓或裂缝须铲除,刷界面剂;2.强度32.5普通硅酸盐水泥砂浆找平;3.找平厚度平均≤30mm;4.墙面如加钢丝网每平米增加18元;5.施工项目高度≤3m,>3m加收高空作业费,每增加1m,收取10%,不足1m按1m计算。
小计/元					

续表

	项目七 阳台				
1	地砖长边≥200mm，≤600mm	m²			1.地砖由客户提供；2.强度32.5普通硅酸盐水泥、中砂水泥砂浆铺贴，水泥砂浆厚度≤30mm，因原地面误差较大每增加10mm厚度，每平米另加6元；3.其他做法及拼花费用另计；4.不含踢脚板安装。
2	墙砖窄边≥200mm，长边≤450mm（薄贴法）	m²			1.清工辅料，墙砖由客户提供；2.成品砂浆铺贴，砂浆厚度≤5mm；3.对原墙面进行仔细检查，平整度、垂直度、阴阳角方正度误差均应≤5mm；墙面误差＞5mm部位涂刷界面剂，用水泥砂浆找平费用另计；4.镶贴时允许留缝4-8mm；5.原墙做其他处理费用另计；6.施工项目高度≤3m，大于3m加收高空作业费，每增加1m，加收10%，不足1m按1m计算。
3	水泥砂浆抹灰	m²			1.墙面空鼓或裂缝须铲除，刷界面剂；2.强度32.5普通硅酸盐水泥砂浆找平；3.找平厚度平均≤30mm；4.墙面如加钢丝网每平米增加18元；5.施工项目高度≤3m，＞3m加收高空作业费，每增加1m，收取10%，不足1m按1m计算。
小计/元					
	项目八 水路改造				
1	水路预收（平层）	m²			平米数以房屋建筑面积为准，根据实际工程量，多退少补。
2	水路预收（别墅）	m²			平米数以房屋建筑面积为准，根据实际工程量，多退少补。
3	PP-R水路管材（4分PP-R管材）	m			1.墙面固定专用固定卡件，固定4分德国进口PP-R管道，不含管件；2.水龙头、截门及软管由客户提供；3.此项费用结算时按实际发生工程量计算。
4	PP-R水路管材（6分PP-R管材）	m			1.墙面固定专用固定卡件，固定6分德国进口PP-R管道，不含管件；2.水龙头、截门及软管由客户提供；3.此项费用结算时按实际发生工程量计算。
5	水路专用管件4分	个			1.4分水路专用管件，2.直接、弯头、内丝、外丝；3.不同材质转换接头执行相应收费标准。
6	水路专用管件6分	个			1.6分水路专用管件，2.直接、弯头、内丝、外丝；3.不同材质转换接头执行相应收费标准。
7	PP-R上水管与原有水管及其他管材连接转换接头安装	个			1.PP-R管材与不同管材连接，专用转换接头；2.专用接头与原供水管路熔接或丝接；3.乙方提供和安装转换接头；4.不含龙头、阀门、水管和其他配件；
8	下水管安装（PVC管）	m			1.PVC管及配件、专用胶黏结，配套卡具固定；2.此项费用在预算中为预收，结算时按实际发生工程量计算。
9	水表移位安装	件			1.此费用为人工费；2.甲供水表及配件，水管费用按延米另计。
10	管道隔音处理	m			1.给排水管路做隔音处理；2.管道直径在200mm以内，3.含材料及人工费；4.不足1m按1m计算。
11	水电路开槽	m			1.轻体砖墙面开槽；2.石膏或水泥砂浆填补；3.此价格适用于2根管以下窄槽，3根管以上加收相应费用。

续表

12	水电路开槽	m			1.砖墙面开槽；2.石膏或水泥砂浆填补；3.此价格适用于2根管以下窄槽，3根管以上加收相应费用。
13	水电路开槽	m			1.混凝土墙面开槽；2.石膏或水泥砂浆填补；3.此价格适用于2根管以下窄槽，3根管以上加收相应费用。
小计/元					
项目九 电路改造					
1	水电路开槽	m			1.轻体砖墙面开槽；2.石膏或水泥砂浆填补；3.此价格适用于2根管以下窄槽，3根管以上加收相应费用。
2	水电路开槽	m			1.砖墙面开槽；2.石膏或水泥砂浆填补；3.此价格适用于2根管以下窄槽，3根管以上加收相应费用。
3	水电路开槽	m			1.混凝土墙面开槽；2.石膏或水泥砂浆填补；3.此价格适用于2根管以下窄槽，3根管以上加收相应费用。
4	电路预收（平层）	m²			平米数以房屋建筑面积为准，根据实际工程量，多退少补。
5	电路预收（别墅）	m²			平米数以房屋建筑面积为准，根据实际工程量，多退少补。
6	暗装线盒	只			1.墙面踢槽安装专用金属或PVC线盒；2.不含布管穿线。
7	明装线盒	只			1.JDG金属或PVC专用分线盒，WAGO连线；2.不含布管穿线。
8	弱电布线	m			1.用JDG金属或PVC穿线管及配件布管穿线，不含线盒；2.面板、电话线、电视线、网络线、数据线、光纤电缆、音响线均由客户提供；3.弱电（电话线、电视线、网络线、数据线、光纤电缆、音响线）与强电分开单独穿管；4.乙方负责布管穿线，连接及面板安装另计；5.管内电线不得有接头；6.此项费用在预算中为预收，结算时按实际发生计算.不足1m按1m计算。
小计/元					
项目十 其他					
1	室内垃圾清运	m²			1.从施工现场运至物业指定垃圾堆放处；2.垃圾用编织袋等封装；3.此价格不含垃圾外运费用；4.此费用不包含物业收取垃圾费。
小计/元					
直接费合计/元					
项目其他收费					
2	项目管理费				
其他收费小计/元					
总计/元					

注：① 若是清包公司的报价单，则上述表格中所有的材料费用都不会包含，只会包含人工费用安装费用等。

② 若是全包公司的报价单，则除了上述表格中的内容外，还会包括主材（墙地砖、木门、橱柜、衣柜、卫浴洁具等）的购买以及安装费用。

三、识别预算报价黑幕，不做装修冤大头

1. 常见报价黑幕及应对方法

（1）拆项报价

把一个项目拆成几个项目，单价低总价却高。例如把地砖铺贴拆分为地面基层处理以及铺地砖两个项目。

规避方法

看报价单时需仔细查看，不仅要关注价格还要注意施工项目的分类以及数量。若只是看到价格低的话，会很容易忽略项目多所带来的后期不良影响。

（2）模糊材料品牌及型号

在报价单上只写优质合格材料而并不注明具体品牌、型号以及规格等。

规避方法

业主需要查看价格是否合理，若是过低，则需询问家装公司所用材料的品牌规格型号等内容。如果对方模棱两可不给出具体答案则说明所用材料有问题，应与其立即终止合作关系。

（3）报价单材料使用数量不明确

一些零部件只写明了价格而少写或不写具体使用个数，会导致签约时计算的价格低而真正施工付款时价格突然增高。

规避方法

签约时报价单要一项一项地看，尤其是要看材料单价与数量以及使用此材料最后的总价能否对应上，且业主应了解每种材料大概使用的数量，谨防被骗。

（4）材料以次充好

装修公司在报价单上写的材料品牌与质量同实际施工时所使用的不一致。

规避方法

业主在签约时应要求家装公司随合同附带一份施工过程中会用到的材料表格，并在上面标明每个空间所用的材料品牌、类型、规格等。且施工过程中业主应经常去现场查看材料的使用情况。

注意：

为了避免以上情况的出现，业主不仅应在签订合同时仔细审查报价单，在施工时也应尽量多去施工现场观察施工情况与施工进度。发现问题时要及时找装修公司处理。

2. 合理降低家装预算的方法

（1）实用至上

装修应围绕生活起居展开，不能中看不中用。在装修过程中一定要时刻谨记"实用才是硬道理"。

过于华丽，对于普通家庭来说，没有必要把居室装修的过于豪华。

简单的装饰也能够很美，还是应以实用为主。

（2）商讨方案阶段尽量减少工程量

在确定方案的过程中，尽量减少工程量。如复杂的吊顶以及装饰线条能少做就尽量少做，因为这类材质装饰性大于实用性，而且对于较矮的空间来说，做了吊顶会使整个居室更加低矮压抑，后期居住起来会感觉不适。

（3）不要盲目避免上当

装修的预算主要由材料的质量以及装修档次来决定。不同品牌、不同质量的材料价格相差很大。这些问题装修之前需要考虑好，避免落入某些家装公司以及材料商"价格十分低质量超级好"的陷阱中。

（4）尽量不要增加项目

除了前期没考虑到后期一定要增加的项目外，尽量不要再增加其他项目，严格按照施工图纸进行施工。

（5）用料主次要分明

不必所有的地方都使用太好的材料。比如橱柜后方是肉眼见不到的，可使用一般的瓷砖，这样可以节省部分开销。

（6）货比三家选材料

材料有不同的等级，即使是同一级别的材料在不同的卖场也会有不同的价格，所以选材一定要货比三家。

（7）请专业人士帮忙

在选购材料时与装修工人或专业人士同去，因为他们更了解材料市场，能较快地找到适合的材料类型。

107

四、提前了解增费项目，意外开支可避免

1. 装修中各种增项内容

分类	具体内容
正常的工程增项	水电预收与水电实际走线结算之间的差额（水电走线前一定要重新放样和现场估算，估算结果与市价结算不应超过10%的差异）；因施工过程中发现的因房屋结构原因造成的方案变更或工艺变更造成的增项；因房屋质量问题（如墙面沙灰质量过差另作处理，达成追加贴布处理）达成的临时性解决方法的费用。
自己追加的正常增项	如原来准备购买的家具，因满意工队的手工，决定改为现场制作造成的增项。
不正常的工程增项	开工之后工队临时要求增加的收费项目（如：材料上楼费追加等）；报价中有，但报价与图纸不符要求追加的项目（如：报价图纸中卧室衣柜是满一面墙的，但工队以报价只报多少为由未做满，做满要求加价）；以材料价格、人工价格上涨为由，要求的追加造价等。

2. 增项产生的原因

产生增项的4大原因

01 业主对装修不了解

02 家装公司的漏项

03 后期设计修改所造成的项目增加

04 材料升级所造成的费用增加

(1) 业主对装修不了解

业主对装修不了解，所以在前期很多东西都无法确定的情况下就草草签订合同，在后期开工以后发现有些东西是要做的，但是前期并没有约定好由谁来做，所以出现项目增加。

支招：由于不是专业人士，对于装修不了解的情况是很正常的，但是作为乙方，家装公司在很多时候有责任把后期可能出现的增加项目都说清楚，让客户有个心理准备，免得在后期扯皮，互相推卸责任。

(2) 家装公司的漏项（必须做的项目）

有些家装公司，为了降低报价，在做预算的时候，会故意把一些必须要做的项目不写进预算，在后期再进行预算增加。

支招：出现漏项的情况，如果是家装公司故意的，则说明这个公司缺少业界良心；如果是无意的，则说明设计师做事粗心毛糙，工地交给这样的人，不会放心。因此当发现恶意漏项情况，应该立即叫停合作。

(3) 后期设计修改所造成的项目增加

由于装修时间较长，在60～90天的装修期内难保不会出现一点思想上的改变，所以对原有设计造成修改，造成预算的增加。

支招：这种情况属于常见现象，由于是业主自己的装修需求，因此和家装公司谈妥价格，令装修进程正常进行即可。

(4) 材料升级所造成的费用增加

在装修过程中业主可能对原有的材料产生质疑，向家装公司提出材料升级，一般来说都是需要进行费用增加的。

支招：目前市场上的常用材料的环保和质量大多都有保障，有部分业主在装修过程中在听说某种材料不好，某种材料更好的情况下会要求更换材料。但其实在没有实际考察的情况下贸然更换材料的做法很没必要。如果资金充足，应该前期就把这些东西和家装公司讲清楚，免得在后期增加预算。

3. 常见增项项目及应对方法

- 低报价，猛增项
- 虚增工程量和损耗
- 增加墙顶造型
- 开关插座设计多

（1）低报价，猛增项

一些家装公司或施工队，为了招揽客户，前期会将报价压的极低。例如4万元的工程报价2万元，以低价诱惑业主签订合同，而当正式施工时，却又多出许多增项。

规避方法

不要太过于看中便宜的价格，在家装行业，质量与价格大致是成正比的，质量好价格相对来说也高。其次要关注报价项目是否齐全。

（2）虚增工程量和损耗

一些家装公司会利用业主不懂行的弱点，增加工程数量以此来达到增加费用的目的。例如多算墙面积\地面积，与实际测量数据不符。

规避方法

在大致确定了施工方案以及报价时，要同家装公司的设计师或者工人一起再到现场复核一遍尺寸，避免上述问题出现，从而产生纠纷。

（3）后期施工过程中诱导业主增加墙顶造型

在施工过程中装修公司可能会给业主建议，增加一些看起来美观也不影响使用的造型。

规避方法

业主一定要谨记"实用才是硬道理"的原则，严格按照施工图纸进行。否则前期懈怠同意后，后期付款时款项会多出许多。

（4）开关插座设计多

对于开关以及插座够用即可，没必要增加太多，因为增加的不只是开关面板的数量，还有电线以及线管的数量。

规避方法

严格按照之前确定好的施工图施工。

第三章
实战施工要把控，保证质量第三步

施工过程漫长而又繁杂，作为业主需要大体了解施工过程中所需要的材料、材料特性，以及选购优质材料的技巧。另外，了解施工的主要步骤以及具体内容，也十分必要。除此之外，还要学习一些工程监理的基础知识，这样在施工过程中可以提早发现问题、提早解决，以便减少日后返工几率。

第一节 选购装修材料

一、建材购买有顺序，提前购买不耽误

❗ 选择清包的业主需重视

辅材购买

在确定了装修公司或是施工队之后，应带着标有房屋具体尺寸以及周长面积的施工图纸去建材市场购买辅材。

辅材种类	
水	PPR 水管、水龙头、截门、软管、弯头、内丝、外丝、阀门、上水管、下水管（PVC 管）
电	安装线盒、明装线盒、JDG 金属管（PVC 穿线管）、开关面板、弱电（电话线、电视线、网线、数据线、光纤电缆、音响线）、强电（2.5mm² 塑铜线、4mm² 塑铜线、分线盒）
木	轻钢龙骨（木龙骨）、纸面石膏板、自攻螺丝钉、绷带、欧松板、快粘粉、石膏线
瓦	水泥、河砂、轻体砖、钢丝网
油	界面剂、石膏粉（墙友）、腻子粉（墙宝）、乳胶漆

❗ 选择半包的业主需重视

主材购买

购买完辅材后，紧接着应购买主材，具体时间是确定施工日期后。若是旧房，应在拆除后就去建材市场购买，若是新房，与装修公司或施工队签约完成之后，应去购买。

备注： 主材有许多都需要订做，所以业主需提前购买。商家可提前上门测量好尺寸，以便后期快速地出具设计图，等到硬装（即墙顶地面工程）完工后，主材商家会再去现场复核一遍尺寸，防止前期测量的尺寸有偏差。

下表为主材明细表样本，业主可携带此表格及画有家具尺寸的施工图去建材市场选购主材；也可根据施工图，填写上具体的主材尺寸，再根据建材市场主材的价格，便可大致推算出所需主材的总价。

家居初步预算主材明细表

序号	位置	材料名称	品牌	规格	型号	单位	数量	原价	合计金额
业主姓名：			联系方式：			工程地址：			
瓷砖类										
1	过道	地砖		800 mm ×800 mm		m²			
2		踢脚线				m			
3	餐厅	地砖		800 mm ×800 mm		m²			
4		踢脚线				m			
5	客厅	地砖		800 mm ×800 mm		m²			
6		踢脚线				m			
7	主卧及走廊	木地板				m²			
8		踢脚线				m			
9	次卧	木地板				m²			
10		踢脚线				m			
11		地砖		300 mm ×300mm		m²			
12		墙砖		300 mm ×600mm		m²			
13		地砖		300 mm ×300mm		m²			
14		墙砖		300 mm ×600mm		m²			
15		地砖		300 mm ×300mm		m²			
16		墙砖		300 mm ×600mm		m²			
17		木地板				m²			
18		生态木				m²			
合计										
木门/五金										
19	所有房间	木门（含合页及锁具）		实木复合	预估	樘			
20	所有房间	窗套+垭口+门套		实木复合	预估	项			
木门/五金										
21	入户门	防盗门		实木复合	预估	樘			
合计										
洁具										
22	主卫	水盆+龙头				套			
23		坐便器				套			
24		花洒+五金件				套			
合计										
25	次卫	水盆+龙头				套			
26		座便器				套			
27		花洒+五金挂件				套			

续表

业主姓名：			联系方式：			工程地址：				
序号	位置	材料名称	品牌	规格	型号	单位	数量	原价	合计金额
橱柜									
28	厨房	地柜＋台面＋吊柜			预估	延米			
29	厨房	烟机＋水盆			预估	项			
合计									
其他项									
30	卫生间＋厨房（含照明＋排风＋取暖）	铝扣板吊顶			预估	项			
31	卫生间	淋浴房			预估	项			
32	卫生间	地漏			预估	个			
33	卫生间	定制台面			预估	项			
34	卫生间	大理石包管道			预估	项			
35	所有房间	开关面板			预估	项			
36	石材	过门石＋窗台板			预估	项			
37	所有房间	暖气			预估	项			
38	所有房间	中央空调			预估	项			
39	所有房间	新风			预估	项			
40	所有房间	窗户			预估	项			
41	厨房	燃气改造			预估	项			
42	卧室	衣柜			预估	项			
43	阳台	晾衣杆			预估	项			
44	所有房间	瓷缝			预估	项			
45	客餐厅卧室	壁纸			预估	项			
46	客餐厅卧室	窗帘			预估	项			
47	所有房间	灯具			预估	项			
合计									
备注	以上为估算，均以实际发生为准。							共计	

3. 装修主材进场顺序

现在一般装修业主都是选择装修辅材由装修公司负责，装修主材自己购买，所以业主只需操心装修主材购买的顺序，保证装修主材的供应能跟上家装工程的进度。一般材料的进场顺序如下表所示：

序号	材料	施工阶段	准备内容
1	防盗门	开工前	最好一开工就能给新房安装好防盗门，防盗门的定做周期一般为一周左右
2	白乳胶、原子灰、砂纸等辅料	开工前	木工和油工都可能需要用到这些辅料
3	橱柜、浴室柜	开工前	墙体改造完毕就需要商家上门测量，确定设计方案，其方案还可能影响水电改造方案
4	水电材料	开工前	墙体改造完就需要工人开始工作，这之前要确定施工方案和确保所需材料到场
5	室内门窗	开工前	开工前墙体改造完毕就需要商家上门测量
6	热水器、小厨宝	水电改前	其型号和安装位置会影响到水电改造方案和橱柜设计方案
7	卫浴洁具	水电改前	其型号和安装位置会影响到水电改造方案
8	排风扇、浴霸	水电改前	水电改前其型号和安装位置会影响到电改方案
9	水槽、面盆	橱柜设计前	其型号和安装位置会影响到水改方案和橱柜设计方案
10	抽油烟机、灶具	橱柜设计前	其型号和安装位置会影响到电改方案和橱柜设计方案
11	防水材料	瓦工入场前	卫浴间先要做好防水工程，防水涂料不需要预定
12	瓷砖、勾缝剂	瓦工入场前	有时候有现货，有时候要预订，所以先计划好时间
13	石材	瓦工入场前	窗台，地面，过门石，踢脚线都可能用石材，一般需要提前三四天确定尺寸预订
14	乳胶漆	油工入场前	墙体基层处理完毕就可以刷乳胶漆，一般到市场直接购买
15	地板	较脏的工程完成后	最好提前一周订货，以防挑选的花色缺货，安排前两三天预约
16	壁纸	地板安装后	进口壁纸需要提前20天左右订货，但为防止缺货，最好提前一个月订货，铺装前两三天预约
17	玻璃胶及胶枪	开始全面安装前	很多五金洁具安装时需要打一些玻璃胶密封
18	水龙头、橱卫五金件等	开始全面安装前	一般款式不需要提前预订，如果有特殊要求可能需要提前一周
19	镜子等	开始全面安装前	如果定做镜子，需要四五天的制作周期
20	灯具	开始全面安装前	一般款式不需要提前预订，如果有特殊要求可能需要提前一周
21	开关、面板等	开始全面安装前	一般不需要提前预订
22	地板蜡、石材蜡等	保洁前	保洁前可以买好点的蜡让保洁人员在自己家中使用
23	窗帘	完工前	保洁后就可以安装窗帘，窗帘需要一周左右的订货周期
24	家具	完工前	保洁后就可以让商家送货
25	家电	完工前	保洁后就可以让商家送货安装
26	配饰	完工前	装饰品、挂画等配饰，保洁后业主可以自行选购

115

二、建材档次划分多，勤加比较性价高

1. 瓷砖的等级划分

国家按照瓷砖的放射性将其分为 A、B、C 三个等级。

瓷砖等级划分	
A 级	使用范围不受限制，可以用于家庭装修的各个场所。所以室内瓷砖的等级必须为 A 级
B 级	不可在 I 类民用建筑的内部使用，但可使用于外饰面以及其他类别的建筑
C 级	只能用于建筑物的外饰面及其他室外用途

注意： I 类民用建筑指住宅、医院、老年建筑、幼儿园、学校教室等民用建筑。

2. 板材的等级划分

板材的划分种类繁多，此处以环保等级进行分类（将木制品以甲醛释放量来进行的分类）。

瓷砖等级划分		
国内（按欧标划分）	E0	甲醛释放量 ≤ 0.5mg/L。级别最高，甲醛释放量较小，有较弱的危险
	E1	甲醛释放量 0.5~1.5mg/L。被允许使用与室内，有刺鼻气味，不强烈，长期居住会导致抵抗力下降
	E2	甲醛释放量 > 1.5mg/L。有强烈气味，长期居住会诱发多种疾病，不适宜人类居住
日本	F★	甲醛释放量 ≤ 5.0mg/L
	F★★	甲醛释放量 ≤ 1.5mg/L
	F★★★	甲醛释放量 ≤ 0.5mg/L
	F★★★★	甲醛释放量 ≤ 0.3mg/L
美国	CARB-NAF	在板材生产过程中，不添加任何含有甲醛成分的胶黏剂、隐蔽剂、腻子等物质。每一个生产环节均需单独认证。甲醛释放量≤实木，即甲醛含量为无

注意： E0 级板材只代表甲醛释放含量较小，却并非无任何危险。而 E1 级板材是国家允许使用于室内空间

的，故而很多建材商引导消费者购买。此类型的板材有绝大多数品牌仅是通过认证，而在生产过程中所使用的原材料却不达标。

日本的 F 星级认证中，F★★★及 F★★★★的甲醛释放量≤E0 级标准的甲醛释放量。而 F 星级的检测要求为板材面积不得小于 0.18m2，不能进行封边处理，目的是为了检测板材最真实的甲醛释放量。其认证标准相对于 E0 级来说更加严苛，所以 F 星级更为环保。

CARB-NAF 级别要求的甲醛检测方式比 E0 级严格 70 多倍，每一个生产环节，都要进行甲醛含量的检测。因此就目前来说这是最环保的板材级别。

3. 涂料的等级划分

涂料依照其环保标准、调色等方面可分为三类。

涂料等级划分	
A 类	原装进口，采用欧美标准材料。在环保、调色、物理性能等方面均具有较高水平
B 类	国际品牌，国内生产。工艺质量较好，但广告投入大，广告费用在价格中所占比重较高
C 类	低价工业工程用漆，有害物质较多

注意：

于环保涂料的界定，应分为三个层次。

油漆的总有机挥发量（VOC）：有机挥发物对环境以及人类自身构成的危害。

溶剂的毒性：指和人体接触或吸入后可导致疾病的溶剂。

用户的安全问题：有些溶剂挥发得极慢，长期接触容易被造成伤害。

4. 壁纸的等级划分

壁纸按照其材质可大致分为三类。

壁纸等级划分	
PVC 型	色彩多样，图案丰富，耐脏，但易蒙灰，环保性能一般
纯纸壁纸	耐水性较弱，表面平滑，有抗电性
无纺布壁纸	视觉效果佳，手感柔和，透气性好，环保性好

注意： 壁纸中最大的污染物质来源于其与墙面黏合的黏接剂即壁纸胶，还有基膜（粘贴壁纸前涂刷于墙面的一种涂料，目的是防止墙体自身的水分外渗影响壁纸的粘贴效果）。这两种物质有些种类是不合格不达标的，购买壁纸时一定要多加询问观察。

三、材料用量计算请，避免浪费白花钱

为了防止材料不够用或剩余过多的情况出现，业主需在前期大致计算一下材料的用量。

1. 电线用量

首先，先要确定入户门到各个空间最远位置的距离，在此命名为 A。其次确定各个空间灯的数量、插座的数量，以及大功率用电器的数量。

计算公式：

① 1.5mm电线长度 =[（A+5m）×灯具总数]×2

② 2.5mm电线长度 =[（A+2m）×插座总数]×3

③ 4mm电线长度 =[（A+2m）×大功率电器总数]×3

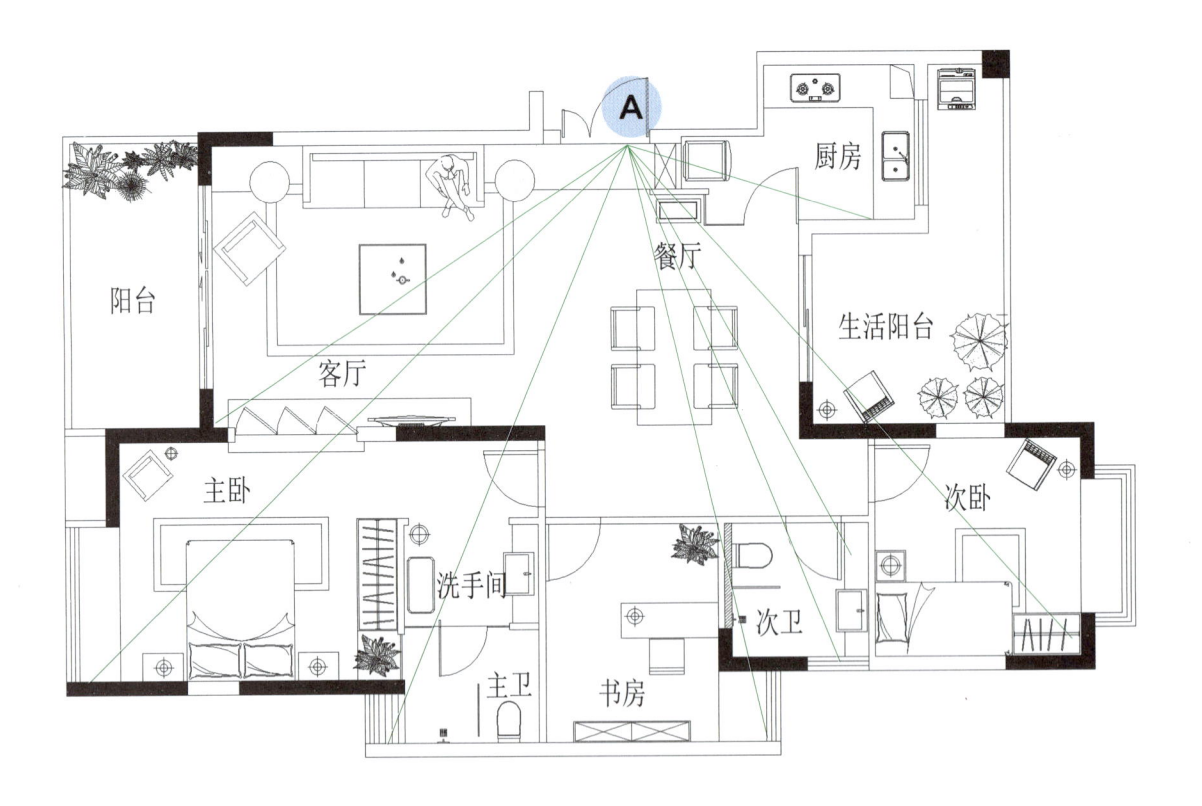

以上为测算 A 的示意图，每个空间大致测量完之后，按照上面的三个公式依次进行计算，便可得出电线的大致用量。

2. 水管用量

水管用量主要集中在厨房以及卫生间。因此这两个空间的水管安装应尽量集中在一面墙上，方便施工。估算时，可根据计算出来的数量上下浮动30%。

计算公式：

供水管的用量=空间周长×2.5（供水管是指冷热水管的总长之和）

3. 水泥沙子用量

水泥和沙子的比例为1∶3。一包水泥的质量是50kg，可以铺2m²的地砖。

计算公式：

水泥总量 =25kg×需铺地砖地面的面积

沙子总量=25kg×需铺地砖地面的面积×3（石膏粉腻子粉同理）

4. 地板用量

地板常见的规格有：900mm×90mm×18mm、750mm×90mm×18mm、600mm×90mm×18mm。计算完总面积再加上8%的损耗即可。

计算公式：

地板块数=房间面积÷地板面积×1.08

5. 地砖用量

常见的地砖规格有：800mm×800mm、600mm×600mm、400mm×400mm、300mm×300mm，损耗为1%~5%。

计算公式：

地砖块数=房间面积÷地砖面积×1.05（墙砖同理，但是墙砖需要减去门窗洞口的面积）

6. 乳胶漆用量

乳胶漆的包装有5L以及15L两种规格。常用的为5L，其涂刷两面的面积为35m²。

计算公式：

使用桶数=（墙面面积+顶面面积 门窗面积）÷35m²。其中，

墙面面积=地面周长×房高—门窗面积

7. 壁纸用量

常见的壁纸规格为长10m，宽0.53m，损耗为10%。

计算公式：

使用卷数=墙面面积÷10×0.53×1.1

四、材料选购常识多，质高价廉不难买

1. 影响材料选购的因素

- 家庭成员
- 空间特性
- 预算高低
- 空间风格

（1）家庭成员

挑选材料首先需要考虑家庭成员。如果有老人或行动不便者，则不能购买质地坚硬、表面光滑的大理石、抛光砖；如果有儿童，则不能购买棱角太多、太分明的家具；如果有宠物，则不能购买地毯等易粘毛的材料。

→ 大理石以及金属材质的家具棱角太过于分明，若是家庭有儿童，极易误触，要避免买这类家具。应该购买边缘平滑的家具

（2）空间特性

不同属性的空间应适配不同的材质。客餐厅书房卧室这些区域可以使用地砖或木地板，而厨房、卫生间、阳台这些需要用到水的地方则应该用地砖，耐水性能好。

→ 木地板会给人一种静谧的感觉，而且脚感舒服不像地砖一样冷硬，适合用在卧室

（3）预算高低

因为建材的质量、做工、品牌不同，所以价格差异也较大。以石材为例，大理石等天然石材价格可高达 1m² 上万元，而价格低的人造石材可能 1m² 只有十几元。这些需要根据自身预算以及需求来选购。

（4）空间风格

空间风格不同，材质的选择也不同。例如，现代简约风格中，以硬朗的线条冷峻的质感居多，所以金属以及石材的应用必不可少。而北欧风格以舒适的触感自然的氛围为主，木材、布艺必不可少。

← 北欧风格中以实木以及布艺应用居多

2. 常见材料选购要点

（1）辅材

材料名称	示例图片	选购要点
轻钢龙骨		◎看断面形状，U型和C型属于承重型龙骨，可做隔断墙。T型和L型用于不上人吊顶 ◎看厚度，不能低于 0.6mm ◎看"雪花"，品质好的轻钢龙骨经过镀锌表面呈雪花状，且图案清晰，手感较硬，缝隙较小
木龙骨		◎看颜色，优质龙骨色彩均匀、饱和，不会有灰暗甚至霉斑存在 ◎看平直度，将木龙骨放到平面上进行观察，要挑选平直无弯曲的龙骨 ◎看密度，木龙骨要有沉重感，重量重的密度也大 ◎看潮湿度，优质木龙骨应干燥，不潮湿

续表

材料名称	示例图片	选购要点
石膏板		◎ 看纸面，优质的石膏板纸面轻薄、表面光滑、没污渍、韧性好 ◎ 看石膏芯，优质石膏芯颜色发白劣质发黄 ◎ 看纸面黏接，优质纸层不会脱离石膏芯劣质纸层能轻易撕下
装饰线 （石膏线）		◎ 掂重量，密度不达标的装饰线较轻 ◎ 看细节，好的装饰线立体感强，在设计和造型上均细腻别致
水泥		◎ 看包装，应用防潮性能好且不易破损的编织袋装水泥 ◎ 看颜色，水泥的正常颜色为蓝灰色 ◎ 用手摸，水泥粉有冰凉的触感且细腻，不应有不规则的杂质或结块 ◎ 看日期，水泥出厂一个月后强度会下降，6个月以上的水泥不能购买
河砂		◎ 看颜色，土黄色的为河砂，土灰色的为海砂 ◎ 看杂质，河砂中有泥块，海砂中有贝壳海螺等
石膏粉		◎ 看颜色，其白色程度不应与石膏线条相差太多 ◎ 用手摸，触感不应太过潮湿
腻子粉		◎ 闻气味，优质腻子粉无任何气味 ◎ 用手摸，优质腻子粉细腻干燥，有微微的灼热感 ◎ 看包装说明，优质腻子粉只需加清水搅拌即可，不合格产品要求加入建筑胶水或白乳胶

续表

材料名称	示例图片	选购要点
细木工板		◎看表面，应选干燥平整的板材 ◎看整体，必须是一整块板材，仔细观察表面有无补胶补腻子现象 ◎看密度，锯开看剖面，疏松或者有孔洞会影响板材的承重力，易变形
刨化板（欧松板）		◎看边角，应无残缺或破损，板心与饰面层的接触应紧密均匀无缺口 ◎用手摸，触感应比较平整，无木纤维毛刺
PPR 供水管		◎看外观，管材与配件的颜色应基本一致，内外表面应光滑平整无凹凸无气泡 ◎看厚度，观察壁厚是否均匀，这会影响抗压性 ◎闻气味，优质水管不应有任何气味
PVC 排水管		◎看颜色，优质的排水管应为白色 ◎看厚度，看管壁厚度是否与所标数据一致 ◎测试抗压性，可以用脚踩，不开裂不破碎的为优质产品
电线		◎看外观，优质电线的外观应光滑平整，绝缘层无损坏，且标志印刷清晰 ◎看横截面，优质电线从横截面观察时整个绝缘层应厚度均匀、线芯无偏芯现象 ◎用手摸，电线的外表皮应无油腻感
乳胶漆		◎闻气味，环保的水性乳胶漆无毒无味 ◎看形态，正品乳胶漆放置一段时间后表面会形成既厚又有弹性的氧化膜，不易裂 ◎用手摸，正品乳胶漆手感光滑细腻 ◎用布擦，正品乳胶漆耐擦洗性强，廉价乳胶漆会出现掉分、露底褪色现象

（2）主材

材料名称	示例图片	选购要点
铝合金门窗		◎看颜色，同一根铝合金色彩应一致，若色差较大则不宜选购 ◎看厚度，检查氧化膜厚度，可用砂纸在其表面打磨，看是否会褪色 ◎看工艺，优质的铝合金加工精细、密封性好、开关自如
木门		◎看平整度，木门表面不够平整说明选用的板材廉价 ◎看漆膜，从门斜侧方的反光角度看漆膜是否平整，有无凸起的细小颗粒 ◎听声音，若声音均匀沉闷，则说明该门质量好
防盗门		◎看等级，防盗门分为A、B、C三级，A级适用于普通家庭，最薄弱环节能够抵抗非正常开启15min ◎看质量，防盗门的材质为不锈钢。选购时需注意两点：牌号，以302、304为主；钢板厚度，门框钢板厚度≥20mm，门扇前后钢板厚度为8~10mm ◎看锁具，防盗门的锁一般为三方位锁或五方位锁，门锁及上下横杆都能锁定，锁具处有≥3mm的钢板进行保护
壁纸		◎看颜色，颜色越均匀图案越清晰越好 ◎闻气味，环保的壁纸气味很小或者无味，劣质壁纸气味刺鼻 ◎看质量，准备一块湿布擦拭壁纸表面观察情况，优质的壁纸表面不会发生任何变化
釉面砖		◎看规格，根据室内空间选择合适的规格，一般规格有800mm×800mm，600mm×600mm，400mm×400mm ◎看反光，釉面砖的反光成像更清晰、完整 ◎看防滑性，将其表面湿水后进行行走，感受防滑的感觉 ◎看剖面，好的釉面砖剖面光滑平整，无毛糙且通体一色，无黑心现象
仿古砖		◎看吸水率，将水倒在瓷砖背面，迅速扩散的表明吸水率高，此类则不适用于厨房以及卫生间 ◎看耐磨度，五度为仿古砖最高耐磨度，家用在1度~4度选择即可 ◎测硬度，敲击听声音，声音清脆表明内在质量好，不宜变形破碎 ◎看色差，看同一批瓷砖的尺码、颜色、光泽、纹理是否大体一致，色差小尺码规整则是优品

第三章 实战施工要把控，保证质量第三步

续表

材料名称	示例图片	选购要点
大理石		◎看花纹，大理石的纹路颗粒越细腻，质量越好 ◎听声音，用硬币敲击，声音越清脆表示硬度越高，内部密度也高，抗磨性好，若声音沉闷，则表示内部有裂痕，品质差
实木地板		◎看外观，看地板是否有开裂、腐朽、菌变等缺陷，并看漆膜是否光滑 ◎看精度，木地板开箱后可取出10块左右徒手拼接，若严丝合缝无明显高低差即可
实木复合地板		◎看厚度，复合地板的层数决定其寿命，表层板材越厚使用时间越长 ◎看漆面，优质的复合地板，应采用UV哑光漆，耐磨性能好，可使用十几年不需上漆 ◎看加工，观察地板拼接处是否严密，相邻木板应无明显高低差
铝扣板		◎看韧度，拿一块样品反复掰折，看漆面是否脱落起皮。合格的铝扣板只会有裂纹不会有大块油漆脱落 ◎听声音，敲击铝扣板，声音脆的说明基材好，声音发闷说明杂质多 ◎看覆膜，可用打火机将版面熏黑，合格品很容易将黑渍擦去，不合格的则会留下痕迹
铝塑板		◎看外观，合格的铝塑板表面应光滑平整、无波纹、鼓包划痕等缺陷 ◎测材质，准备一块磁铁与铝塑板贴紧以此来检验其是铝还是铁
整体橱柜		◎看做工，优质橱柜的封边细腻光滑，手感好，封线平直光滑，接头精细 ◎看外形，整体橱柜的组装效果要美观，缝隙要均匀，门板需横平竖直且都在一条直线上 ◎试滑轨，要拉动抽屉看滑轨是否顺畅以及是否有松动情况，再看抽屉缝隙是否均匀

续表

材料名称	示例图片	选购要点
衣柜		◎看设计，衣柜要保证有足够的储藏空间以及如何合理的分配储藏空间 ◎看胶层，应无透胶现象及面板污染现象 ◎闻味道，气味越大，说明污染物释放量越高，污染越严重危害性越大
洗手池		◎看配件，要观察其支撑力是否稳定，内部安装配件如螺丝橡胶垫等是否齐全 ◎看空间，应根据卫生间的面积来选择洗手池的大小，若空间小，则可选柱盆，若空间大，便可选择台盆
坐便器		◎看重量，坐便器越重越好。重量大的坐便器密度大，质量过关 ◎看釉面，质量好的坐便器釉面光洁顺滑，无起泡色彩柔和。除了外表面还应检查坐便器下水道，如果粗糙，则容易造成堵塞 ◎看口径，口径越大排污能力越强，可以将整个手放进坐便器口，能容纳一个手掌的容量为最佳 ◎看是否漏水，在水箱内滴入墨水，搅匀后看坐便器出水处有无蓝色水流出
淋浴房		◎看玻璃质量，看玻璃是否通透、有无杂质气泡等缺陷 ◎看铝材厚度，合格的淋浴房铝材厚度在1.2mm以上，走上吊轨的玻璃铝材厚度需在1.5mm以上 ◎看拉杆硬度，拉杆是保证淋浴房稳定性的重要支撑，其强度与硬度是淋浴房抗冲击的重要保证
浴缸		◎看大小，人在进入浴缸时入水要没肩，选购的浴缸过小人蜷缩着不舒服，过大则漂浮不定 ◎用手摸，用手触摸浴缸表面是否光滑，工艺不好的表面会出现波纹，需仔细观察 ◎亲自试，站在浴缸中，感受是否有下沉感，钢制浴缸同时有陶瓷覆盖表层的质量比较好
浴室柜		◎看五金件，浴室柜长期处在阴暗潮湿的环境内，五金件要多对比，比如开关铰链、把手、螺丝等，要观察是否是不锈钢材质 ◎闻气味，卫生间空气不流通，如果浴室柜的材料释放出有害物质会对人体造成巨大伤害。在选购时需打开柜门和抽屉闻是否有刺鼻气味

3. 材料选购技巧

- 01 看品牌
- 02 看价格
- 03 买多更省
- 04 根据种类挑选

（1）看品牌

对于新手来说，想买到质量好的建材，应尽量选择有知名度、信誉好的品牌，质量上不会出现太大问题。

（2）看价格

价格高的并不都是好的，要看适不适合居室风格以及是不是自己所需要的。挑选建材需要根据预算以及需求进行购买。

（3）买多更省

在购买建材的过程中，同一类别的建材，购买越多越实惠。例如，空间中所需的瓷砖和地砖，可一并在同一地方购买，购买量大，折扣力度也会高些。

（4）根据建材展种类挑选

螺丝钉、电线之类不算大的种类可以到就近的五金店购买，而衣柜、橱柜、地板、卫浴等到大型建材市场购买。

第二节

了解施工项目

家装施工是一个十分繁杂的体系，但即便复杂，也是有规律可循的。其流程主要包括：拆除需要改造的老旧墙体以及管线，之后建新的墙体，然后进行水电路的改造、做吊顶对顶面进行装饰（如果预算充足或者是喜爱更多造型更多功能的业主，也可选择增加墙面和木作等其他木工造型）、用水区做防水处理之后进行厨卫贴砖、油工对墙面使用油漆或壁纸进行装饰，最后是安装各类主材。

业主需记住：拆除、新建、水、电、木、瓦、油、安装等几个关键字便可对家装的施工流程有大概的了解。

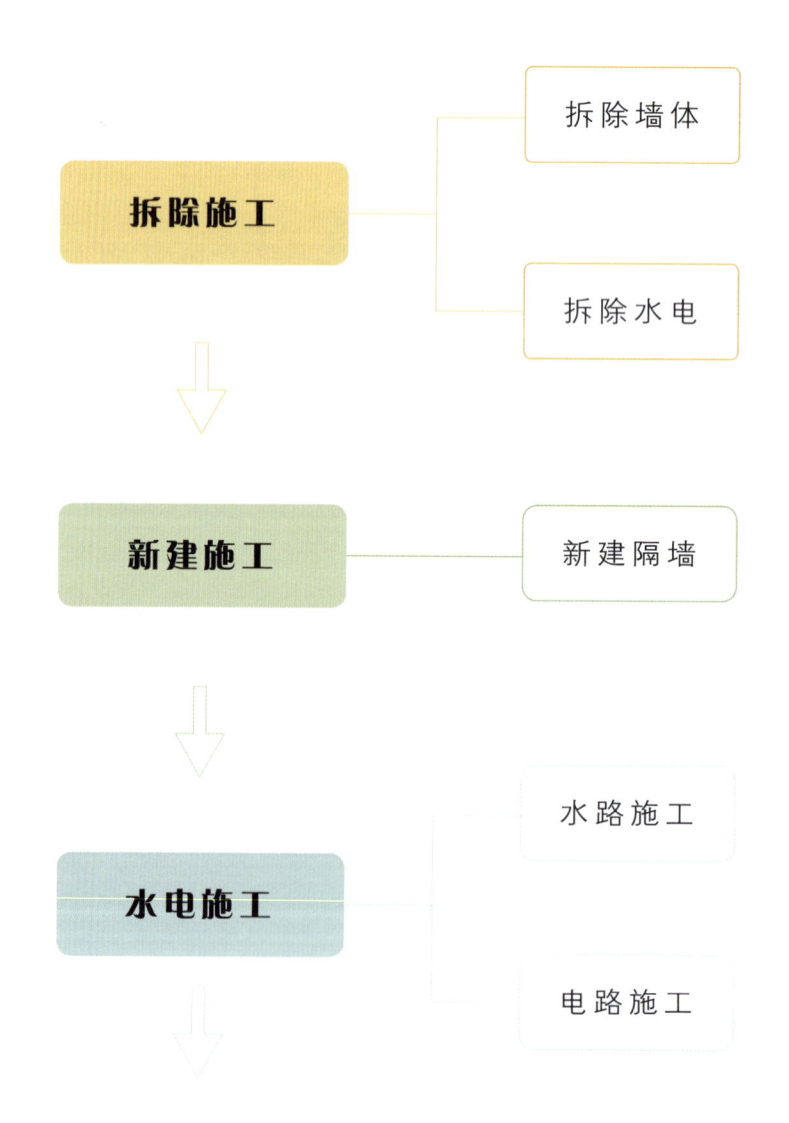

```
拆除施工 ──┬── 拆除墙体
          └── 拆除水电
   ↓
新建施工 ──── 新建隔墙
   ↓
水电施工 ──┬── 水路施工
          └── 电路施工
   ↓
```

第三章 实战施工要把控，保证质量第三步

```
木工施工 ──→ 吊顶施工
   ↓
瓦工施工 ──┬─ 防水施工
           ├─ 墙砖铺贴
           └─ 地砖铺贴
   ↓
油工施工 ──┬─ 乳胶漆施工
           └─ 壁纸施工
   ↓
安装施工 ──┬─ 木地板安装
           ├─ 木门安装
           ├─ 铝合金、塑钢门窗安装
           ├─ 铝扣板吊顶安装
           ├─ 柜体安装
           ├─ 卫生洁具安装
           ├─ 开关插座安装
           ├─ 灯具安装
           └─ 窗帘杆安装
```

装修基础指南

一、拆除施工要谨慎，拆除小心别拆错

　　拆除施工主要是指在确定了施工方案后，依照设计图纸，工人将没必要存在的墙体进行拆除，之后再将多余的需要进行改造的水电管线（旧房还包括拆除旧家具、门窗、旧的墙地砖以及卫浴洁具等）。进行拆除这个过程中要特别注意不能破坏室内的承重结构，否则会对整个建筑的安全造成危害。

1. 拆除注意事项

注意事项：
- 断水断电断煤气
- 检查水管是否漏水
- 检查有无虫蛀
- 消防管线、洒水喷头不能移位或拆除
- 若有不拆除的物品，应做成品保护以免弄脏
- 特殊结构的墙体及阳台不能拆除

2. 规划格局

　　拆除前一定要先规划好格局，不能操之过急先进行拆除，否则容易拆错。先确定好怎样的格局是适合家人居住的，之后按照已经确定好的格局进行拆改。

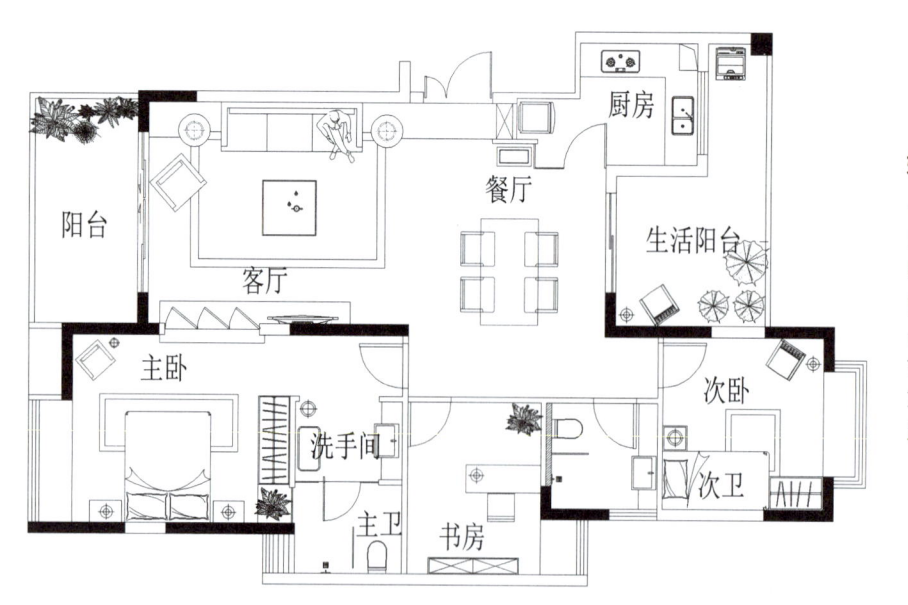

好格局的标准：

☆ 具备六大功能空间：客厅、餐厅、卧室、厨房、卫生间、书房、阳台。

☆ 住宅采光口与地面面积比例不小于1：7，朝南的房间至少要有一间。

3. 墙体拆改

不能拆的部分： 承重墙、梁柱、墙体中的钢筋、预制板、阳台矮墙

以上均为房屋的承重结构，若贸然拆除，房屋会有坍塌的危险。如非必要，尽量不要拆除这些位置。若必须要拆除，则需做很强的加固处理。

4. 水电路拆改

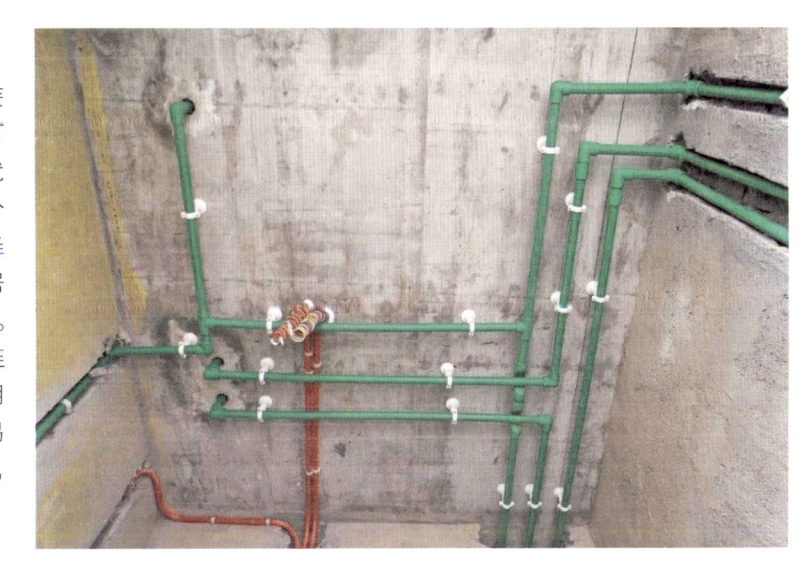

对于旧房来说，重新装修时，水电路的改造必不可少。但如果要拆除水电路就一并拆除，不要拆除一部分保留一部分，这样拆除难拆，施工也不便利，后期居住的话很有可能会出问题。例如旧的水管与新的水管连接在一起，由于旧水管使用年限长，所以接口处很容易会出现漏水的问题。因此，水电要整体进行改造。

5. 拆除工程报价单样本

序号	项目名称	单位	单价/元	数量	金额/元	工艺做法及材料说明
1	石材、瓷质及水泥踢脚拆除	m				◎指石材、瓷质及水泥踢脚板的拆除 ◎此价格仅限拆除，其修复与表面装饰价格另计 ◎渣土运至小区指定地点，如需外运另行收费
2	原有橱柜衣柜拆除	m²				◎客户原有废弃橱柜衣柜拆除，运至小区指定地点 ◎墙面基层处理及饰面费用另计 ◎渣土运至小区指定地点，如需外运另行收费
3	吊顶拆除	m²				◎石膏板吊顶、木制吊顶等；渣土运至小区指定地点，如需外运另行收费 ◎渣土运至小区指定地点，如需外运另行收费
4	拆除内门窗	m²				◎须经物业同意，客户办理相关手续后施工 ◎不含后期处理 ◎门窗洞较大或拆除难度较大时，价格另计 ◎工程量按门窗洞口面积计算
5	拆除外门窗	m²				◎经物业同意，客户办理相关手续后施工 ◎此为一般外墙钢窗的拆除费用，对拆除难度较大的情况需根据楼层及难易程度，另行收费 ◎不含墙面后期处理 ◎工程量按门窗洞口面积计算
6	墙地砖、理石拆除	m²				◎拆除原地砖或石材至原基层 ◎此价格仅限铲除，其基层处理与表面装饰费用另计 ◎拆除饰面材料及灰层厚度≥40mm，拆除厚度＞40mm加收相关费用 ◎渣土运至小区指定地点，如需外运另行收费

续表

序号	项目名称	单位	单价/元	数量	金额/元	工艺做法及材料说明
7	拆除砖砌隔墙	m²				◎指非承重隔墙，且墙体为砖结构 ◎须经物业同意，客户办理相关手续后施工 ◎墙体厚度≤120mm，墙体厚度每增加60mm每平方米加收25元，60mm厚砖墙按轻质墙收费，渣土运至小区指定地点，如需外运另行收费 ◎不含墙面后期处理及饰面 ◎工程量按墙面立面面积计算
8	拆除轻质墙	m²				◎指非承重隔墙，且为加气砖(泡沫砖)、加气混凝土板、陶粒混凝土砖、陶粒混凝土板、轻钢龙骨隔断、木龙骨隔断墙等的拆除 ◎须经物业同意，客户办理相关手续后施工 ◎渣土运至小区指定地点，如需外运另行收费 ◎不含后期基层处理及饰面 ◎工程量按墙面立面面积计算
9	室内垃圾清运	m²				◎从施工现场运至物业指定垃圾堆放处 ◎垃圾用编织袋等封装 ◎此价格不含垃圾外运费用 ◎此费用不包含物业收取垃圾费
10	地面成品保护	m²				◎用于原有实木地板、复合地板、石材、瓷砖及其他成品地面需做成品保护地面 ◎用普通石膏板及保护膜进行有效保护 ◎按实际铺贴面积计算
11	成品保护	m²				◎施工现场设施及公用部分做有效成品保护 ◎使用专用保护材料 ◎按房屋套内面积计算

二、新建施工不能急，准备充足根基稳

新建工程是依照设计图纸进行的空间格局改造。其所使用到的材料以砌块砖居多，也有的家庭会选择用石膏板砌的隔断墙，但若使用这种材质，进行水电改造需要在墙面进行开槽布线时，石膏板隔断无法完成，且大部分石膏板隔断隔音功能较差，故实用性并不高。

1. 隔墙施工流程（砌块砖）

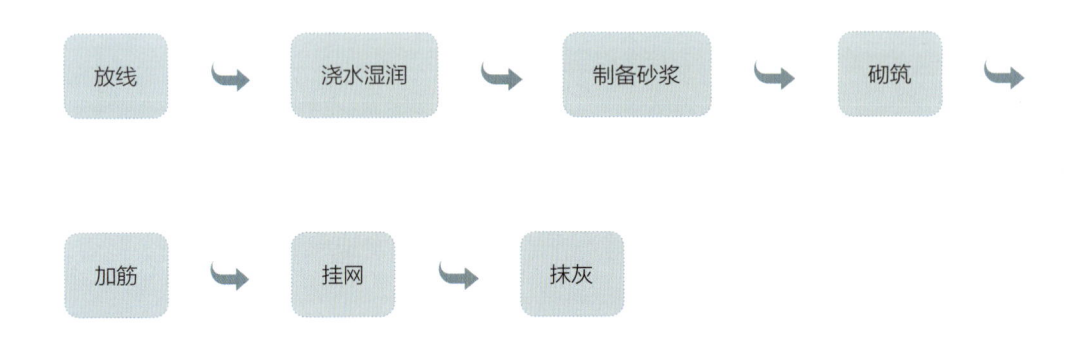

放线 → 浇水湿润 → 制备砂浆 → 砌筑 →

加筋 → 挂网 → 抹灰

2. 现场施工要求

① 砖、水泥。河砂等施工材料应集中堆放在一个不会影响施工的空间，不散放，这样施工空间会整洁许多，也方便整个施工过程能够顺利进行。

② 砌砖时要拉线，保证每排砖都保持水平，主体垂直。每天砌砖的高度不能多于 2m，砌砖当天不能砌到顶，需间隔 1~2 天。

③ 砌砖墙水泥砂浆比例为 1∶3（水泥∶河砂），水泥等级强度 ≥ 32.5 级。

④ 墙面粉刷必须提前半天冲水湿透。

3. 准备施工材料

轻体砖： 轻体砖重量轻，强度高，大多应用于非承重结构的墙体，且具有保温隔音的功能。此类型的砖现已逐渐取代黏土砖隔墙，因黏土砖（红砖）重量太大，会对楼板造成较大的承重压力。

石膏板： 石膏板隔断是用轻钢龙骨做骨架，间距 ≤ 400mm，双面封 12mm 厚纸面石膏板。这也是常用的隔墙形式的一种，但隔音效果较差。

4. 施工重点

序号	项目	过程	示例图片
1	放线	用墨线在地面以入户门中线及客厅中线或对面房门中线为基准线弹出相应的地面控制线，并用此种方法在需要新建墙体的空间弹出控制线，以此为基准新建墙体	
2	浇水湿润	砖需要在施工前一天浇水湿润，一般水浸入砖四边15mm即可，保持含水率为10%~15%。常温施工时不得使用干砖，雨季不得使用含水率为饱和状态的砖，冬季应增加水泥砂浆的黏稠度	
3	制备砂浆	水泥砂浆应保持1：3的比例且应随时搅拌随时使用，必须在3h内用完，否则会凝结	
4	砌筑	使用轻体砖，强度为32.5普通硅酸盐水泥砂浆砌筑	

续表

序号	项目	过程	示例图片
5	加筋	轻体砖每隔500mm左右加一圈钢筋，每圈两根钢筋平行放置，将钢筋插入分离处旧墙，与新建墙体通长，且拐角处的中央，钢筋需呈90°角弯折	
6	挂网	铁丝网应置于抹灰层内，且应展平，与墙体连接部分可用射钉固定，保证铁丝网不变形起拱	
7	抹灰	强度32.5普通硅酸盐水泥砂浆找平，找平厚度≤30mm	

小贴士

隔墙施工注意事项：

（1）检查新建墙体表面是否平整。
（2）检查新建墙体抹灰是否有挂网，表面是否平直。
（3）看墙体厚度是否完全垂直于地面。

三、水电施工规划好，管线质量把控牢

水电改造是以业主的日常需求为基准，将原本不适用的水电路布置，改造成适合日后使用的施工过程。水电改造的细节问题较多，在具体施工时，应严格按照施工规定进行。

1. 水路施工

（1）水路施工流程

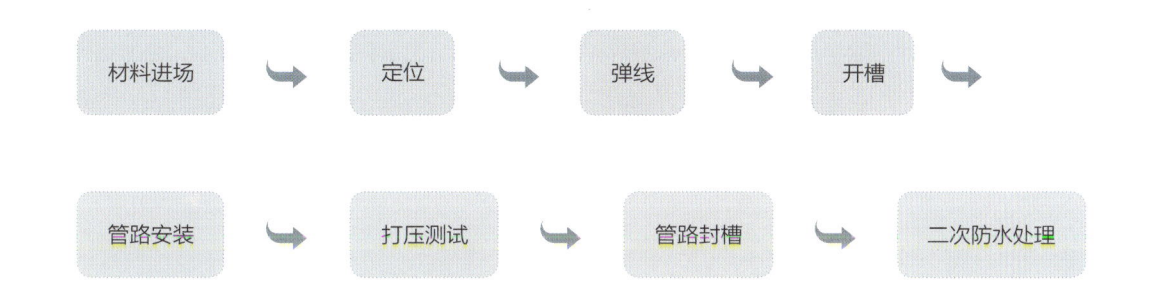

材料进场 → 定位 → 弹线 → 开槽 →

管路安装 → 打压测试 → 管路封槽 → 二次防水处理

（2）确认施工条件

① 确定橱柜安装方案中水槽上下出水口的位置。

② 确定卫生间洗手池、坐便器、花洒、洗衣机的位置，以及是否安装浴缸和墩布池，提前确定好坐便器、浴缸和墩布池的规格。

（3）准备施工材料

PPR 水管： 如今的水路施工以 PPR 水管居多。其他材料加铸铁管，极易锈蚀会对水质造成污染。而 PVC 管其中含有氯这一化学成分，此类管材不可用于供水管，热水管尤其不能使用，但可用于排水管。若原先的供给水路中含有以上两种管材，在重新装修时应全部更换。

注意： PVC 又称聚氯乙烯，其中含有氯的成分，而氯是难闻的刺激性有毒气体，会刺激人的眼睛，呼吸系统和皮肤。

链接

PPR 水管的优点

PPR 水管质量轻、耐腐蚀、不结垢、使用寿命长、无毒、卫生。不仅可以用于冷热水管道，还可应用于纯净饮用水系统，安装方便，连接可靠，具有良好的热熔焊接性能，热熔连接部位的强度大于管材本身的强度。

（4）施工重点

序号	项目	过程
1	材料进场	材料进场后应对其品牌、质量等进行检验，合格后需要监督工人将材料按要求摆放在施工现场并做好保护措施防止施工时被损伤
2	定位	将水管的走向以及进出水口的位置标记在墙面上，目的是明确一切用水设备的尺寸、安装高度及摆放位置
3	弹线	将沾了墨的线两端固定在墙面测量好距离的点上，向外拉墨线的中部松手将线弹在墙上。其目的是为了确定线路的铺设位置。现在也可用激光标线仪进行更精准的测量
4	开槽	用水电开槽机按照弹线的位置开出水管槽路，槽路要求横平竖直，边缘整齐。槽路的深度应为40mm左右
5	管路安装	依照冷热水管的走向连接水管，水管需用固定夹固定，以防时间久了之后下垂变形。冷热水管间距应≥150mm
6	打压测试	管路安装完毕24h内，需进行打压测试，及测试水管内所能承受的压力强度。管路内需要注满水后再排出管道内的空气，而后关闭水表总阀即可。PPR水管测压保压时间为30min，若压力指针下降为0.5kg内属正常范围

续表

序号	项目	过程	示例图片
7	管路封槽	打压试验顺利结束后，便可用水泥砂浆将槽路填满，为了将管线与后期要铺设的地板或地砖隔绝开来	
8	防水处理	在改造水路管线的过程中会破坏原有的防水层。在全部管线施工顺利完成后需要对用水区域进行防水处理，避免日后使用时发生渗漏殃及楼下	

小 贴 士

水路施工注意事项：

（1）在水路施工完成后要及时索要水路布置图，以便于后期的维修能够更快速地确定水路位置。

（2）水路开槽应保证暗埋的管路在墙内、地面内，装修后不会外露。嵌入墙体、地面或暗敷的管路应做隐蔽工程验收。

（3）冷热水管距离不能太近，更不能紧贴。因为冷水管会干扰到热水管的保温功能。

（4）封槽所用的水泥砂浆要有一定厚度。墙内冷水管不小于10mm，热水管不小于15mm，嵌入地面的管道不小于10mm。

（5）排水管排污管不能有太多弯折，尤其应避免90°弯折，以免后期堵塞。

（6）水路施工完成后要检查地漏坡度，看是否是整个空间的最低点，空间内的水是否都会汇集到那里。

（7）管道铺设应横平竖直，管道坡度应符合规范，各类阀门的安装位置应正确平整，便于使用和维修。

（8）坐便器预留的进接水口一定要与坐便器水箱离地面的高度适配，若位置不合适，安装坐便器时会产生冲突。

（9）水管走顶，便于后期检修，避免开凿地砖。

（10）出水口要保持水平，一般是左热右冷。

2. 电路施工

（1）电路施工流程

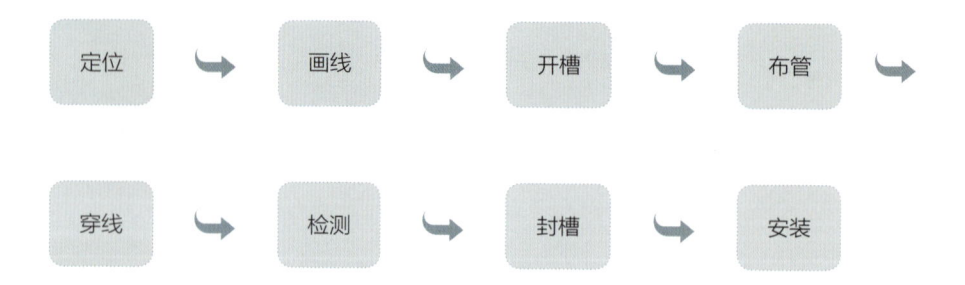

定位 → 画线 → 开槽 → 布管 →

穿线 → 检测 → 封槽 → 安装

（2）确认施工条件

① 电路施工前，室内空间应都拆除完毕，墙面应还原成水泥墙。
② 新建墙体应确认施工完毕且墙面未做基层处理。
③ 开关插座的位置需提前确定好。
④ 各类用电器以及用电器的位置需应确定好。

（3）准备施工材料

电线： 为了防火、维修及安全，最好选用有长城标志的国标聚氯乙烯（PVC）绝缘硬质铜芯导线，即BV塑铜线。照明用线选择 1.5mm² 的线，插座用线选择 2.5mm² 的线，大功率用电器选择 ≥ 4mm² 的线。

穿线管： 穿线管对电线有保护作用，电线在其内部不会受水泥的影响。电线在穿线管中不能有接头，同时应对使用的穿线管进行检查，管壁表面应光滑无阻碍物。国家规定应使用管壁厚度为 1.2mm 的穿线管，且要求管中电线的总截面不能超过穿线管截面的 40%。

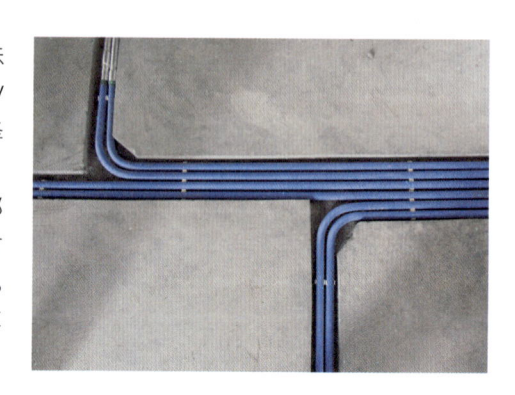

小贴士

穿线管为镀锌铁管更适宜：

穿线管可选择PVC阻燃管或镀锌铁管。相对来说，镀锌铁管的质量更好一些，不仅有隔绝电磁辐射的作用，硬度也更强，不易开裂破损，而PVC线管时间久了易变形，尤其是铺设在地面上的线管，经过无数次踩踏后，会发生变扁开裂等问题，维修时只能开凿地砖。若是使用镀锌铁管则不用担心此类问题，而电线老化时，直接将线抽出来更换新的即可，也不会伤及穿线管。

开关面板和插座： 开关面板及插座的外壳与内部均为塑料材质，因为塑料是绝缘体，在很大程度上消除了漏电隐患。与此同时，塑料又是易燃物，所以会有着火的风险。因此在选择开关插座时，应挑选防火阻燃的材质。

（4）施工重点

序号	项目	过程	示例图片
1	定位	电路施工定位的目的为明确各种用电设备如洗衣机、冰箱、电视机等的数量、尺寸等的安装位置，并将其需要的电源位置在墙面标出，为后期施工提供依据	
2	弹线	为了确定电线线路的走向，以及开关插座的具体位置，便于后期开槽布线	
3	开槽	与水路开槽相同，应横平竖直，边缘整齐	
4	布管	依据开关插座的位置先将暗盒固定在线槽内，其次再将线管固定在线槽内	
5	穿线	将电线穿到线管内，且线管内的电线不能有任何接头，接头均应在暗盒内	

续表

序号	项目	过程	示例图片
6	检测	电路改造完成后,用万象表检查开关插座等位置,看是否已经通电	
7	封槽	检查完毕确认无误后,即可用水泥砂浆将线槽封住,方便后期墙面找平工作	
8	安装	开关面板的安装应在室内硬装施工完成后进行。安装完成后应再次对所有开关面板进行检测,看是否通电	

小 贴 士

电路施工注意事项:

(1)强弱电不应在同一线管内,不能进同一接线盒。

(2)在封槽前,应对所有管线进行拍照留底,并要求工人画出走线图,便于后期检修。

(3)封槽时,水泥砂浆应低于墙面5mm左右,便于后期墙面石膏找平工作的顺利进行。

(4)双控开关,如非必要,不需安装太多,因为双控开关要走双倍的管线,开销会增多。

(5)电路施工结束后,应对每一回路的火线、零线、地线之间进行绝缘电阻测试,电阻值应≥5Ω。之后应对开关插座处进行通电试验。最后应在各个回路的最远地点进行漏电保护器试跳试验。

四、木工施工要严格，装订牢固才安全

木工施工主要包括顶面造型即吊顶、墙面造型以及木作施工等。其中，以轻钢龙骨吊顶的施工最为常见。另外，也有采用木龙骨的吊顶，但大多应用于造型复杂，且需要有弯曲形状的吊顶中，对于大多数家庭来说并不常用。

1. 轻钢龙骨吊顶施工流程

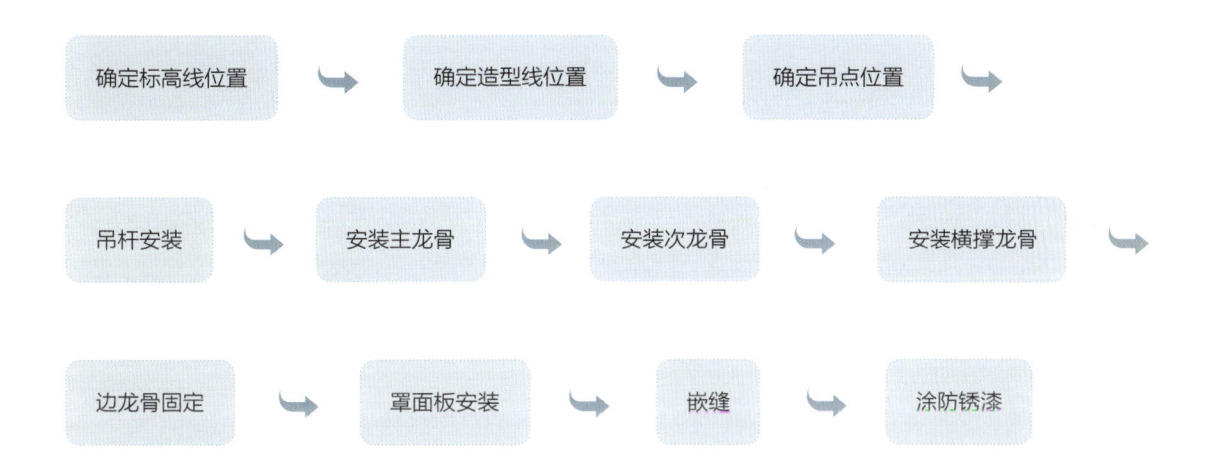

确定标高线位置 → 确定造型线位置 → 确定吊点位置 →

吊杆安装 → 安装主龙骨 → 安装次龙骨 → 安装横撑龙骨 →

边龙骨固定 → 罩面板安装 → 嵌缝 → 涂防锈漆

2. 确认施工条件

① 所需材料及工具应全部配备齐。
② 应提前搭建好吊顶施工时需要的脚手架。
③ 顶面的通风管道、空调进出风口以及灯位都需事先按照图纸位置预留出来。

3. 准备施工材料

轻钢龙骨架： 家装常用的轻钢龙骨架分为 U 型和 T 型，其主要部件分为大、中、小龙骨，配件有吊挂件、连接件、挂插件等。零配件包括吊杆、花篮螺钉、射钉、自攻螺钉等。

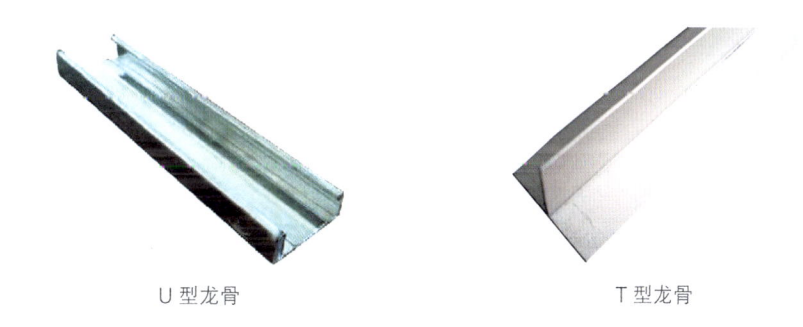

U 型龙骨

T 型龙骨

石膏板： 可选择 9.5mm 纸面石膏板或 15mm 纸面石膏板。9.5mm 纸面石膏板可耐燃 20min，而 15mm 纸面石膏板可耐燃 1h，且隔音性能更好一些。

4.施工重点

序号	项目	过程	示例图片
1	确定标高线位置	找准空间内的基准高度点,之后沿着墙壁四周弹一圈墨线,这便是吊顶四周的水平线,误差不能大于3mm	
2	确定造型线位置	根据吊顶造型的图纸测量出吊顶边缘到墙面的距离,从墙面和顶棚进行测量,确定造型边框有特征的点(如回字形吊顶的四个边角),将各个点连接起来,形成吊顶造型框架线	
3	确定吊点位置	双层轻钢龙骨U型、T型骨架吊点间距≤1200mm,单层骨架吊点间距为800~1500mm。对于有叠层造型的吊顶,在分界处吊点的布置需注意,较大的灯具检修口也应设置吊点	
4	吊杆安装	用膨胀螺栓将角钢固定在原顶面,钻孔深度应≥60mm,打孔直径要大于螺栓直径2～3mm。之后再用射钉将钢板固定在原顶面	
5	安装主龙骨	将主龙骨与吊杆通过垂直吊挂件连接,用专用的吊挂件卡在龙骨槽中,达到悬挂的目的。安装好后以标高控制线为基准调平主龙骨	
6	安装次龙骨	在次龙骨与主龙骨的交叉点使用配套的龙骨挂件将二者连接固定,主龙骨与次龙骨为垂直关系。双层轻钢龙骨U型、T型中,中龙骨骨架间距为500~1500mm,若间距大于800mm,则在中龙骨之间增加小龙骨,其与中龙骨平行,与大龙骨垂直	
7	安装横撑龙骨	横撑龙骨用中小龙骨截取,其方向与中小龙骨垂直,装在石膏板的拼接处	

续表

序号	项目	过程	示例图片
8	边龙骨固定	边龙骨沿墙面标高线钉劳，固定时，一般用高强水泥钉，钉的间距≤500mm。若基层不牢固，则应改用膨胀螺栓固定	
9	罩面板安装	罩面板（此处指纸面石膏板）大多横向铺装，其在吊顶处平面排布，板与板之间的缝隙为6~8mm。之后用自攻螺钉将石膏板与轻钢龙骨固定在一起	
10	嵌缝	嵌缝可以用嵌缝石膏粉或穿孔纸带。注意嵌缝石膏粉不可过于黏稠。穿孔纸带宽度应为50mm，使用时应在水中浸湿，便于与石膏粘合	
11	涂防锈漆	整个吊顶的石膏板铺装完成后，便可将所有自攻螺钉的灯头涂刷防锈漆，然后用石膏腻子嵌平	

小贴士

轻钢龙骨吊顶施工注意事项：

（1）施工中应注意水管预留必须到位，既不能伸出吊顶也不能过短。

（2）吊顶的高低应结合是否安装新风以及中央空调来考虑。若是不安装新风和中央空调，灯具只有筒灯的话，那下吊100mm足矣，若是安装新风中央空调，则需下吊280mm。

（3）选购石膏板要选择有认证的品牌。黑心石膏板厚度不够且容易变形，若环境潮湿，时间久了会受潮变形中部下降。

（4）安装吊顶时，所有灯口的位置都要预留出来，要挖好空洞，新风以及中央空调的进出风口也要根据设备的位置预留好。

五、瓦工施工要细心，瓷砖粘贴需整齐

瓦工施工包括做防水以及贴砖，这两者中贴砖又是重中之重的施工过程。因为瓷砖粘贴的好坏一眼即可看到，属于家装施工过程中较典型的"面子工程"。

1. 防水施工

◆ 柔性防水

（1）柔性防水施工流程

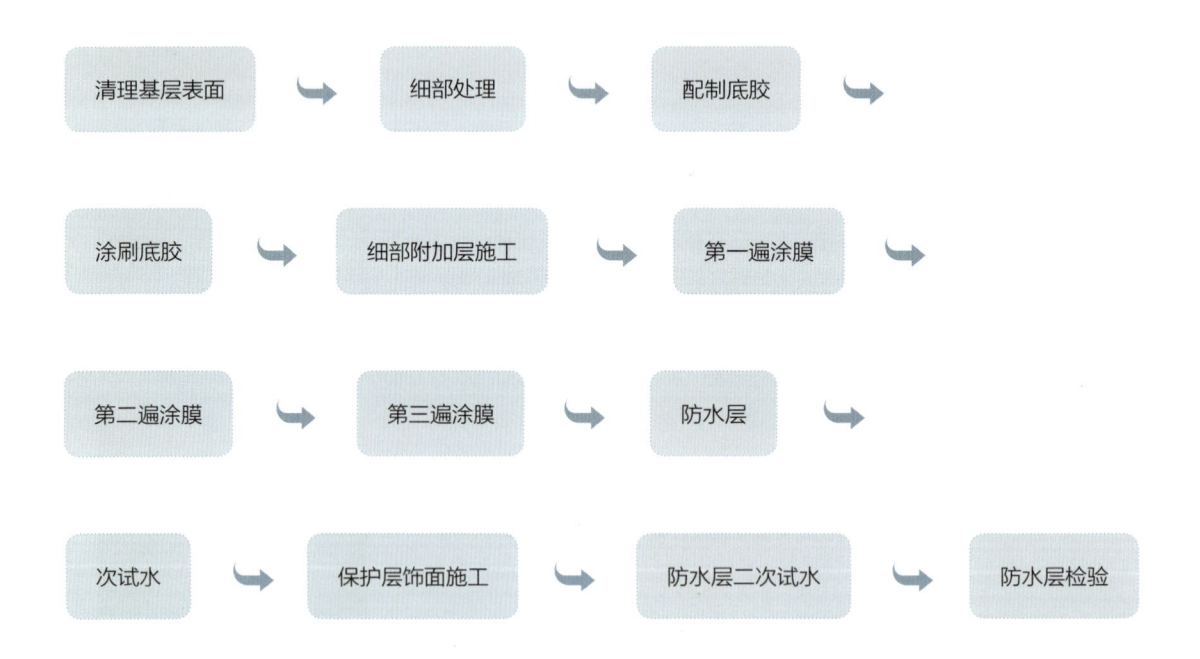

清理基层表面 → 细部处理 → 配制底胶 →

涂刷底胶 → 细部附加层施工 → 第一遍涂膜 →

第二遍涂膜 → 第三遍涂膜 → 防水层 →

次试水 → 保护层饰面施工 → 防水层二次试水 → 防水层检验

（2）确认施工条件

① 防水施工开始前需用水泥砂浆找平地面继而再继续做防水处理。

② 若水泥砂浆含水量过大，则容易在水泥砂浆与防水层之间产生空鼓现象，故而施工过程中应控制含水量。

③ 防水层发生渗漏，多发生在穿过楼板的管根、地漏、阴阳角等部位，因为这些部位容易出现松动、黏接不牢、涂刷不严或防水层局部破坏等问题。所以施工时业主要多注意此类部位看施工是否细致。

（3）准备施工材料

柔性防水材料有韧性，可跟随建筑物的热胀冷缩而变化，不易开裂，但其使用年限较短。常用的柔性防水材料有丙烯酸酯防水涂料，聚合物水泥类防水涂料，其绿色环保、无毒无味、工期短、维修方便。

（4）施工重点

序号	项目	过程	示例图片
1	细部处理	涂刷防水层之前的基层表面需平整，不能有开裂、凹凸不平等缺陷	
2	细部附加层施工	地面的地漏、管根阴阳角等细节部位在涂刷防水之前应先做一层防水附加层，之后再进行大面积的防水涂料涂刷	
3	第一遍涂膜	用毛刷刮板刮刀等将防水涂料均匀涂刷在墙地面上，不能存在漏刷等缺陷。24h凝固后可进行第二遍涂刷	
4	第二遍涂膜	在已经凝结的涂层上采用与第一道涂层互相垂直的方向均匀涂刷第二层，防水材料用量与第一遍相同	
5	第三遍涂膜	24h凝结后再进行第三次涂膜。三道涂膜最终厚度应为1.5mm左右	

小贴士

柔性防水注意事项：

涂刷防水层时，除了地面要全部涂满，墙面也需要涂，非淋浴区的墙面需要涂到距离地面300mm的位置，淋浴区则需要涂到距离地面1800mm的位置。

◆ 刚性防水

（1）刚性防水施工流程

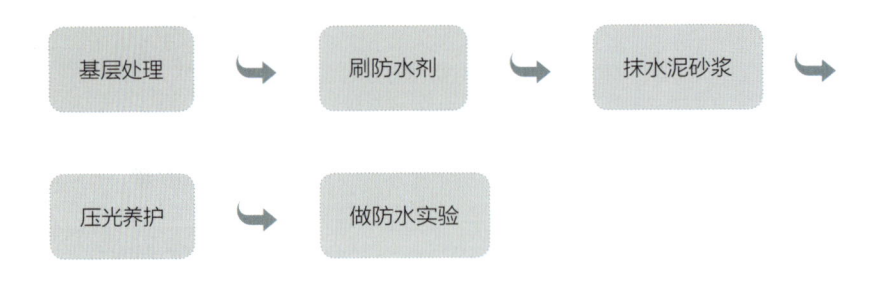

基层处理 → 刷防水剂 → 抹水泥砂浆 →

压光养护 → 做防水实验

（2）确认施工条件

同柔性防水，涂刷刚性防水涂料前，施工间的地面需保持平整无粉尘颗粒等。

（3）准备施工材料

刚性防水材料强度高，无延展性，价格低，施工方便，使用年限久但易受基层制约，容易发生开裂现象。常用的刚性防水涂料为水泥灰浆类，其无毒无害无污染，可直接在基层表面施工，不受含水率的限制，凝结时间短。

（4）施工重点

序号	项目	过程	示例图片
1	基层处理	首先应将所有裸露在外的管道包裹起来，防止施工时被堵塞。清理原有墙面、地面，不可有异物	
2	刷防水剂	先使用防水胶涂刷地面与墙面，待干透后再涂刷一遍。第二遍没有完全干透前，再在其表面涂刷一层薄的纯水泥层	

续表

序号	项目	过程	示例图片
3	抹水泥砂浆	水泥砂浆的涂抹厚度为5~10mm，应先抹立面，后抹地面	

小贴士

刚性防水注意事项：

（1）不能在十分潮湿又不通风的环境下施工，否则会影响成膜。

（2）对于难以施工的连接处如水管、地漏阴阳角等部位应选择黏接性好、延展率长、耐老化的防水材料在搭接处封堵，之后再正常涂刷刚性防水材料。

扩展

闭水试验的做法

防水施工完成后需要做闭水试验来检验前期施工是否成功。其主要步骤为：

① 用装进袋子内的沙子堵住地漏。
② 将门口处堵上水泥，防止室内的水渗漏到空间外（地势比门口低很多的空间可忽略此步骤）。
③ 在需要做闭水试验的空间放满水，高度在20~30mm。
④ 使水在空间静置48h，途中不能进入空间。
⑤ 到楼下检查顶面是否有漏水渗水现象，若没有，则闭水试验成功。

注意：

闭水试验前期应每隔1h到楼下检查一次，后期可每隔2~3h到楼下检查一次。若发现渗水、漏水情况，应要求施工方立即停止闭水试验，并重新对防水层进行处理，处理合格后试验可继续进行。

2. 地砖铺贴

（1）地砖施工流程

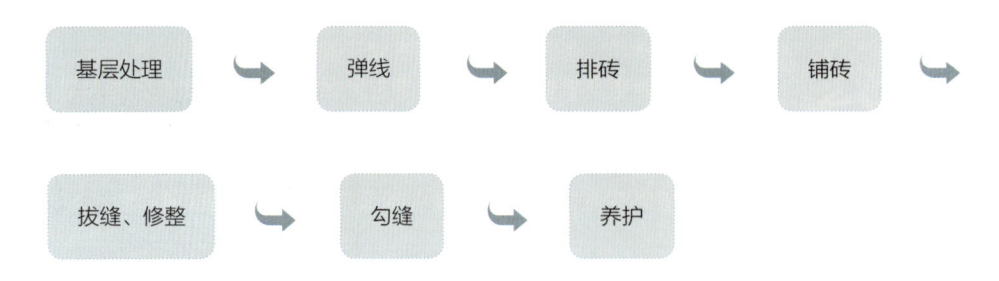

基层处理 → 弹线 → 排砖 → 铺砖 →

拔缝、修整 → 勾缝 → 养护

（2）确认施工条件

① 内墙 +500mm 的标高线已经弹好。
② 墙地面抹灰（水泥找平）以及防水已经施工完毕。
③ 预埋在地面的各种管件已经确认没有任何问题。
④ 有地漏的空间，地面坡度已找好。
⑤ 瓷砖应先用水浸湿，铺时保持表面无明水。

（3）准备施工材料

① 普通硅酸盐水泥，强度 ≥ 32.5，水泥强度越高，黏接力越强。
② 河砂，其含泥量应 ≤ 3%，应过 8mm 孔径的筛子，与水泥一起搅拌。
③ 瓷砖应无太多破损，外观颜色一致，表面平整，边角整齐。
④ 橡皮锤，主要用于瓷砖找平。

（4）施工重点

序号	项目	过程	示例图片
1	基层处理	将基层表面的浮土粉尘清理干净	
2	弹线	根据 50mm 水平线以及设计图纸确定瓷砖铺贴的标高。在地面上弹出纵横交错的控制线，并预留出砖缝的位置，一般范围在 2~10mm 之间	

续表

序号	项目	过程	示例图片
3	排砖	应先画出排砖图，依据图纸来施工。非整砖尽量铺在角落处，有地漏的空间应注意坡度走向	
4	铺砖	为了确定位置与标高，应先从门口处开始铺砖。找平层应洒水湿润，均匀涂刷素水泥砂浆。铺贴时砖的背面朝上涂抹配比好的水泥砂浆，之后扑到找平层上。找方正后，用橡皮锤拍实	
5	拔缝、修整	每铺完2~3，应检查一遍瓷砖的平整度以及缝隙是否笔直，如有偏移应立刻修整	
6	勾缝	应在地砖铺贴完24h后进行勾缝的工作。用勾缝剂将地砖与地砖之间所有的缝隙都填补起来，如今常用的勾缝剂为瓷缝，既结实有美观且有多色可选	
7	养护	铺砖完成后24h应进行洒水养护，时间不应少于7天	

小贴士

地砖施工注意事项：
（1）地砖的铺贴应无空鼓、翘砖等现象。
（2）铺贴带有地面拼花的地砖时，拼花一定要对齐。
（3）地砖不应存在太大的色差。
（4）地砖浸泡时应浸泡半天以上，直至不冒泡为止。

3. 墙砖铺贴

（1）墙砖施工流程（以薄贴法为例）

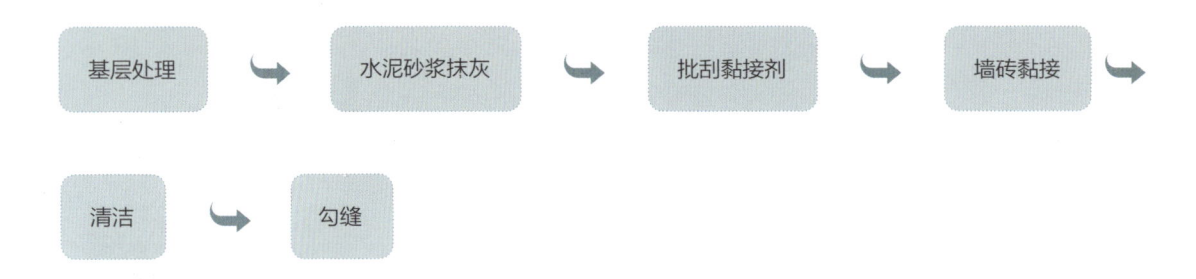

基层处理 → 水泥砂浆抹灰 → 批刮黏接剂 → 墙砖黏接 →

清洁 → 勾缝

（2）确认施工条件

① 墙砖使用前应仔细检查其尺寸、色差、种类、规格、花纹等，避免不合格墙砖的出现。
② 墙砖铺贴前应浸泡 0.5～2h，不冒泡即可取出。
③ 贴墙砖之前应放线定位和排砖，非整砖也应贴在角落处。

（3）准备施工材料

材料	概述
墙砖	种类繁多，常用的有釉面砖、仿古砖、马赛克等
瓷砖黏接剂	一种高品质环保性的水泥复合黏接材料，是面砖材料中的一种。其黏接强度高，且耐水、耐温、防水
瓷砖卡子	调节瓷砖缝隙的辅助工具，颜色为白色，材质为塑料，无毒无味韧性好，耐冲击。其主要作用是是瓷砖缝隙能够保持一致，看上去整齐美观
锯齿刮刀	用刮刀将黏接剂批刮在墙面上，刮出竖条状，便于瓷砖黏接

（4）施工重点

序号	项目	过程	示例图片
1	基层处理	空鼓裂缝须铲除，墙面涂刷界面剂，使墙面保持干净、整洁、无粉尘	

续表

序号	项目	过程	示例图片
2	水泥砂浆抹灰	墙面批刮 32.5 水泥砂浆，用于墙面找平，找平厚度应 ≤30mm	
3	批刮黏接剂	在水泥砂浆抹灰的基础上，根据瓷砖规格选择锯齿刮刀，将瓷砖黏接剂批刮在水泥砂浆抹灰上	
4	墙砖粘贴	再将瓷砖黏接剂用锯齿刮刀涂抹于墙砖上，使其线条与墙面的保持垂直，并贴于墙面上。瓷砖贴于墙面后需调整其缝隙，使每条缝隙保持宽度一致并均在一条水平线上	
5	清洁	粘贴完墙砖应及时清理掉在瓷砖表面的黏接剂，以防干燥后难以清理	
6	勾缝	粘贴完 24h 后，待瓷砖黏接剂彻底凝固时再进行勾缝	

小贴士

墙砖施工注意事项：

（1）使用薄贴法铺贴墙砖时，墙面基层一定要保持平整，不能有鼓包。
（2）薄贴法仅适用于墙面。
（3）施工的适宜温度为 5～35℃。
（4）搅拌后的黏接剂必须在 2h 以内用完，且需每隔半小时搅拌一次，目的是使胶粘剂保持活力，固化后不可使用。

六、油工施工要求多，基层处理最关键

油工施工是指墙顶面基层装饰的施工，其中以基层处理最为关键。若是基层不平整、有裂纹，则后期的乳胶漆涂刷、壁纸粘贴都会受到很大影响。

1. 乳胶漆施工

（1）乳胶漆施工流程

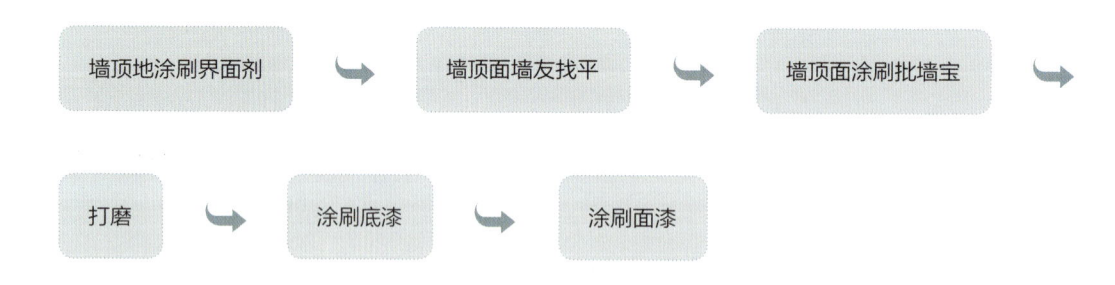

墙顶地涂刷界面剂 → 墙顶面墙友找平 → 墙顶面涂刷批墙宝 →

打磨 → 涂刷底漆 → 涂刷面漆

（2）确认施工条件

① 乳胶漆施工前，墙面必须保持干燥、平整。
② 清除墙面一切油污，修补可能会存在的裂缝。

（3）准备施工材料

材料	概述
界面剂	又称墙固、地固，主要作用是令墙面的粉尘都吸附在一起，可以使石膏粉与墙面黏接得更牢固
墙友	又称石膏，用于对原墙面的找平，原墙体本身并不是横平竖直，利用石膏使墙面变得更加平整便会避免后期空鼓的问题
墙宝	又称腻子，其作用是填平墙面大的凹坑及小的空隙，目的是使涂料能够涂刷在更加平整的墙面上，从而得到更好的装饰效果
乳胶漆	主要起装饰作用，且有多种颜色可以选择

（4）施工重点

序号	项目	过程	示例图片
1	墙顶地涂刷界面剂	原墙、顶、地面清理干净，涂刷通用界面剂一遍	

续表

序号	项目	过程	示例图片
2	墙顶面墙友找平	墙顶面批刮墙友并批刮平整，墙面误差应≤5mm。批刮完一遍之后应用靠尺将整个墙面刮平整	
3	墙顶面批墙宝	墙顶面批刮三遍腻子，每批完一遍都要阴干再进行下一遍的批刮，完成一遍后需用靠尺将整个墙面刮平	
4	打磨	三遍腻子批刮完成后需用砂纸打磨一遍使其更加平整	
5	涂刷底漆	底漆涂刷一遍即可，要均匀。待2~4h后便可进行下一步	
6	涂刷面漆	面漆一般需要刷两遍，每一遍之间应间隔2~4h。第二遍面漆刷完之后需1~2天才能完全干燥。在乳胶漆完全干透前应注意防水、防旱、防晒等问题	

小 贴 士

涂料施工注意事项：

（1）施工质量的重要环节便是基层处理，其中保证墙面完全干透是基本条件。一般应阴暗10天以上，墙面必须保持平整。

（2）乳胶漆应涂刷均匀，不能有漏刷现象。涂刷一遍，打磨一遍。一般应进行两遍以上。

（3）腻子应与涂料性能配套，坚实牢固，不能有粉化、起皮、裂纹的现象。

（4）施工温度应高于10℃，室内不能有大量灰尘，最好避开雨季施工。

2. 壁纸施工

（1）壁纸施工流程

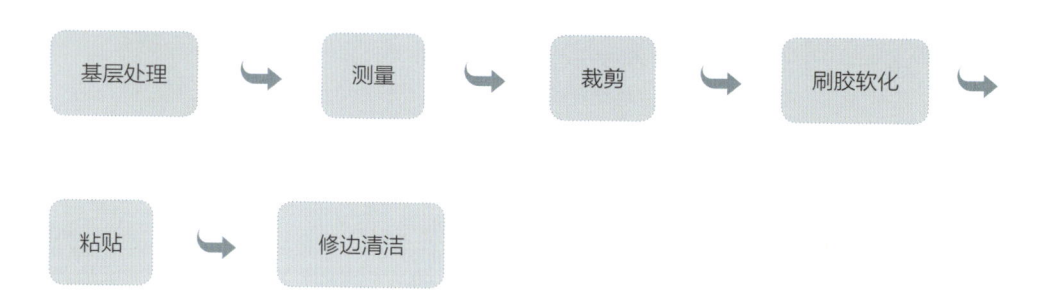

基层处理 → 测量 → 裁剪 → 刷胶软化 →

粘贴 → 修边清洁

（2）确认施工条件

① 墙面或顶面壁纸施工前，需保持平整，只需做到打磨那一步，不需要涂刷乳胶漆。且家具或灯具都先不能安装。

② 墙面要保持干燥，阴阳角应顺直，不能出现疏松掉粉的情况。

③ 水电施工、木工施工、瓦工施工都应在壁纸施工前施工完毕，最好不要和其他工种有交叉，室内不宜有大量灰尘存在。

（3）准备施工材料

材料	概述
壁纸	同乳胶漆一样，是墙面或顶面的装饰材料，但其样式比乳胶漆种类丰富，有不同的风格以及样式，且材质也不同
胶黏剂	黏合壁纸与墙面的胶，最好选择与壁纸配套的专用壁纸胶或环保性建筑胶

（4）施工重点

序号	项目	过程	示例图片
1	基层处理	检查墙面的酸碱度，应为中性，且含水率≤8%。施工前应在墙体表面涂刷基膜，待彻底干燥后进行施工	

续表

序号	项目	过程	示例图片
2	测量	对墙面积进行测量，计算好壁纸的用量	
3	裁剪	按照墙面的高度以及拼花的要求裁剪，一般需比实际墙面高度长100mm，方便调整。对于有拼花图案的壁纸，最好先拼花再裁剪	
4	刷胶软化	对于粘贴无纺壁纸来说可以直接把胶涂刷在墙面上。对于其他壁纸来说，壁纸胶要涂于壁纸背面，并对折放置3～10min	
5	粘贴	确定第一张纸的位置，从阴角开始粘贴，粘贴速度要快	
6	修边清洁	将壁纸用工具压平整，会有胶水漏出来，需用干燥且干净的毛巾擦拭。开关面板处需仔细修整	

小贴士

壁纸施工注意事项：

（1）对于有拼花的壁纸来说，拼花一定要拼接准确，不能有错位现象。
（2）必须黏接牢固，不能有气泡、翘边、无损等现象。
（3）壁纸边缘应整齐，不能有飞刺。
（4）需注意不得有漏贴、补贴，以及脱层等状况。

扩展

乳胶漆与壁纸作为墙面材料，哪个更好呢？

乳胶漆

优点：
① 价格相对较低。
② 工艺简单，基层处理是关键。
③ 可灵活调节颜色。
④ 如出现破损可直接修补。

缺点：
① 色彩单一无丰富的花色。
② 修补时会有色差。

壁纸

优点：
① 花色、质感的选择多。
② 表面有凹凸处理的壁纸有吸音效果。
③ 墙体有裂缝，壁纸可以全部遮住不会开裂。
④ 不同壁纸可体现不同的装饰风格。

缺点：
① 施工工艺不合格会出现有明显接缝、翘边等问题。
② 壁纸的价格要略高于乳胶漆。
③ 不利于修补，若出现破损，需要整张重新铺贴。
④ 表面肌理感越强的壁纸越难清理。

七、安装施工需仔细，细节出错难修缮

安装施工是指业主对购买的大部分主材进行安装的过程，由于居室中所需要的主材繁多，安装过程复杂而漫长，因此对于细节的把控最为关键。

1. 木地板安装

（1）木地板安装流程

☆ 龙骨铺设法木地板安装

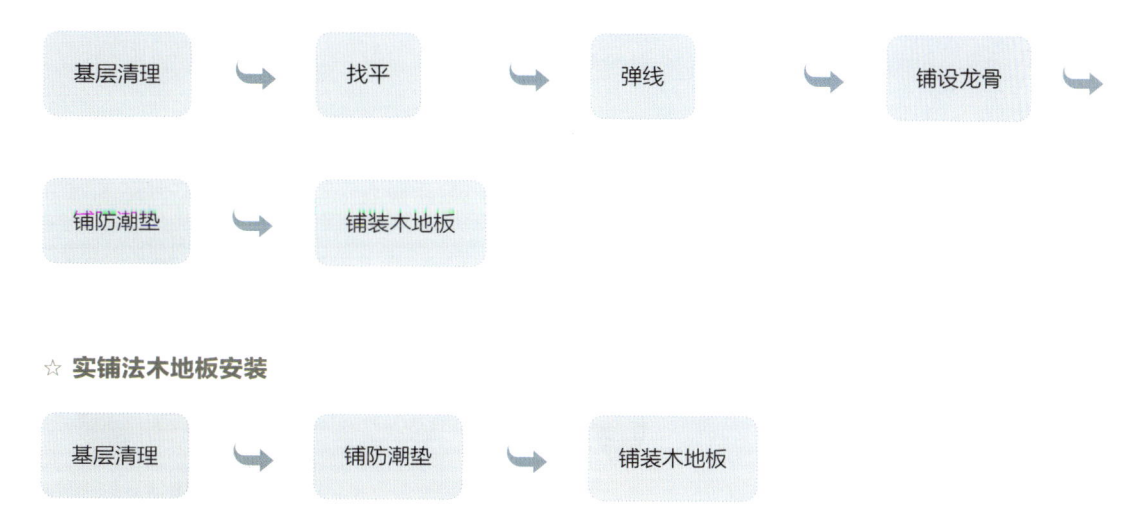

基层清理 → 找平 → 弹线 → 铺设龙骨 →

铺防潮垫 → 铺装木地板

☆ 实铺法木地板安装

基层清理 → 铺防潮垫 → 铺装木地板

（2）确认安装条件

① 吊顶以及墙面施工完毕后，即可进行木地板的铺装。
② 需要铺设木地板的基层含水率应≤8%，安装前应打扫干净。
③ 空间内有超过木地板荷载的施工应提前完成。
④ 木地板铺装之前应在空间四周画出控制水平线，以便于木地板铺装时进行参考。

（3）准备安装材料

材料	概述
木龙骨	室内装修中常用的材料，主要起支架作用。其易造型，握钉力强，易于安装，但不防潮，易变形，不防火
木地板	地面装饰材料（也可用于墙面），与地砖作用相同，不同颜色材质的木地板可营造不同的空间氛围

（4）安装重点

龙骨铺设法木地板安装（实木地板使用较多）

序号	项目	过程	示例图片
1	基层清理	将原水泥地面高低不平的部分铲平，浮土清理干净	
2	找平	地面高度差如果过大，可用射钉将垫木固定于混凝土基层，再将木龙骨固定于垫木上	
3	弹线	用墨线弹出龙骨应铺设的位置，每条龙骨的间距不应大于350mm	
4	铺设龙骨	龙骨应选用干燥的硬质木条，间隙不得大于350mm，木龙骨高度不得低于15mm，且最边缘的龙骨应与墙角之间有10~15mm的伸缩缝隙，将龙骨与地面用钉子固定	
5	铺防潮垫	在木龙骨按位置铺设完成之后，在其上方铺上一层防潮垫，防止地面的湿气影响木地板	

续表

序号	项目	过程	示例图片
6	铺装木地板	木地板应错位铺装,每块木地板与龙骨接触的部分均需用地板钉或汽钉固定。每铺完 3~5 行拉线检查一次,若不直,可及时作出调整	

龙骨铺设法木地板安装(复合地板使用较多)

序号	项目	过程	示例图片
1	基层清理	水泥砂浆找平待地面干燥后,清理表面浮土	
2	铺防潮垫	将防潮垫铺于水泥层上,以隔绝湿气,保护木地板	
3	铺装木地板	将木地板直接铺于防潮垫上,错位拼接,与墙面之间要留有 10~12mm 的伸缩缝,用弹簧固定。木地板与木地板之间用地板胶黏接(现在市面上也有了不使用地板胶只用地板之间的锁扣进行固定便可使用的木地板,此类木地板更加环保)	

小贴士

木地板安装注意事项：

（1）木地板安装前应先进行挑选，将色差大的安装在床下以及衣柜下等不易被发现的地方。
（2）铺装木地板使用的木龙骨应选择松木、杉木等不易变形的树种，且木龙骨表面应进行防腐处理。
（3）铺装木地板时，要保持室内湿度以及温度的稳定性。
（4）木地板铺装前要确保水泥地面没有空鼓起砂等现象。

扩展

实木地板与实木复合地板作为地面材料，哪个更好？

实木地板
经过木材天然烘干、加工后形成的地面装饰材料

优点：
① 具有自然生长的纹理，冬暖夏凉，脚感更舒适。
② 外形更美观。
③ 环保。

缺点：
① 具有实木地板美丽的表面但打破了实木地板的内在天然物理结构，稳定性更强。
② 耐磨损，不易变形。
③ 价格比实木地板低。

实木复合地板
一块实木地板来源于一棵树，但由于实木复合地板有多层而不是一层，故而一块实木复合地板由不同的树种组成

优点：
① 价格相对来说较高。
② 易发生虫蛀现象。
③ 易变形，难保养。

缺点：
① 被水浸泡之后无法修复。
② 多层木材进行压制的过程中易产生甲醛，有些实木复合地板是利用胶将多层木板黏接在一起，这种方式甲醛含量更高。

2. 木门安装

（1）木门安装流程

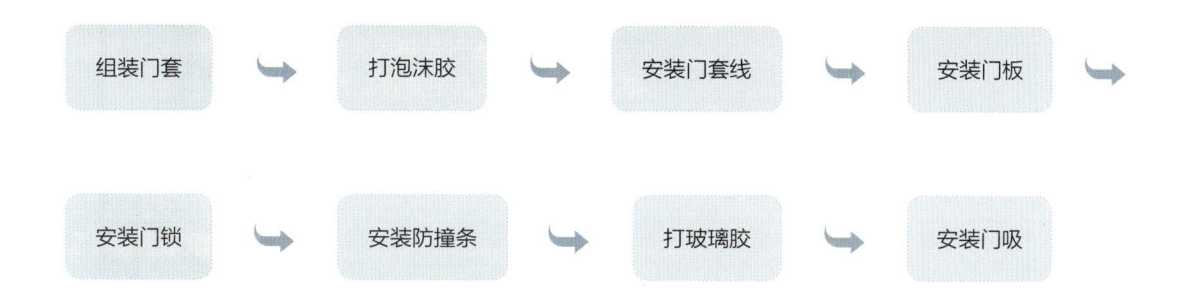

组装门套 ➡ 打泡沫胶 ➡ 安装门套线 ➡ 安装门板 ➡

安装门锁 ➡ 安装防撞条 ➡ 打玻璃胶 ➡ 安装门吸

（2）确认安装条件

① 门框与门扇安装前应拆包检查有无弯曲开裂等情况。
② 门框安装前应对照图纸尺寸，确认无误后再进行安装。

（3）准备安装材料

材料	概述
木门	主要作用是保护隐私，关起门来，原本开敞的空间就会变为私密空间。同时木门也有隔音的作用，好的木门可以降噪
泡沫胶	安装木门时必不可少的材料，有了泡沫胶，门套与墙体才能紧密黏接在一起
门吸	分为两部分，一部分在门板上，另一部分在地面上或墙体上。依据门开启运动的轨迹确定其安装位置，目的是为了使门不会撞上墙体

（4）安装重点

序号	项目	过程	示例图片
1	组装门套	将Ⅱ型的门套立于门框内部，门套与门框之间钉入木楔，以此来固定门套	
2	打泡沫胶	在门套与门框之间的空隙里打入泡沫胶，使两者进行连接	

续表

序号	项目	过程	示例图片
3	安装门套线	在打完泡沫胶之后应立即安装门套线，使其与门套紧密黏接在一起，并用橡皮锤辅助固定	
4	安装门板	待泡沫胶完全干燥后，安装合页，并将门板与之固定在一起	
5	安装门锁	门扇安装完成后，将门锁与门把手安装在事先留好的孔洞处	
6	安装防撞条	整套门都安装好后，在门框处安装防撞条	
7	打玻璃胶	当门安装好之后，在门框处打玻璃胶，一是为了美观，二是为了防止热胀冷缩门框与墙体时间产生大的缝隙	
8	安装门吸	最后完工时，在合适的地方安装门吸，防止开关门时力气太大，门会因为惯性撞上墙体损坏门以及墙体饰面	

小贴士

木门安装注意事项：

（1）安装木门前一定要检查门套与门板的颜色、尺寸与图纸是否一致，以及材料是否完整。

（2）木门的安装应在地砖或木地板安装之后进行。

（3）安装完成后要检查锁具是否能正常使用，门是否能正常开关。

3. 铝合金门窗安装

（1）铝合金门窗安装流程

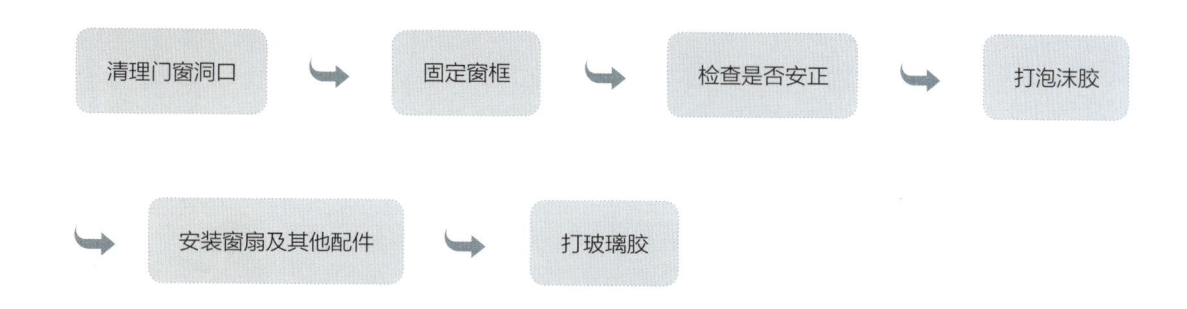

清理门窗洞口 → 固定窗框 → 检查是否安正 → 打泡沫胶 → 安装窗扇及其他配件 → 打玻璃胶

（2）确认安装条件

① 门窗框与墙体之间要留有 15~20mm 的缝隙方便泡沫胶的填充。
② 准备密封条时应多准备一些，以防不够用。
③ 安装前应检查门窗类型，开启扇的方向与图纸是否一致。

（3）准备安装材料

材料	概述
主要材料	一整套铝合金门窗的安装需要铝合金门窗框、钢钉、膨胀螺栓、玻璃窗扇、纱网等。铝合金门窗又分为普通铝合金与断桥铝合金。其外表美观，密封性强，强度高
辅助材料	其他包括防腐材料、填缝材料等，例如玻璃胶、泡沫胶、密封条等

（4）安装重点

序号	项目	过程	示例图片
1	清理门窗洞口	安装前应将门窗洞口的浮土粉尘清除并使其表面保持平整	
2	固定窗框	在门窗洞基层上打孔，打入膨胀螺栓，以此来固定窗框	

续表

序号	项目	过程	示例图片
3	检查是否安正	测量窗框的两条对角线，若尺寸相同，则安装正确	
4	打泡沫胶	在窗框与墙体之间的缝隙中打入泡沫胶，以便黏接得更牢固	
5	安装窗扇及其他配件	待窗框与墙体黏接牢固后，即可安装窗扇、纱窗等配件	
6	安装密封条	窗扇装好后安装密封条，主要起防水、隔热、防尘等作用	
7	打玻璃胶	在窗框与墙体接触的边缘打玻璃胶，防止雨水渗漏	

小贴士

铝合金门窗安装注意事项：

（1）铝合金门窗最好不要在下雨天安装，因为门窗室外部分与墙体接触的地方需要打很厚的玻璃胶，而有水分存在会影响玻璃胶的防潮性能，黏接会不紧密，后期容易产生漏水现象。

（2）铝合金窗框与墙体之间一定要打入射钉并且要进入混凝土墙体内部，这样才会牢固。

（3）窗框的滑动轨道低边应在室外，高边在室内，防止雨水渗漏，且应在低边打小孔，方便排出雨水。

4. 塑钢门窗安装

（1）塑钢门窗安装流程

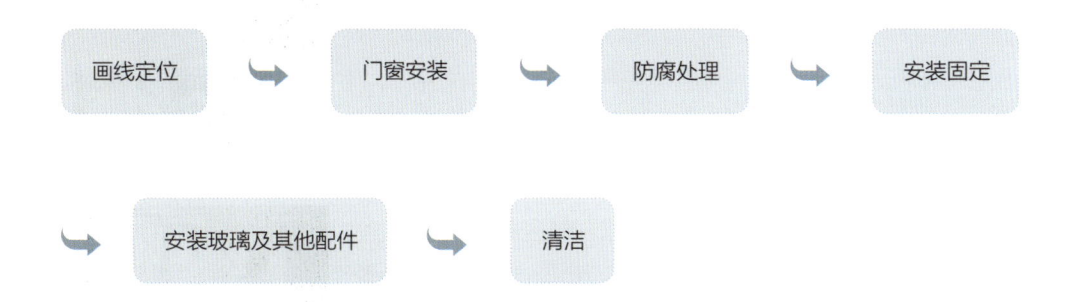

画线定位 → 门窗安装 → 防腐处理 → 安装固定 → 安装玻璃及其他配件 → 清洁

（2）确认安装条件

① 门窗与墙体之间需留有 10~20mm 的缝隙以使填入泡沫胶、玻璃棉等类型的黏接剂。

② 塑钢门窗的存储环境应 ≤ 50℃，与热源的距离应在 1m 以上。当温度低于 0℃时，安装前应在室内常温下存放 24h。

（3）准备安装材料

材料	概述
塑钢门窗及其配件	塑钢门窗有良好的隔热性，且传热性能小，保温性能显著，对于有暖气空调的现代建筑物更加适用
黏接剂	作用主要是使窗框与墙体黏接在一起，防水防渗漏

（4）安装重点

序号	项目	过程	示例图片
1	画线定位	根据图纸，在现场确定好门窗安装的尺寸高度，画线标记	
2	门窗安装	依据画线的位置，将塑钢门窗框放进门框洞口	

续表

序号	项目	过程	示例图片
3	嵌入密封胶	在门窗框与墙体之间涂满密封胶	
4	防腐处理	在塑钢门窗四周涂刷防腐涂料，且防腐涂料不可与门窗直接接触，防止产生化学反应腐蚀门窗	
5	安装固定	防腐涂料涂刷完毕后将门框进行固定。调整好水平角度以及对角后可用木楔钉入门窗框与墙体之间进行临时固定，之后用射钉将门窗框固定在墙体上	
6	安装玻璃及其他配件	窗框固定好之后便可安装玻璃和纱窗以及其他配件	
7	清洁	安装完毕后，将留存在玻璃表面的胶渍粉尘等清理干净	

小 贴 士

塑钢门窗安装注意事项：

（1）嵌入密封胶前要清理干净门窗框的浮土。
（2）门窗安装完成后要进行调试，看是否存在质量问题。
（3）要注意塑钢门窗的安装位置一定要牢靠方正，不能有翘曲现象。
（4）安装过程中要做好产品保护，不能破坏窗框及玻璃。

5. 铝扣板吊顶安装

（1）铝扣板吊顶安装流程

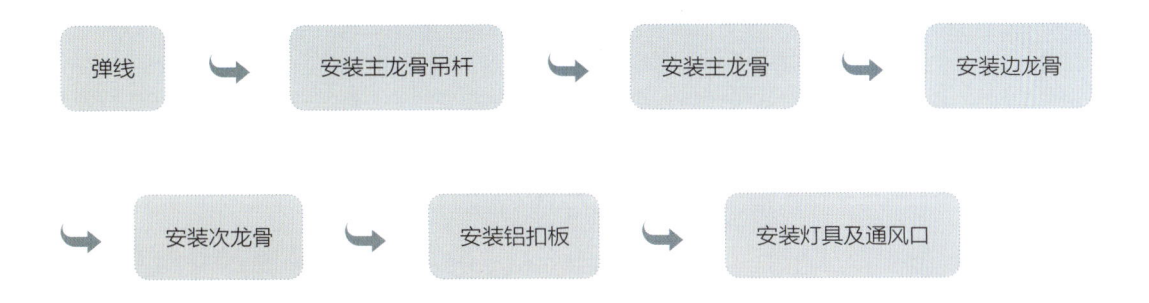

弹线 → 安装主龙骨吊杆 → 安装主龙骨 → 安装边龙骨

→ 安装次龙骨 → 安装铝扣板 → 安装灯具及通风口

（2）确认安装条件

① 铝扣板吊顶安装前需确认吊顶内部的各种管线已安装好，且灯具以及通风口的位置已留出。
② 铝扣板吊顶安装前，需确认墙地面的施工已经结束。
③ 安装前，应搭建好施工时需要的平台。

（3）准备安装材料

材料	概述
铝扣板	颜色多，装饰性强，能耐酸碱烟雾的侵蚀，长期使用不变色；适温性强、重量轻、强度高、隔音、隔热、防震，是可适用于家庭装修的优质材料
轻钢龙骨	参见123页相关内容

（4）安装重点

序号	项目	过程	示例图片
1	弹线	根据顶面管道的最低点来确定吊顶的位置，并向墙面四周弹线	
2	安装主龙骨吊杆	弹好标高水平线以及主龙骨位置线后，可确定吊杆标高，将吊杆用膨胀螺栓固定在顶棚上	

续表

序号	项目	过程	示例图片
3	安装主龙骨	主龙骨选用 C38 轻钢龙骨，用吊杆与吊件连接，间距≤1200mm	
4	安装边龙骨	在墙面四周弹好线的位置安装 25mm×25mm 的边龙骨	
5	安装次龙骨	根据铝扣板的尺寸规格安装次龙骨，间距在 300mm 左右，次龙骨需通过吊件吊挂在主龙骨上	
6	安装铝扣板	将铝扣板轻轻推进次龙骨所形成的的矩形中，将铝扣板两边完全卡进次龙骨中再推紧	
7	安装灯具及通风口	根据铝扣板吊顶设计图的布置，安装照明灯具以及通风口（安装铝扣板时应提前预留出位置）	

小贴士

铝扣板吊顶安装注意事项：

（1）轻钢龙骨骨架以及铝扣板等施工材料在施工时要注意成品保护，防止变形受潮。

（2）安装时应保护吊顶内部的管线，避免损坏。

6. 柜体安装（以橱柜为例）

（1）柜体安装流程

成品保护 → 框架安装 → 地柜隔板安装 → 吊柜安装

→ 大理石台面安装 → 烟机灶具安装

（2）确认安装条件

① 安装前应检查所有零部件是否有缺损，检查隔板是否有开裂掉漆等现象。
② 橱柜衣柜的安装应在室内硬装完全结束后进行。

（3）准备安装材料

材料	概述
橱柜	厨房中放置厨具以及做饭的操作平台
水槽	用来盛水清洗果蔬以及碗筷餐具的仪器
抽油烟机	净化厨房空气的电器，可将大量由于做饭产生的油烟快速排出室外

（4）安装重点

序号	项目	过程	示例图片
1	成品保护	将地面铺满保护膜保护起来，以防安装时损坏地面	

续表

序号	项目	过程	示例图片
2	框架安装	先用固定件将橱柜的框架固定起来，并与墙面连接	
3	地柜隔板安装	将隔板使用固定件与框架连接在一起，有水管的部位需要裁剪出孔洞，以便安装	
4	吊柜安装	按照设计图纸的要求将吊柜使用固定件与墙体连接，需注意水管与燃气管道，也需要切割出孔洞方便安装	
5	大理石台面安装	地柜吊柜均安装好之后便可安装大理石台面，需在室外按照设计图纸的尺寸切割好，之后再固定在地柜上并在边缘打玻璃胶	
6	烟机灶具安装	橱柜整体安装好之后，便可安装水槽、抽油烟机等厨房用具	

柜体安装注意事项：

（1）有水管的部分，隔板需要用切割机现场切割成弧形，形状不宜太大也不宜太小，以能套住水管大小为准。

（2）水槽处需做防水处理，安装好水槽之后需要在其边缘打玻璃胶。

（3）所有开孔的地方，都需要做密封处理，不仅美观还能避免甲醛通过开孔散发出来。

（4）柜体安装完成之后要检查门板是否整齐，合页是否灵活，推拉扇是否顺滑。

7. 卫生洁具安装

◆洗手池安装（以柱盆为例）

（1）洗手池安装流程

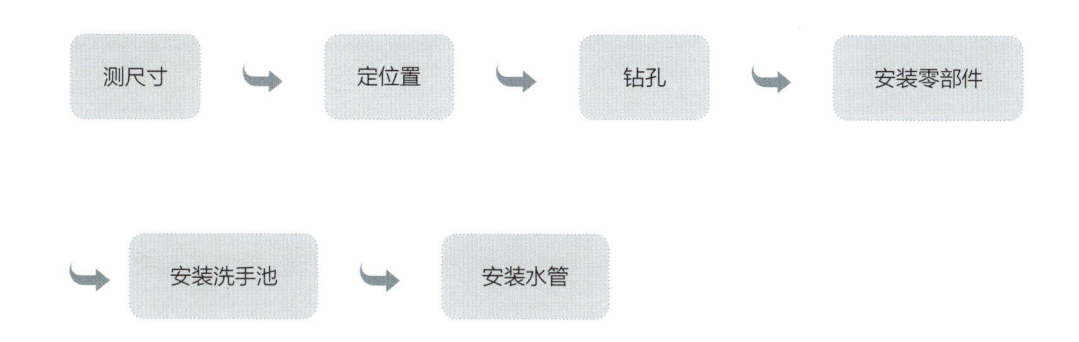

测尺寸 → 定位置 → 钻孔 → 安装零部件 → 安装洗手池 → 安装水管

（2）确认安装条件

① 安装前应检查洗手池看齐表面是否平整，且下水器应有直径≥8mm 的溢流孔。

② 安装洗手盆之前，空间内的硬装应已经完成，墙地砖都已经铺贴完毕，再此基础上，再安装洗手池等卫生洁具。

（3）准备安装材料

材料	概述
洗手池	又称洗手盆，是用来洗手洗脸的容器
五金件	包括水龙头、下水器等

（4）安装重点

序号	项目	过程	示例图片
1	测尺寸	测量洗手池尺寸并在墙面标出高度，高度距离地面约 820mm	

续表

序号	项目	过程	示例图片
2	定位置	将洗手池放到需要安装的位置，并用水平尺矫正尺寸，同时用笔标出具体安装的孔位	
3	钻孔	用电钻在标好位置的地方钻孔，并安装膨胀管	
4	安装零部件	安装挂钩以及立柱固定件，安装时螺丝不应拧太紧，应将洗手盆挂在挂钩上，根据盆与墙面的垂直情况插入金属片进行调控	
5	安装洗手池	将洗手池安装在挂钩上并安装固定件，在陶瓷盆的孔洞内部安装固定螺栓	
6	安装水管等五金件	安装进水与排水管件，连接立柱与固定件，同时安装水龙头	

小贴士

洗手池安装注意事项：

（1）下水器与洗手池连接时，其自身的溢流孔应对准洗手池的溢流孔，以保证流水部位畅通。

（2）洗手池与排水管连接处应牢固紧实，且便于拆卸。

（3）安装时不能损坏五金件的镀层。

◆坐便器安装

（1）坐便器安装流程

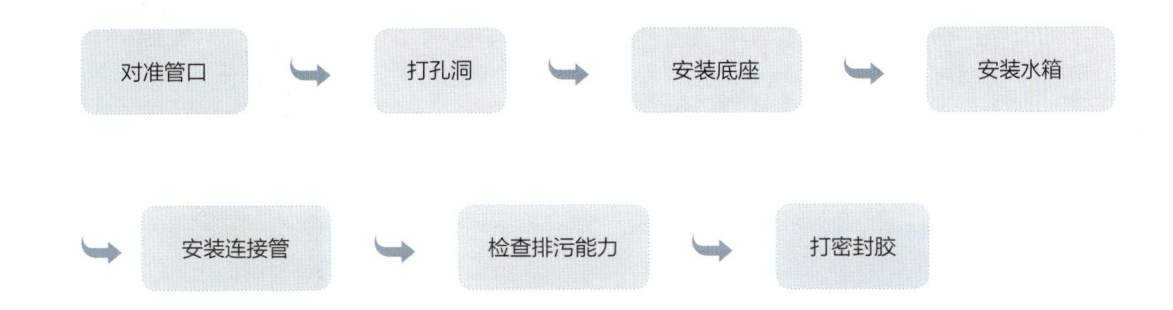

对准管口 → 打孔洞 → 安装底座 → 安装水箱 → 安装连接管 → 检查排污能力 → 打密封胶

（2）确认安装条件

① 安装前应检查卫生间的排污管道有无被泥沙、废纸、塑料等异物堵塞。
② 检查需要安装坐便器的地面处是否平整。
③ 将下水口锯短并高出水平面2~5mm。
④ 检查坐便器下水口到墙面的尺寸是否符合卫生间下水口到墙面的尺寸要求。

（3）准备安装材料

坐便器：用于解决人类排泄问题。其种类繁多，有普通坐便器与智能坐便器，也有直冲式和虹吸式。

（4）安装重点

序号	项目	过程	示例图片
1	对准管口	将地面的排污管与坐便器的排污管对准	
2	打孔洞	根据坐便器底座的外围尺寸，在地面画出坐便器底部需要固定的孔洞的位置，并用冲击钻打孔，孔洞长度为5mm	

序号	项目	过程	示例图片
3	安装底座	将膨胀螺栓钉入地面打好的孔洞中,并将坐便器底部套入膨胀螺栓并拧紧螺母使坐便器就位。与此同时,坐便器排污管道与地面排污管道要连接紧密并进行密封处理	
4	安装水箱(连体坐便器与智能坐便器不需要此步骤)	根据水箱的安装高度以及水箱后方孔洞的位置在墙面相应的位置上打孔并钉入膨胀螺栓,然后将水箱放置在需要安装的位置,使后方的孔洞套入膨胀螺栓,之后用螺母固定即可	
5	安装连接管	安装水箱内部与坐便器之间的连接管,以及进水管与水箱底部之间的连接管。进水管处应安装进水控制阀门	
6	检查排污能力	各类零部件全部安装好之后,放水,检查坐便器的排污能力	
7	打密封胶	确认坐便器功能没有问题之后,用油灰或硅胶等黏接性强的胶类将坐便器底座与地面黏接在一起	

小贴士

坐便器安装注意事项:

(1)安装坐便器时,要把控好坐便器与墙面的间隙。
(2)坐便器安装完成后要等玻璃胶固化后才可放水使用,固化时间一般为 24h。

◆淋浴房安装

(1) 淋浴房安装流程

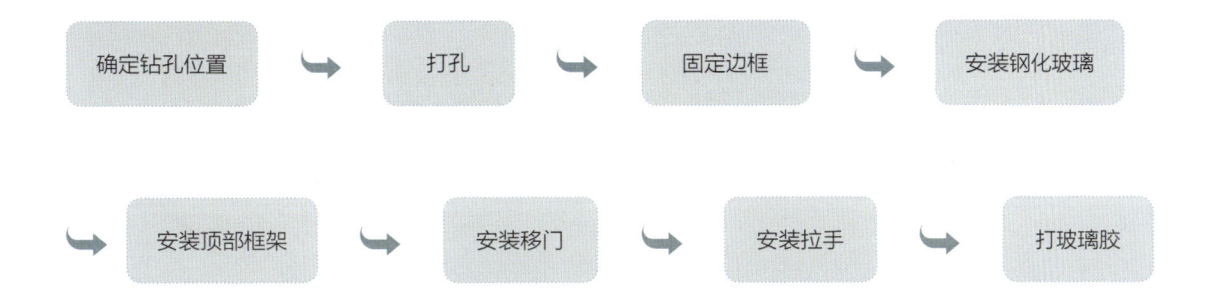

确定钻孔位置 → 打孔 → 固定边框 → 安装钢化玻璃

→ 安装顶部框架 → 安装移门 → 安装拉手 → 打玻璃胶

(2) 确认安装条件

① 卫生间墙面地面贴砖完毕后才可安装淋浴房。
② 安装淋浴房前应预先留好水电管线。

(3) 准备安装材料

淋浴房：是单独的淋浴隔间，一般位于卫生间的某一角落。

(4) 安装重点

序号	项目	过程	示例图片
1	确定钻孔位置	安装前，先将淋浴房需要固定住的位置用笔标出，并将需要钻孔的位置也确定好	
2	打孔	利用冲击钻在标记好的位置处打孔，并植入膨胀螺栓	
3	固定边框	将底框放在挡水条上，用螺钉钉入其中使底框与墙体固定在一起	

续表

序号	项目	过程	示例图片
4	安装钢化玻璃	将钢化玻璃放到底框内部，用U型配件卡住，之后用螺丝刀将其与底部框架的螺母与螺丝固定住	
5	安装顶部框架	与底部框架安装流程相同，需要确定顶部框架与墙面固定在一起的位置并打孔，之后用膨胀螺栓固定	
6	安装移门	先将移门滚轮安装到指定位置之后将移门与框架固定在一起，利用钳子以及螺丝刀将连接件固定好	
7	安装拉手	移门安装好之后将拉手用螺丝钉与移门固定在一起	
8	打玻璃胶	淋浴房安装完成之后需做防水，在框架与墙体之间打玻璃胶，再进行防水实验看是否漏水	

小贴士

淋浴房安装注意事项：

（1）淋浴房包装打开后，钢化玻璃需要小角度斜倚在墙面上，不能水平放置或角度过大放置，否则易碎。

（2）淋浴房安装好之前不能倚靠在上面，也不能将重物放置在上面。

（3）底部框架打完玻璃胶后应待其完全干燥再使用。

◆浴缸安装

(1) 浴缸安装流程

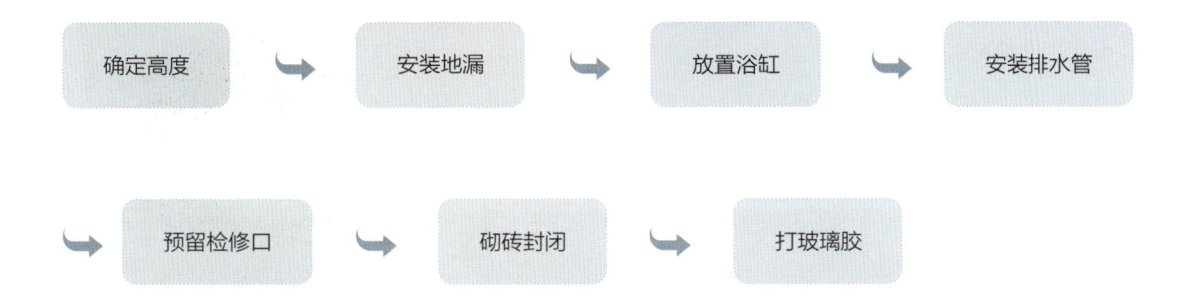

确定高度 → 安装地漏 → 放置浴缸 → 安装排水管 → 预留检修口 → 砌砖封闭 → 打玻璃胶

(2) 确认安装条件

① 浴缸安装前应注意浴缸内部排水孔的位置，铺设地面时，要保持排水孔的位置比地面稍低，便于排水。

② 要准备水泥砂浆瓷砖等备用。

③ 若是嵌入式浴缸，则应在卫生间进行基层处理时就一并安装，后期与卫生间一起贴砖即可。

(3) 准备安装材料

浴缸：是一种水管装置，主要供人们淋浴或沐浴使用，通常安装在浴室内。而嵌入式浴缸由于需要砌台贴砖所以与卫生间结合起来一体性更强。

(4) 安装重点

序号	项目	过程	示例图片
1	确定高度	安装浴缸前先确定其最高点以及平面位置，在墙面弹出水平线。高度范围一般在500~600mm之间	
2	安装地漏	取出原地面排水口的地漏同时安装浴缸排水洞口的地漏，地漏的缝隙需用油灰填塞紧实	

续表

序号	项目	过程	示例图片
3	放置浴缸	用砖块填在浴缸底部的四个角落,让浴缸放置稳固,不可有晃动迹象,同时还需校正浴缸水平度,防止其使用后积水	
4	安装排水管	排水管分为铁管与塑料管等硬质管道,也有橡皮管等软管。排水管需要在地面排水孔内并封闭洞口防止浴缸排出的污水倒泛上来造成积水	
5	预留检修口	将砖砌在浴缸外侧,封住外部。外侧面砌砖需要砖体相较于浴缸边缘缩进20~30mm。砌砖的同时要在隐蔽的便于后期检修排水口的位置上预留出150~200mm的孔洞,之后再做一扇小门,为后期清理检修做准备	
6	砌砖封闭	将侧面用砖封闭完成后,用1:2的水泥砂浆涂刮在上面,晾干后再涂抹两道瓷砖底子灰,之后贴砖	
7	打玻璃胶	为了防止后期渗漏,需要在浴缸与裙台、墙壁接触的地方打玻璃胶,防止渗水	

备注:以上安装过程以嵌入式浴缸为例,若是独立浴缸则安装步骤相对简单,其中进出水口的安装是重点。在安装之前需修改好浴缸出水口以及其他通道,之后把浴缸放置在两块木条上并连接上下水。然后尝试在浴缸内注水,检查下水是否渗漏。若无渗漏,则可将木条取出,至此,独立浴缸的安装基本完成。

小贴士

浴缸安装注意事项:

(1)浴缸冷热水龙头或混合龙头应高出浴缸顶部150mm,安装时应注意不要损坏水龙头等五金件的金属镀层。

(2)浴缸上平面需用水平尺校正平整,其上部与墙体接触的部分应用密封胶类黏接紧实。

(3)浴缸与排水口的连接应牢固且便于拆卸。

8. 开关插座安装

（1）开关插座安装流程

关闭总开关 → 检查开关插座面板 → 清洁开关插座底盒 →

安装电线开关 → 固定插座开关 → 检查开关插座是否正常通电

（2）确认安装条件

① 在墙面基层处理完成，乳胶漆刷完或壁纸铺贴完成之后才可进行开关插座的安装。

② 确认电路的修改无任何问题，接线盒、电线均已安装在指定位置。

③ 安装时要保证室内干燥通风，不能太过潮湿。

（3）准备安装材料

开关插座： 是安装在墙壁上（也有少部分安装在地上）使用的电器开关与插座，是用来接通和断开电路使用的家用电器。

（4）安装重点

序号	项目	过程	示例图片
1	关闭总开关	为了安全，先将强电箱总开关关闭再进行安装工作	
2	检查开关插座面板	要仔细观察面板是否有损坏开裂等现象	

续表

序号	项目	过程	示例图片
3	清洁开关插座盒底	将盒底内部的灰尘异物清理干净,以免影响开关电路的使用情况	
4	安装电线开关	用剥线钳剥掉一定长度的火线、零线、地线的绝缘层,并将剥离后的导线与插座开关相连接,之后用螺丝刀拧紧即可	
5	固定插座开关	将线接完后,把开关面板固定在接线盒处,保持水平并用螺丝刀固定,最后再盖上装饰面板即可	
6	检查开关插座是否正常通电	安装完成之后,用电源检测仪对每个开关插座进行检验,看是否通电是否能正常使用	

> **小贴士**
>
> **开关插座安装注意事项:**
> (1)安装过程中,不能用湿手去触摸电器,最好带上电工专用的绝缘手套进行操作。
> (2)卫生间厨房等较潮湿需要经常用水的地方需要安装防水开关及插座。

9. 灯具安装

(1)灯具安装流程

灯具检查 → 灯具组装 → 灯具安装 → 通电运行

(2)确认安装条件

① 灯具的安装应在室内所有硬装都结束后再进行。

（3）准备安装材料

吊灯： 是指安装在室内空间天花板上的高级装饰照明用灯，其装饰风格多样，造型优美，适合大多数家庭使用。

（4）安装重点

序号	项目	过程	示例图片
1	灯具检查	检查安装灯具所需的各种配件，检查是否齐全，是否有损坏	
2	灯具组装	先将灯具各个零部件组装在一起，灯线的长度要适宜，要注意区分火线以及零线，将线路捋顺	
3	灯具安装	灯具电源线要留够，之后减掉多余的线，将电线外的绝缘层剥掉露出内部的金属线，再用螺丝钉将灯座安装在接线盒上	
4	通电运行	安装完成后，打开电源开关，看是否正常通电	

小 贴 士

灯具安装注意事项：

（1）灯具最好设置成可调节光源的，这样灯光刺眼或暗淡时可人为进行调整以达到舒适的状态。

（2）灯具安装完成时要用手拉一下看是否牢固。灯具的顶盖应紧贴顶棚不能有晃动的现象。

---

10. 窗帘杆安装

（1）窗帘杆安装流程

确定安装位置 → 定位打孔 → 打入膨胀螺栓 → 安装窗帘杆

（2）确认安装条件

① 安装窗帘杆时，室内空间的硬装部分应全部完成。
② 若要安装外露窗帘杆，空间内顶部与窗户的最高点应有一定距离，以免安装尺寸不合适。
③ 窗框左右应预留出空间，方便窗帘杆的安装。

（3）准备安装材料

窗帘杆：材质以金属与木质最为常见，其搭配棉质以及纱质的布料，会产生刚柔反差的对比美感。

（4）安装重点

序号	项目	过程	示例图片
1	确定安装位置	窗帘杆的宽度与高度均由窗户的位置与尺寸决定，其两边的宽度需比窗宽出 200~300mm	
2	定位打孔	固定件需要用来固定窗帘杆，为了窗帘杆的牢固性，固定件的间距应 ≤ 500mm	
3	打入膨胀螺栓	画线定位，安装好固定件后打入膨胀螺栓	
4	安装窗帘杆	若是罗马杆，定位打孔后可安装固定支架，然后将杆放置到安装架上。若是窗帘轨，则需直接将组装好的窗帘轨固定到打好膨胀螺栓的顶面或墙面上	

小贴士

窗帘杆安装注意事项：

（1）安装窗帘杆之前一定要测量好窗户的尺寸，避免长度过长或过短这类问题的发生。
（2）安装时需注意窗帘杆的配件，缺一不可。

第三节

熟悉监工重点

一、施工工艺不同，细节检查有区分

施工工艺的分类与家装施工流程相同，分别为：**拆除施工、新建施工、水电施工、木工施工、瓦工施工、油工施工、安装施工**等。每一种工艺，都有其自身需要仔细检验的细节。只有施工时将细节把控好，才能最大程度地减少后期居住的隐患。

1. 拆除施工

- 墙面拆除时，在贴砖的部位，一定要让工人将墙皮彻底铲掉，直到露出内部的砖墙为止，否则瓷砖后期黏接不牢固，容易脱落。
- 拆除过程中，业主要仔细查看室内墙体、梁、地面等部位有无裂缝，如果有，则说明施工队拆除了房屋的承重结构。
- 门窗所在的位置大部分为房屋的承重结构，因此在拆除时应重点检查是否破坏了建筑基层结构，要做到宁可损坏门窗也不能损坏墙体。
- 旧房在拆除墙地砖时，业主要格外注意查看碎片是否堵塞了下水道。

2. 新建施工

- 检查新砌墙体厚度，在其侧面观察整面墙体是否平直。
- 检查砌墙时是否在墙体内部有拉结筋。
- 在墙体抹灰时应检查是否捕挂了铁丝网。

3. 水电施工

（1）水路施工

- 检查开槽是否顺直。
- 检查水管走向是否合理，是否存在多走管的现象。
- 检查冷热水管之间的间距是否过近，正常情况下两者之间的距离为150mm，业主可携带尺子亲自到现场测量。
- 检查水路管件接头处是否紧实，有无漏水现象。
- 检查出水口处是否平整。

（2）电路施工

- 检查电路开槽时是否损坏了原承重墙的钢筋。
- 检查电管的走向是否是横平竖直。
- 检查电管有无在墙面斜着走的现象。
- 检查是否有横向开槽，若有，则长度不能超过300mm。
- 检查线管内部电线的数量是否过多。电线的横截面积不应超过线管横截面积的40%。

4. 木工施工

吊顶施工

- 检查吊顶工程所呈现的效果与图纸是否一致。
- 安装龙骨时，在现场检查龙骨的安装密度是否符合标准。
- 检查吊顶棱角是否平直，有无明显磕痕。

5. 瓦工施工

（1）防水施工

- 检查卫生间防水涂层的涂抹高度，淋浴区应高于地面1800mm，其他区域应高于地面300mm。
- 检查防水涂料涂刷是否均匀，查看有无漏涂现象，角落处要查看得更加仔细。
- 闭水实验完成时询问楼下邻居是否有渗漏现象。

（2）墙地砖铺贴

- 贴砖之间检查墙面是否平整。
- 检查贴好的墙砖、地砖边线是否横平竖直。
- 检查墙砖、地砖是否有空鼓现象。
- 检查墙砖、地砖是否存在边角破损、内部开裂等现象。
- 检查卫生间厨房的阴阳角处墙砖粘贴的是否笔直，砖缝大小是否统一。

6. 油工施工

（1）乳胶漆施工

- 光线充足时，检查墙面是否平整，有无波浪纹。
- 检查开关、插座等部位乳胶漆的涂刷是否均匀，有无结垢痕迹。
- 检查阴阳角处的乳胶漆涂刷看是否平整。
- 检查乳胶漆表面是否光滑，有无颗粒状物质存在。

（2）壁纸施工

- 检查壁纸表面是否有破损、污损痕迹。
- 检查壁纸连接处是否有明显的缝隙。
- 检查开关插座处的壁纸粘贴是否整齐。
- 检查壁纸内部是否有起泡现象（这一步骤可在光线充足时进行）。

7．安装施工

（1）木地板安装

- 检查木地板安装是否存在空鼓现象。
- 检查木地板安装时是否有翘边情况。
- 检查木地板是否存在较大色差。

（2）木门安装

- 检查门板与门框之间的门缝是否顺直。
- 检查门锁是否能正常开关。
- 开关门时检查合页是否顺畅，注意是否存在卡顿现象。

（3）铝合金、塑钢门窗安装

- 检查门窗是否垂直于台面，有无歪斜情况。
- 检查室外的密封玻璃胶，是否将门窗框与周围基层紧紧黏接在一起，是否存在有缝隙裸露的情况。
- 若是多层玻璃，看玻璃内部是否有水汽存在，若有，则说明玻璃漏气，运输安装过程中可能被损坏。
- 检查门窗是否能正常开关，把手以及其他五金件的安装是否符合规范。

（4）铝扣板吊顶安装

- 在安装龙骨时应检查吊顶内部的管线是否被破坏。
- 检查铝扣板吊顶是否水平，整体有无歪斜情况。
- 检查照明通风取暖功能是否都能正常使用。
- 检查铝扣板吊顶所有功能的开关是否能正常使用。

（5）柜体安装

- 检查柜门是否都在一条水平线上。
- 检查柜门、抽屉的开关是否能顺畅。

- 检查合页等五金件的使用是否正常。
- 检查水槽处的防水封边处理是否符合标准。

（6）洗手池安装

- 检查洗手池与墙面连接处是否涂抹了密封胶。
- 检查下水管连接处是否存在漏水破损现象。
- 检查水龙头是否能正常流出冷热水。

（7）坐便器安装

- 检查坐便器安装是否存在歪斜情况。
- 检查坐便器底部与地面连接处是否涂抹了密封胶。
- 检查冲水阀门是否能正常使用。
- 检查坐便器釉面是否保持完好，安装时有无破损痕迹。

（8）淋浴房安装

- 淋浴房做完闭水试验后检查是否存在漏水情况。
- 检查淋浴房的拉门是推否能正常使用。
- 检查淋浴房的钢化玻璃安装是否牢固。

（9）浴缸安装

- 检查浴缸安装的是否平直。
- 检查浴缸检修口留的位置是否便于后期检修。
- 检查浴缸与墙砖连接处是否涂抹了密封胶。
- 在浴缸内蓄水，之后放水，检查其排水能力是否正常。

（10）开关插座安装

- 检查开关面板是否有松动迹象。
- 检查开关面板是否能控制用电器。
- 检查插座是否能通电。

（11）灯具安装

- 检查灯具安装是否牢固。
- 检查灯具是否能正常开启。

（12）窗帘杆安装

- 检查窗帘杆与墙面或者顶面接触的部分有无松动情况。
- 检查窗帘杆是否与窗框平行，是否存在歪斜情况。

二、认识常见施工错误，及早规避免麻烦

装修施工是一个繁杂的过程，施工质量与现场环境、装修材料、人工操作等都有很大关系，即使过程中监管再仔细，也会不可避免地出现一些问题。作为业主，在施工前也应对一些比较容易出现的问题有大概的了解，必要时可自己解决，这样可以在装修施工完成前规避错误，免去了居住时的后顾之忧。

1. 拆除施工常见错误及解决方法

☆ 排水管拆除时漏水

产生原因：工人进行拆除时未掌握好力度，将埋藏于基层内部的排水管打爆。

解决方法：业主应让施工方更换新的排水管道作为补救措施。

2. 新建施工常见错误及解决方法

☆ 墙体歪斜不平整

产生原因：工人的施工工艺不达标。

解决方法：砖砌隔墙施工时业主需要在现场观察墙体是否笔直，若发现有歪斜情况应立刻向施工方说明要求返工。

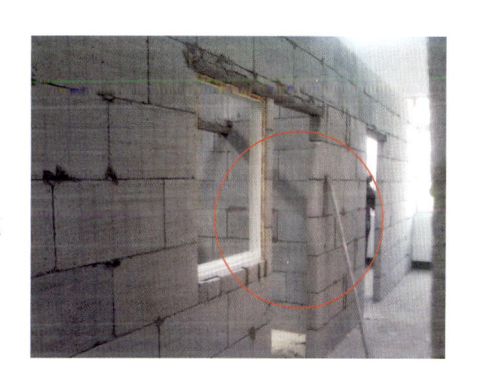

3. 水电施工常见错误及解决方法

（1）水路施工

☆ 排水管堵塞

产生原因：工人施工时误将施工垃圾放入排水管。

解决方法：首先关上水龙头，以免堵塞处积水更多；其次清理排污管口产生的施工垃圾异物；最后打开水龙头，用水流冲掉多余的异物。

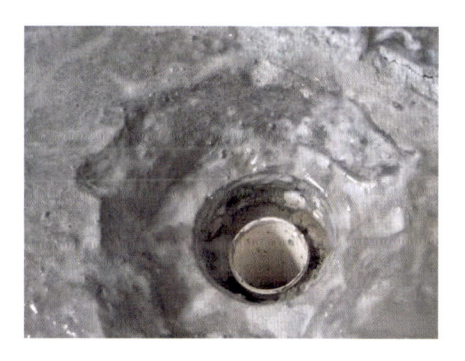

☆ 水管漏水

产生原因：工人施工时未将接头处拧紧或接头本身质量存在问题。

解决方法：若是水管接头本身有问题，只能更换新的；若是接头处漏水，可将接头拆下，接头处涂上厚白漆再缠上麻丝后组装在一起。如果是胶接或者熔接处漏水，则需要让水电工人进行维修。

（2）电路施工

☆ 电管走向歪斜

产生原因：装修工人为图省事少走管线，开槽时在墙面斜向开槽，以达到少走管线的目的。

解决方法：业主应在工人开槽时去施工现场监督，看到斜向开槽的情况要立即制止。

☆ 家用电器经常跳闸

产生原因：施工过程中，工人使用的电线不符合标准。

解决方法：在电路施工进行到穿线这一步时，业主需要去现场检查电线横截面积的大小。大功率用电器所需的电线不能小于4mm^2，入户电线最好应为6mm^2。

☆ 打开开关灯却不亮

产生原因：工人施工时将线接错或者少穿了电线。

解决方法：在线路接好时，业主需要现场查看与用电器对应的开关是否能正常使用，若不能则要当场令工人修改线路。

4. 木工施工常见错误及解决方法

吊顶施工

☆ 顶面出现裂缝

产生原因：吊顶施工时接缝处未连接好。

解决方法：业主应在顶面施工时去现场查看吊顶的安装是否符合规范，尤其是每块石膏板之间的接缝处是否已经用嵌缝石膏粉或穿孔纸带处理好。

☆ 顶面不平

产生原因：对顶面进行基层处理时工人没有涂刮平整，或者石膏板接缝处没有连接整齐。

解决方法：在顶面完成基层处理时，业主应去现场查看顶面的平整度，可利用肉眼查看、拉线尺量等方式检测。应及时发现不平整的地方，之后让工人随时修改。

5. 瓦工施工常见错误及解决方法

（1）墙面基层施工

☆ 墙面空鼓、开裂

产生原因：砖墙或混凝土进行水泥砂浆抹灰后，由于水分蒸发、材料的收缩系数不同等自然类型的原因，发生开裂现象。

解决方法：在墙面进行水泥砂浆抹灰时，业主应观察墙面是否捕挂了铁丝网，捕挂之后再正常进行抹灰施工。

☆ 水泥砂浆层产生析白现象

产生原因：水泥与水结合的过程中产生氢氧化钙，在水泥砂浆硬化前受水浸泡，干燥过程中水泥中的氢氧化钙与空气中的二氧化碳发生化学反应生成碳酸钙出现在墙面。在气温低或水与水泥比例大的时候，析白现象更严重。

解决方法：

① 业主应在工人进行墙面抹灰时到现场进行检查，看干燥后的墙面是否存在析白现象。若存在应使工人在搅拌水泥时注意。应在保持砂浆流动的状态下加减水剂来减少砂浆的用水量，减少砂浆中的游离水，则减少了氢氧化钙游离至墙体表面。

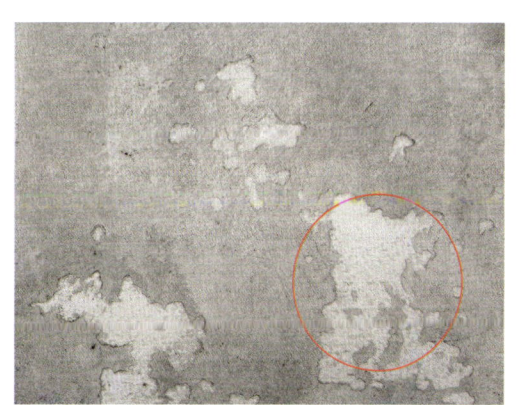

② 也可加入分散剂，使氢氧化钙分散均匀，不会出现成片的析白现象，而是会出现均匀的轻微的析白。

（2）贴砖施工

☆ 出现空鼓问题

产生原因：

① 基层和瓷砖之间贴合不紧密，铺砖之前基层有灰尘、沙粒等杂质。

② 水泥砂浆配比比例不正确，应按照1:3的比例来进行配比。或者是水泥质量存在问题，也会造成与瓷砖黏接不牢的现象。

解决方法：

① 在贴砖之前，业主应检查基层是否干净，是否有异物存在于墙面。

② 业主应检查水泥的储存条件是否合格（未开封的水泥要放在干燥的地方，不能接触水）。之后再观察水泥的出厂日期，一般超过 3 个月就不可继续使用。

☆ **出现爆裂起拱现象**

产生原因：工人在施工时，瓷砖之间的缝隙留得过小。热胀时瓷砖挤在一起产生起拱现象。

解决方法：在贴砖工程进行时，业主应观察砖缝的大小，若过于窄小则要要求工人将缝隙留得大一些。

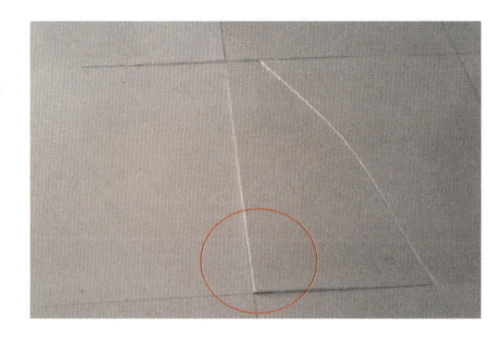

☆ **能够一眼见到的地方非整砖过多**

产生原因：工人在贴砖之前没有预先排砖，铺贴时过于随意。

解决方法：墙地砖铺贴前，业主应向施工方要排砖图，使其严格按照图纸施工，且监督时应注意，非整砖要铺贴在不显眼的地方。

6. 油工施工常见错误及解决方法

（1）乳胶漆施工

☆ **透底**

产生原因：涂刷油漆时漆膜过薄。

解决方法：乳胶漆施工时业主应仔细观察油漆中的水分是否过多。水与油漆比例太大则油漆过于稀薄便会出现透底问题。

☆ **漆膜内颗粒较多，表面粗糙**

产生原因：涂刷完腻子时，工人没有对墙面进行打磨，致使刷漆时，漆膜内存在异物。

解决方法：用砂纸将颗粒打磨平，之后再重新刷一遍漆。

☆ 漆膜开裂

产生原因：漆膜开裂的原因较多，但大体可以归为五类，分别是涂料层开裂、腻子层开裂、石膏层开裂、水泥层开裂以及墙体本身开裂。

解决方法：若是轻度的涂料层、腻子层开裂，可用砂纸打磨平整后重新涂刷，若是严重的基层开裂，则业主需要要求装修工人进行墙面处理时捕挂铁丝网或贴的确良布，亦或是在墙体基层开裂处粘贴乳胶贴布或牛皮纸。

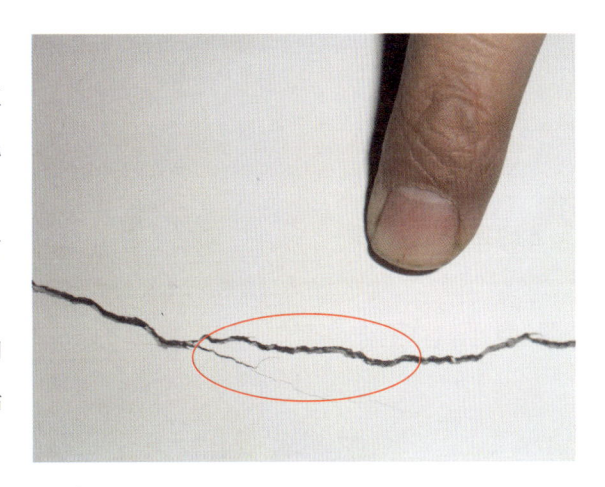

（2）壁纸施工

☆ 壁纸出现膨胀起泡等问题

产生原因：施工时未对壁纸进行润纸处理。

解决方法：壁纸施工时业主应观察工人是否在壁纸背面涂刷了壁纸胶并静置了一段时间，只有这样进行润纸处理，使壁纸变得稍微湿润，才不会出现内部起泡的现象。

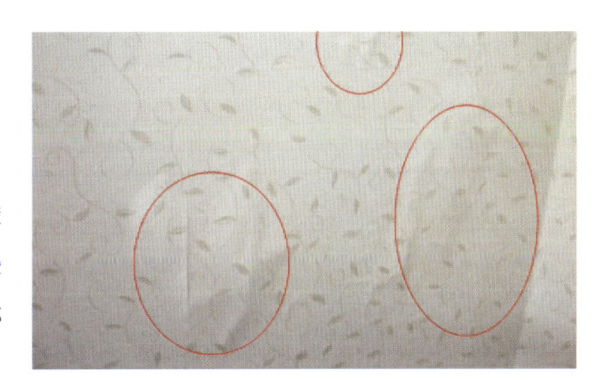

7. 安装施工常见错误及解决方法

（1）木地板安装

☆ 木地板踩上去有明显的声音

产生原因：

① 若是龙骨铺法的木地板，则工人施工时将龙骨的间距安装得过大。

② 若是实铺法，则木地板底部的防潮垫出现了问题导致地面的潮湿气体直接影响到木地板，使木地板发生了膨胀，致使人走在上面会发出声响。

③ 地面基层未找平

解决方法：

① 在木地板铺装时，业主应查看地面木龙骨的间距是否过大，若间距太大，木地板的承重会受影响，会产生踩踏变形的情况，自然会发出声响。

②业主应检查铺装木地板使用的防潮垫是否完好无损，以免地面潮气向上侵入木地板。

③铺装木地板之前业主一定要让装修工人再检查一次地面的平整度，以防都铺装完成后木地板内部出现空鼓从而使人走在上面时发出声响。

☆ 木地板有明显色差

产生原因：工人在铺装木地板时未对其进行分类，且未注意色差问题。

解决方法：木地板铺装时，业主需要在现场，观察色差大小，应将颜色差别较大的木地板铺装在床下或衣柜下等不显眼的地方。

（2）木门安装

☆ 门套变形、型材断裂

产生原因：是安装工人在搬运、装卸、安装过程中不注意造成。

解决方法：木门安装前，业主一定要先验货，检查门板门框以及各个零部件是否存在问题。

☆ 门整体倾斜

产生原因：安装工人在安装门的过程中未用线坠、靠尺等辅助工具检测木门与地面的垂直度则会出现此类问题。

解决方法：木门安装好之后业主需要查看门与门框是否和地面垂直，可携带一个线坠进行简易测量，若不垂直则需要安装工人重新安装。

（3）铝合金、塑钢门窗安装

☆ 铝合金、塑钢门窗门窗弯曲变形

产生原因：在运输安装过程中，由于工人的不注意，可能会产生这类问题。

解决方法：在安装前业主也需先检查门窗是否有变形情况，若是安装完成之后才发现则可以通过氧气加热烘烤的方法进行局部矫正，若是情况较严重，则需要装修工人拆除重装。

☆ 门窗尺寸不准

产生原因：安装前的测量时尺寸出现了偏差。

解决方法：门窗尺寸最好先测一遍，制作之前再复测一遍以保证尺寸准确。在安装前业主也应检查实际的门窗尺寸与设计图纸是否一致。

☆ 门窗出现渗漏

产生原因：门窗安装时，密封胶没打好。

解决方法：在门窗安装好工人进行打密封胶的工序时，业主需要仔细观察胶打的是否均匀，是否存在有的地方多有的地方少的情况。

（4）铝扣板安装

☆ 铝扣板安装不牢固

产生原因：是工人安装时未将铝扣板的边角打开所致。

解决方法：在铝扣板施工时，业主应在现场用手或借助其他工具轻轻碰一下已安装好的铝扣板，若是很容易就被推上去，则说明安装工人忽略了这个问题，业主应提醒对方将铝扣板边角打开。

☆ 个别铝扣板之间有缝隙

产生原因：可能是工人安装时的疏忽，使铝扣板的安装不到位；也有可能是龙骨安装不平整。

解决方法：铝扣板安装时，业主应观察其接缝处，发现有缝隙的情况应及时与工人沟通让其第一时间调整。

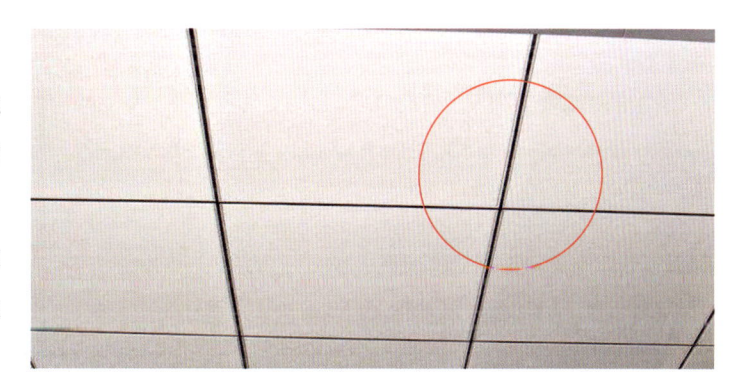

（5）柜体安装

☆ 橱柜台面不平

产生原因：这种情况的出现可能是由于橱柜本身厚度不标准导致台面不平，也有可能是施工现场地面不平整。

解决方法：业主需要在橱柜安装现场观察，感受台面的平整度，若是不平整，则需要安装工人用水平尺去具体测量橱柜的平整度偏差大小，之后通过调整底部的柜子腿来实现整体的平整度。

☆ 抽屉推拉不畅

产生原因：工人安装时隐藏式的导轨没有安装好，可能致使导轨的左右两侧不在一条平行线上，还有可能是导轨内部有灰尘。导轨是高温防油的材质，落灰后就会影响推拉情况。

解决方法：橱柜安装过程中对板材的切割会产生灰尘颗粒等污染物，在安装时，业主应监督工人将抽屉拿出来用胶带把导轨边封好，避免灰尘落入。安装时再擦拭一遍重新装入即可。

（6）卫生洁具安装

☆ 洗手池的水经常溅出

产生原因：购买洗手池时未注意水龙头水流的强度与洗手池深度的关系。

解决方法：业主在购买洗手池时应该考虑到水龙头水流强度与洗手池深度的比例问题。一般来说，洗手池的深度与水龙头水流的强度呈正比，深度较深的洗手池应搭配水流强度强的水龙头，不可在底部较浅的洗手池上安装水流强的水龙头，否则使用时水会溅到身体上。

☆ 坐便器排水不畅

产生原因：工人安装失误，底部出水口未对准下水口，以及坐便器底部的螺丝孔完全封死导致坐便器下水不畅。

解决方法：坐便器安装完成之后业主应在现场试用一次，若发现问题可以让工人现场重装坐便器。

☆ 淋浴房玻璃自爆

产生原因：可能使用了劣质钢化玻璃或是普通玻璃，还有可能是淋浴房安装时骨架变形。

解决方法：对于第一种原因，业主应在购买淋浴房时去正规的商家购买并查看其合格证书；对于第二种原因，在工人进行淋浴房安装时业主应在现场监督，看其安装尺寸是否有偏差。

☆ 浴缸釉面被损坏

产生原因：浴缸在运输或安装的过程中，由于工人不注意导致浴缸釉面的损坏。

解决方法：业主在浴缸安装前应检查一般浴缸表面有无破损痕迹，安装完成后应再检查一遍是否破损。若浴缸釉面损坏，则会大大减少浴缸的使用寿命，所以安装时一定要多加注意。

第四节

掌握验收细节

一、验收工具自己备，辅助检测用处大

在家庭装修过程中，验收是极其重要的一环，业主应提早发现问题以免去后顾之忧。但有些装修施工存在的问题，仅用肉眼是无法辨别的，因此验收时准备一些常用的验收工具是很有必要的。

1. 垂直检测尺

（1）用途

垂直检测尺别名靠尺，是用于检测室内空间墙顶地面的垂直度、平整度及水平度是否有较大偏差的工具。其可用来检测墙地面瓷砖是否垂直、平整；检测木地板木龙骨是否水平。检测尺的功能大概包含垂直度检测、水平度检测、平整度检测等，而且也是家装监理之中使用频率最高的一种检测工具。

（2）使用要点

① 垂直度检测

a. 用于 1m 检测时，将仪表盖推下，并把活动销键向上推，将检测尺的左侧面紧靠被测面，且握尺要保持垂直，观察红色活动销外露 3~5mm，能够灵活摆动即可。待指针自行停止摆动时，读指针所指刻度下行刻度数值，此数值即是被测面 1m 垂直度偏差数值，每格为 1mm。

b. 用于 2m 检测时，将检测尺展开后与连接扣锁紧，检测方法与 1m 检测相同。读指针所指上行刻度值，此数值即为被测面 2m 垂直度偏差数值，每格为 1mm。若被侧面不平整，则可用右侧上下靠角（中间靠角悬山不要）进行检测。

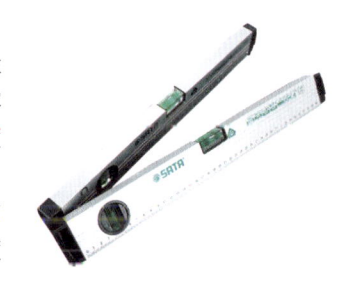

② 水平度检测

检测尺侧面紧靠被测面，其缝隙大小用楔形塞尺检测，其所显示的数值即为被测面平整度偏差。

③ 平整度检测

检测尺侧面装有水准管，可检测水平度，用法同普通水平仪。

2. 游标卡尺

（1）用途

游标卡尺是测量长度、内外径、深度，被广泛使用的高精度测量工具。游标卡尺主要由主尺和附在主尺上能移动的游标组成。其作为一种常用量具，可具体应用在测量物体的宽度、内径、外径

以及深度四个方面。

（2）使用要点

① 使用软布将其擦净，并使其并拢，查看游标和主尺身的刻度线是否对齐。若对齐则可进行测量；若没对齐则要记取零误差。游标卡尺的零刻度线在尺身零刻度线右侧的叫正零误差，在尺身零刻度线左侧的叫负零误差。

② 测量时右手拿住尺身，大拇指移动游标，左手拿待测外径或内径的物体，使测量物位于外测量爪之间，当物体与量爪紧紧相贴时，即可读数。

③ 测量物体的外尺寸时，卡尺两测量面连线应垂直于被测量面，不能歪斜。测量时，可轻轻摇动卡尺，放正垂直位置。

3. 响鼓锤

（1）用途

响鼓锤由锤头与锤把组成，一般分为10g、15g、25g、50g和伸缩式响鼓锤，可以通过锤头与墙顶地面的撞击来确定是否存在空鼓。

（2）使用要点

锤尖用来检测石材面板或大块陶瓷面砖的空鼓面积。将锤尖置于面板或面砖的角落部位，左右来回敲打其中部并轻轻滑动听其声音判断空鼓面积或程度。要注意不能用锤头或锤尖敲击面板面砖，容易对表面造成损伤。

4. 万用表

（1）用途

万用表是带有整流器的、可测交、直流电、电压及电阻等多种电学数据的磁电式仪表。其还可以测量晶体管的主要参数以及电容器的电容量等。

（2）使用要点

① 在使用万能表前，应先进行"机械调零"，即在没有被测电量时，使万能表指针指在零电压或零电流的位置上。

② 在测量某电路电阻时，需切断被测电路的电源，不可带点测量。

③ 在测量某一电量时，不能在测量的同时换挡，尤其是在测量高电压或大电流时，更应注意，否则万用表会损坏。如需换挡，应先断开表笔，换挡之后再去测量。

④ 在对被测数据大小不明时，应先将量程开关置于最大值，之后由大量程挡处切换，使仪表指针指示在满刻度的1/2以上处即可。

⑤ 万用表使用完毕后，应将转换开关置于交流电压的最大挡。如长期不使用，应将万用表内部的电池取出，以免电池腐蚀其内部零件。

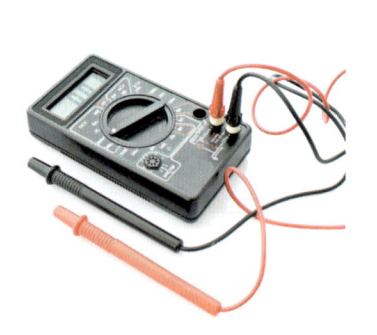

二、验收重点掌握清，分期监控更全面

施工过程大体分为三个阶段，工程初期、工程中期以及工程后期，且装修施工是一环扣一环的，前一道工序施工完成后，下一道工序才能继续。每一道工序的完成质量都是下一道工序的质量前提。因此每一步的施工验收都是极其重要的，业主应在每一道工序大体完成后，去现场检验结果。

对进场材料进行验收	对硬装部分进行验收	对安装结果进行验收
初期验收	中期验收	后期验收

业主可制作一张工程质量验收表，以此来明确将要验收的施工工序包括哪些种类。

序号	施工流程分类	施工工序	完成情况
1	拆除施工	拆除	
2	新建施工	新建	
3	水电施工	水路改造	
4		电路改造	
5	木工施工	木工吊顶工程	
6	瓦工施工	瓦工防水工程	
7		瓦工贴砖工程	
8	油工施工	油工墙顶面处理工程	
9	安装施工	木地板安装工程	
10		木门安装工程	
11		铝合金（塑钢）门窗安装工程	
12		铝扣板吊顶安装工程	
13		柜体安装工程	
14		卫生洁具安装工程	
15		开关插座安装工程	
16		灯具安装工程	
17		窗帘杆安装工程	

1. 初期验收

初期验收主要以检验所使用的施工材料是否合格为基准，装修材料质量的好坏决定着后期居住时是否舒适方便，若前期把控不严格使施工过程中混入了劣质材料，则后期维修会很麻烦。

（1）材料进场验收要求

① 材料购买后，业主需要与卖家约定验收时间，且最好在材料进场时进行。

② 材料验收时装修合同中所涉及的人员需全部在场，签订合同时需在其中明确材料验收责任人，以防出现问题，保障业主自身的权益。

③ 验收程序要严格，验收责任人应在完成材料验收工作后在验收单上签字。

以下是材料验收单样本：

装修材料进场验收记录									
序号	材料名称	规格型号	品牌	单位	数量	生产厂家	是否合格	备注

施工方：　　　　　　　　　　　　　　业主（验收责任人）：

　　　年　月　日　　　　　　　　　　　　　　　年　月　日

（2）材料进场验收标准

所有材料进场时，应先拆封检查，看外表是否有破损，其次看运到工地的材料与之前所选择的是否一致，包括花色、种类、尺寸、规格等。最后看零部件以及数量是否有缺少，检查无误后，负责人才可以在装修材料进场验收记录上签字。

2. 中期验收

中期验收主要是对硬装部分进行的验收，即检查拆除、新建、水、电、木、瓦、油这几类工序。中期施工中，隐蔽工程较多，业主在验收各个施工节点时都要格外仔细，避免疏忽。

（1）拆除施工验收

☆ **拆除墙体及水电施工验收**

序号	验收标准	是否合格
1	检查承重墙、阳台、窗框等是否被破坏	
2	检查保持原样不改动的水电线路是否被破坏	

（2）新建施工验收

☆ **新建墙体施工验收**

序号	验收标准	是否合格
1	检查抹灰的总厚度是否符合施工要求，厚度不能过大	
2	检查墙体是否捕挂了铁丝网	
3	抹灰前检查墙体内部是否植入了钢筋	
4	检查抹灰层与基层之间是否黏接牢固，抹灰层应无脱层、空鼓现象	
5	检查砖砌隔墙是否顺直有无歪斜	

（3）水电施工验收

☆ **水路施工验收**

序号	验收标准	是否合格
1	管道工程施工除了需要符合工艺要求外，还应符合国家有关标准规范	
2	给水管道应与附件连接紧密，经通水试验后无渗水现象发生	
3	排水管道应保持畅通，应无倒流、无堵塞、无渗漏现象，地漏高度应低于其他地面部分	

续表

序号	验收标准	是否合格
4	卫生器具安装位置应正确，器具的上沿应水平端正牢固	
5	管材应保持管壁颜色一致，无色泽不均现象，内外壁应光滑平整，无气泡、裂纹、脱皮等	
6	水管测压时，管壁应无膨胀、裂纹、渗漏现象发生	
7	应注意明管、主管外皮距离墙面的距离一般为 25～35mm	
8	卫生器具采用下供水，甩口距离地面应为 350～450mm	
9	洗脸盆台面距离地面应为 800mm，淋浴应为 1800～2000mm	
10	应注意冷热水管的间距 ≥ 150mm	
11	阀门应注意要沿流水方向，低进高出	

☆ **电路施工验收**

序号	验收标准	是否合格
1	所有房间的灯具应正常使用	
2	所有房间的开关插座应正常使用	
3	所有房间的电话、网络、电视线应使用正常	
4	业主应要求施工方出具所有房间的电路布置图并标明导线规格及线路走向	
5	灯具及其支架应牢固端正，位置正确	
6	导线应与灯具连接牢固紧密，不伤灯芯，压板连接时无松动、水平、无倾斜现象，螺栓连接时，在同一端子上的导线不应超过两根，防松垫圈等配件应齐全	

（4）木工施工验收

☆ **吊顶施工验收**

序号	验收标准	是否合格
1	应检查吊顶的标高、尺寸、起拱和造型是否符合设计要求，是否与图纸保持一致	

续表

序号	验收标准	是否合格
2	石膏板材料的材质、品种、规格、图案和颜色应符合设计要求	
3	应检查材料的安装是否稳固严密，其与龙骨的搭接宽度应大于龙骨受力面的2/3	
4	应检查吊杆龙骨的材质、规格、安装间距及连接方式是否符合设计要求；要检查金属吊杆、龙骨表面是否进行了防腐处理；木龙骨应进行防火以及防腐处理	
5	明龙骨吊顶工程的吊杆和龙骨的安装必须牢固	
7	检查石膏板的接缝处是否进行了板缝防裂处理。安装双层石膏板时，面板与基层的接缝处应错开，不得在同一龙骨上进行接缝处理	
8	检查饰面材料的表面是否保持洁净、色泽是否一致，且不得有翘曲、裂缝及缺损现象。饰面板与龙骨的搭接应平整、吻合，压条应平直，宽窄保持一致	
9	饰面板上面的灯具、烟感器喷淋等设备的位置应安装合理、美观，且与饰面板的交接处应严密吻合	
10	金属龙骨的接缝处应保持平整、吻合、颜色一致，不得有划伤、擦伤等表面缺陷	
11	木龙骨应平整、顺直、无开裂	
12	吊顶内填充吸声材料的品种和铺设厚度应符合设计要求，并应有防散落措施	

（5）瓦工施工验收

☆ 墙地面贴砖施工验收

序号	验收标准	是否合格
1	应检查墙地砖的品种、规格、颜色和性能是否与购买时所见到的一致	
2	应检查墙砖的粘贴是否牢固，有无脱落现象	
3	薄贴法的墙砖注意检查是否有空鼓现象	
4	墙地砖表面应平整洁净，色泽应保持一致，无裂痕以及缺损现象	
5	墙砖阴阳角处的搭接处理应顺直平整	
6	墙地砖的接缝处应平直，宽度应统一	

203

续表

序号	验收标准	是否合格
7	地砖与地面基层的黏接应牢固，无空鼓现象	
8	若有地面拼花，则每块地砖的相邻处的连接应整齐尺寸无较大偏差	
9	应检查有地漏与管道存在的空间地砖的铺贴是否有坡度，应做到不倒泛水、无积水，且与地漏、管道结合处应严密，无渗漏	

（6）油工施工验收

☆ **乳胶漆施工验收**

序号	验收标准	是否合格
1	检查所用乳胶漆的品种、型号和性能是否与购买时相符合	
2	检查墙面涂刷的颜色、图案等是否符合设计要求	
3	检查墙面的乳胶漆涂刷是否均匀、是否黏接牢固，有无漏涂透底现象，有无起皮、掉粉、开裂现象	

☆ **壁纸施工验收**

序号	验收标准	是否合格
1	应检查壁纸的种类、规格、图案、色彩等是否与购买时所见保持一致	
2	应检查壁纸的粘贴是否有漏贴、补贴、脱层、翘边等现象，壁纸的黏接应牢固	
3	壁纸在粘贴后应检查其拼接处是否横平竖直，且拼接处的花纹、图案是对齐，有无离缝互相搭接的现象	
4	应检查壁纸表面是否有波纹起伏、气泡、裂缝、褶皱和污点现象，是否存在未清理干净的胶痕	
5	应检查壁纸与各种装饰线条以及开关面板等黏接处是否整齐严密	
6	业主应观察壁纸阴角的连接处是否顺应光源，阳角处是否存在接缝	

3. 后期验收

后期验收主要检验的是安装的各种材料是否符合要求，质量有无问题，这关系到日后在生活中使用各种材料能否用得舒心。

安装施工验收

☆ 实木地板安装验收

序号	验收标准	是否合格
1	检验实木地板面层所采用的的材质和铺设时的含水率是否符合要求，木材的含水率不应过大	
2	检查木地板所使用的板材其生产技术等级以及质量是否符合要求	
3	铺设木地板所架设的木龙骨应检查其是否做了防腐防虫蛀处理	
4	检查木龙骨的安装是否牢固平直	
5	检查木地板的铺设是否牢固，有无空鼓现象	
6	检查实木地板的表面是否光滑，图案是否清晰、颜色是否均匀一致	
7	木地板铺设时面层应严密、接缝处应错开、表面要保持洁净	
8	若是铺设的实木拼花地板，则接缝处应对齐、粘钉严密。缝隙的宽度也应保持一致，表面应洁净、无溢胶现象	

☆ 复合木地板安装验收

序号	验收标准	是否合格
1	检验复合地板的面层所使用的材料是否符合环保标准	
2	检验其面层铺设是否牢固，有无空鼓	
3	检验木地板的颜色和图案是否符合设计要求，且颜色应均匀一致，板面无翘曲现象	
4	木地板的接头处错开、缝隙要严密、表面要洁净	

☆ 木门安装验收

序号	验收标准	是否合格
1	检查木门的规格、开启方向、安装位置及连接方法是否符合设计要求	
2	检查门框的安装是否牢固	
3	检查与木门配套的配件如合页、门锁等的规格、数量是否符合要求，检验其安装是否牢固，使用起来是否顺畅	
4	检查木门与门框的连接处是否牢固，开关是否灵活，关闭时是否严密，有无明显缝隙	

装修基础指南

续表

序号	验收标准	是否合格
5	检查木门与墙体之间的填充材料是否饱满	

☆ 铝合金门窗安装验收

序号	验收标准	是否合格
1	检查铝合金门窗的规格、开启方向、安装位置以及型材的厚度是否符合设计要求	
2	检查铝合金门窗框的安装是否牢固,看其预埋件的数量、位置、埋设方式与门窗框的连接方式是否符合要求	
3	检查铝合金门窗扇的安装是否牢固,并检查其开关是否灵活、关闭是否严密	
4	检查铝合金门窗的配件型号、数量是否符合安装要求,其安装应牢固、位置应正确	
5	检查铝合金表面是否洁净、平整、光滑、色泽是否一致、有无锈蚀	
6	检查铝合金门窗框与墙体之间的缝隙是否用密封胶进行密封,且应检查密封胶表面是否光滑平整顺直,有无裂纹等	
7	检查门窗框上面的橡胶密封条或毛毡密封条是否完好,不应有脱落现象	
8	有排水孔设计的铝合金门窗,应检查其排水孔是否畅通,其位置与数量是否符合设计要求	

☆ 塑钢门窗安装验收

序号	验收标准	是否合格
1	检查塑钢门窗的规格、开启方向、安装位置、连接方法以及密封处理是否符合要求	
2	检查塑钢门窗框的安装是否牢固,固定片或膨胀螺栓的数量与位置是否正确,其连接方式是否符合设计要求	
3	检查塑钢门窗的壁厚是否符合设计要求,其型钢与型材内部是否紧密吻合	
4	检查塑钢门窗扇的开启是否灵活、关闭是否严密,检查推拉门窗扇是否有防护措施	
5	检查塑钢门窗配件的型号、规格数量是否符合设计要求,安装是否牢固,位置是否正确	
6	检查塑钢门窗框与墙体的连接处是否用密封胶进行处理,且密封胶表面是否光滑顺直,有无裂缝等	
7	检查塑钢门窗表面是否洁净、平整光滑、是否存在划痕碰伤等现象	
8	检查塑钢门窗框的密封条是否有脱槽现象	

☆ 铝扣板吊顶安装验收

序号	验收标准	是否合格
1	检查铝扣板表面是否平整、洁净、有无色差、裂痕以及缺损等情况	
2	检查铝扣板尺寸是否与购买时保持一致,有无误差	
3	检查轻钢龙骨的吊杆以及龙骨的安装位置是否正确,连接是否牢固,有无松动现象	

☆ 柜体安装验收

序号	验收标准	是否合格
1	厨房设备在安装前应检验是否有质量问题	
2	检查吊柜的固定是否牢固,与墙面的连接处有无松动脱落等现象	
3	检查地柜的安装是否水平,且地柜后方有水管、阀门水表的位置是否打孔	
4	若是在地柜放置洗衣机,则应在底板下水处增加塑料垫,应检查下水管连接处是否漏水、渗水,且不能有胶黏剂连接接口部分的情况	
5	应检查安装的不锈钢水槽与台面的连接缝隙是否均匀,是否已经做过防漏水处理	
6	检查安装的水龙头是否牢固,水龙头的连接处有无渗水现象	
7	检查抽油烟机的安装与吊柜在视觉上是否和谐统一	
8	检查安装好的灶台是否存在漏气现象,安装后业主可用肥皂沫检查其是否完好	

☆ 洗手池安装验收

序号	验收标准	是否合格
1	检查洗手盆是否有破损,检查排水栓的溢流孔是否≥8mm	
2	检查排水栓与洗手盆连接时,其溢流孔是否对准了洗手池的溢流孔。这样做的目的是为了保持溢流部位的畅通,连接后排水栓上端应低于洗手池盆底	
3	检查洗手池与排水管的连接是否牢固且便于拆卸	
4	检查洗手池与墙面连接处是否用了硅胶黏接	
5	检查与洗手池配套的水龙头等五金件镀层是否被损坏	

☆ 坐便器安装验收

序号	验收标准	是否合格
1	检查坐便器的进水阀进水以及密封是否正常，排水阀是否有卡阻及渗漏	
2	检查冲水箱内溢水管的高度是否低于扳手孔 30～40mm	
3	检查角阀连接口处是否有渗漏、箱内自动阀开启是否灵活	

☆ 淋浴房安装验收

序号	验收标准	是否合格
1	检查淋浴房门的开关是否顺畅，平开门开关时应平行不晃，推拉门移动时应平整无晃动	
2	检查门在自然开启状态下闭合是否完全，门缝之间的磁性不可太高，有一拇指的空隙自然闭合最佳	
3	检查玻璃的自然垂直程度，允许有 10～30mm 的误差	
4	检查淋浴房外延是否平整，即淋浴房底部离石基边缘的距离应该一致	
5	检查淋浴房的活动门的高度与固定玻璃是否一致	
6	淋浴房安装完成后，应检查螺丝空位是否都已经被掩盖，固定玻璃底部以及靠墙部分是否有胶条保护	

☆ 浴缸安装验收

序号	验收标准	是否合格
1	嵌入式浴缸在贴面砖之前应满试水几次，观察其排水是否通畅，四周有无渗漏	
2	检查浴缸周围的密封胶打的是否严密，若不严密后期会出现浴缸靠墙处开裂的风险	
3	检查安装完成之后的浴缸水龙头、淋浴器等五金件的镀层是否被损坏。检查其固定式淋浴器、软管淋浴器其高度是否符合业主要求的设计标准	
4	检验浴缸安装上平面是否水平，不可有倾斜现象发生	
5	检查浴缸的排水处与排水管是否连接紧密且便于拆卸，连接处不可开口	
6	如果安装的是嵌入式浴缸，业主应检查是否预留了检修口，以便于后期检查维修	

☆ 开关插座安装验收

序号	验收标准	是否合格
1	检查插座的接地保护线措施及火线与零线的安装位置是否符合标准	
2	检查插座使用的漏电开关是否灵敏	
3	检查开关插座安装的位置是否正确，开关面板是否清洁，表面是否有损坏变形情况，其盖板应紧贴在墙体表面	
4	检查开关面板是否可以正常控制用电器	
5	检查每一个插座是否都通电，能否正常使用	

☆ 灯具安装验收

序号	验收标准	是否合格
1	如果灯具的质量≥3kg时，应将其否固定在螺栓或预埋钩上；如果是软线吊灯，且灯具质量≤0.5kg时，应采用软电线自身吊装，若≥0.5kg，则应采用吊链，且应加入软线编叉在吊链内使电线不受力	
2	应检查灯具的固定是否牢固可靠。注意观察每个灯具的固定螺栓不应少于两个；当绝缘台直径在75mm及以下时，可采用1个螺栓固定	
3	当钢管做灯杆时，应检查其尺寸是否合格，钢管内径应≥10mm，钢管厚度应≥1.5mm	
4	灯具安装完成之后通电，检查其是否能正常使用	

☆ 窗帘杆安装验收

序号	验收标准	是否合格
1	检查窗帘杆安装所使用的材料材质及规格是否与购买时选购的相同	
2	检查窗帘杆的安装是否牢固，与顶面或墙面连接处有无松动脱落现象发生	
3	检查窗帘杆配件的品种、规格是否符合安装要求，其安装应牢固	
4	检查安装好之后的窗帘杆是否平整、洁净、线条是否顺直、接缝是否严密、色泽是否一致	

三、局部验收不忽视，避免返工费钱力

一些家装施工局部的细节容易被忽视，但往往细节才是决定日后生活舒适与否的关键点。业主可以通过以下较简易又快速地方式对居室进行局部验收，检验施工是否存在较大问题。

1. 水路工程验收

（1）检查给水工程

☆ 检查质量

首先检查阀门、水龙头及进水管的安装是否合理。应该注意的是水管的安装不应靠近电源与燃气管道。其次用手晃动水龙头与水管，检查安装是否牢固，有无松动脱落现象。之后应检查阀门与水龙头开关的使用灵活性。最后，检查外观有无生锈破损。

☆ 检查通水

将阀门和龙头打开一段时间，进行通水测试。应先检查龙头的出水是否顺畅，有无阻塞情况，水质有无异常。之后关闭水龙头，查看其和阀门的位置是否有滴水和漏水情况。通水后可以对水表进行检查，查看安装是否符合规范，有无装反现象。关闭水龙头后，观察水表有无空转现象。还应检查冷热水管的出水口是否正确。

（2）检查排水工程

☆ 检查质量

应先查看地漏与排水口的位置安装是否合理，再观察地漏处有无堵塞现象。之后用手晃动排水管道，检查其稳固性。

☆ 排水检查

打开水龙头让水流进需要用水的卫浴洁具中之后关掉水龙头，查看其表面有无积水，检查下水口排水是否顺畅。

2. 电路工程验收

（1）检查电表箱

☆ 电表箱壳体外观检查

电表箱壳体的表面应平整、光洁、无锈蚀、涂层脱落以及磕碰损伤。且涂层应牢固、均匀、无明显色差以及反光。

☆ 电表箱安全检查

① 所有电器元件的线路布置要合理，符合规定要求。
② 进线仓、出线仓以及表仓隔室分明。

③ 元件的型号、规格应跟图纸保持一致。

☆ **通电操作试验**

① 试验前，业主或施工人员需要认真检查电表箱内部接线，是否符合电器原理图，确认所有接线正确无误且绝缘电阻符合要求后再进行通电试验。
② 元器件通电后出线端应有电压且电压数值应正确。
③ 电器元件开关分合试验不应有卡住、操作过负荷现象。
④ 确认各路出线、开关与表连接是否相对应，不可混淆、错位。

（2）检查家用电器

检查家用电器的安装情况应先关掉电表箱的总开关之后检查各电器是否有松动迹象，之后对照施工图纸挨个核实电器的安装位置是否正确。

（3）检查开关

☆ **基本安装验收**

首先应检查开关的安装位置是否正确，且安装的是否平整稳固。盖板的安装不可变形且应紧贴墙面。其次可把电源切断打开盖板，检查里面的导线安装是否符合接线要求，纤芯不能有损伤，线盒的绝缘处理也应做好。

☆ **检查开关控制**

业主在验收过程中可重复拨动开关，并检查其对应电器是否正常运作。关闭开关后，若用电器停止了运作则说明开关实现了有效控制。

（4）检查插座

☆ **外观检查**

观察插座外观，用手轻擦表面，检查是否有损坏、裂缝、凹凸不平等现象。擦拭时应注意手不可以潮湿且不能将手指插进插孔中以防触电。

☆ **通电检查**

将验电器逐个插进各个房间的插座中，检测插座是否能正常通电。

3. 墙面工程验收

（1）检查外观

检查墙面外观的颜色是否均匀、平整，是否有裂缝。用手触摸墙面检查裂缝与平整度的问题。

（2）检查墙面空鼓

检查时可在距离墙面 8～10m 处进行观察，记录墙面空鼓的位置，之后可以用手摸，确定其空鼓的位置以及面积。对空鼓的地方要重新进行抹灰处理。

4. 顶面工程验收

（1）检查外观

业主可在光线充足的情况下站在居室边缘，向上看顶面是否整体平整，有无凹凸不平的现象存在。

（2）检查顶面质量

业主需围绕各个空间检查一遍看顶面是否存在掉皮、起皮现象，且应重点查看顶面与墙面交接的地方乳胶漆涂刷是否均匀，顶面有无开裂现象。

5. 地面工程验收

（1）检查外观

在距离被检测地 2m 以外的地方进行观察，看其颜色是否均匀，有无色差与刮痕。查看地面是否被水泥、油漆等污染。之后用手触摸感受地面是否存在裂纹裂缝以及破损等现象。

（2）检查平整度

用垂直检测尺对地面进行平整度检测。用测量尺左侧贴近地面，同时观察水泡移动的位置，以及测量尺上面的刻度显示，确定地面是否平整。地砖铺贴平整度误差应 ≤ 5mm，木地板则应 ≤ 3mm。

（3）检查地面空鼓

☆ **检查地砖空鼓情况**

用金属棒对每一块地砖进行敲击，通过敲击发出的声响来判断地砖是否存在空鼓现象。如果存在，则敲击的声音会有明显空洞的感觉。空鼓率 ≤ 5% 为高标准。

☆ **检查地板松动情况**

业主可在木地板上来回走动听其发出的声响，在走动时应注意要加重脚步，多次进行测试。尤其是靠近墙与门洞的部位检查的应格外仔细。发现声响较大的部位应做好标记，松动较严重的地板需要重铺。

（4）检查坡度

在有地漏的空间远离地漏的位置洒水，并观察水是否流向地漏的位置。打开水源使其流向室内，之后关闭，看空间内是否有积水现象，如果有积水，则说明地面坡度存在问题需要装修工人重新调整。

装修基础指南 省钱篇

理想·宅 编

兵器工业出版社

目录 CONTENTS

省钱篇

第四章
装修准备要做好，实战省钱基础牢

第一节 确认装修需求　　220
一、了解装修基本流程，坚实走好每一步　　220
二、明确自身装修需求，理性装修最关键　　222
三、调查对比装修市场，打好基础不慌乱　　226

第二节 定位装修风格　　228
一、中式古典风格古典华贵，装饰复杂昂贵　　228
二、新中式风格质朴传统，设计简洁不失韵味　　230
三、欧式古典风格精致奢华，繁复造型预算高　　234
四、简欧风格化简去繁，效果精美预算低　　236
五、美式乡村风格稳重大气，厚重家具价格高　　240
六、现代美式风格自由包容，简化材质更省钱　　242
七、现代时尚风格创造革新，个性设计花费多　　246
八、现代简约风格简朴实用，重装饰轻装修更节约　　248
九、英式田园风格悠闲高雅，实木材质花费高　　252
十、韩式田园风格清新自然，布艺装饰更简朴　　254
十一、东南亚风格风情娇媚，雕刻家具价格高　　258
十二、地中海风格明朗奔放，色彩装饰韵味足　　260

第三节
规划预算投入   **264**

一、认识装修公司，了解预算差别能省钱   264

二、读懂装修报价，降低无意义费用支出   265

三、签订装修合同，减少额外费用损失   270

四、约定付款方式，装修施工有保障   274

第五章
可以省的装修操作，放心省钱有技巧

第一节
建材设备   **276**

一、石材价格浮动大，规划详细再购买   276

二、壁纸纹路花样多，按需选购能省钱   280

三、瓷砖种类规格复杂，理性选择省钱多   282

四、马赛克装饰性强，DIY 制作独特又节省   284

五、人造木皮代替天然木皮，美观实惠选择多   286

六、百叶帘简洁美观，清理方便占地小   288

七、窗帘辅料分开买，省钱不止一小笔   290

八、大理石辅材价更高，购买前期要问清   291

九、水管太粗流速慢，白花费用效果差   292

十、浴缸清理不简单，不常使用浪费钱   294

十一、淋浴屏代替淋浴房，空间宽敞更实惠   295

十二、台上盆美观难打扫，费时费钱不划算   296

目录 CONTENTS

十三、做饭频率少，抽油烟机功能要求可放宽　　298

十四、定速空调价格实惠但费电，变频空调价格较贵能省电　　300

第二节
施工验收　　302

一、保留原墙面防水腻子，节约铲除、修缮费用　　302

二、原瓷砖地平整可直接铺木地板，减省拆除费用　　304

三、少装石膏线，降低损耗更省钱　　306

四、少做室内吊顶，减少昂贵装修费用　　308

五、保持砖墙，打造个性家居又省钱　　310

六、不靠隔墙分隔空间，软装代替更省钱　　312

七、少做木工工程，耗时费钱不环保　　314

八、现场做门套，价格便宜更节省　　316

九、简约式电视墙，装饰效果百搭且便宜　　318

十、不做木地台，避免淋雨受潮白花钱　　320

十一、中央空调功效发挥靠安装，提前规划更省钱　　321

十二、自备验收工具，自己验收放心又省钱　　322

十三、无需专业质检员，重点验收自己做　　323

第三节
软装配饰　　328

一、沙发样式老旧单一，多彩靠枕修饰焕然一新　　328

二、选择多功能家具，充分利用空间不浪费　　330

三、老旧餐桌厚重沉闷，实惠桌布增添情趣　　332

四、过时床头难搭配，更换床头软包罩少花钱	334
五、地面光秃乏味，纯色地毯调节不出错	336
六、老旧衣柜有磨损，贴纸翻新更省钱	338
七、浴室柜有脏污难清理，卸掉柜门隔板更有设计感	340
八、昏暗玄关通道，装饰镜提高明亮度显宽敞	342
九、不做过多照明，保证需求不浪费才省钱	344
十、空间色彩单调，亮色摆件活跃气氛预算低	346
十一、白色墙面无新意，组合装饰画艺术感强	348
十二、童趣壁贴更安全，烘托氛围花费少	350
十三、厨房瓷砖老旧变黄，贴纸翻新美观又实惠	352
十四、墙面发黄掉皮，壁纸贴画遮盖强	354

第六章
不可省的装修细节，当心高花费陷阱

第一节
建材设备　　　　358

一、玻璃选购，安全系数比省钱更重要	358
二、涂料价格便宜，环保不合格危害大	362
三、杂牌橱柜容易坏，本末倒置修理贵	366
四、耐火板贴面不过关，耐火性能差易老化	368
五、无牌人造皮革价格低，气味浓烈危害大	370
六、地板选择要谨慎，分辨不清易花冤枉钱	373
七、暖气片质量很关键，保暖效果全靠它	377
八、水泥质量不合格，墙面裂缝麻烦多	379
九、劣质铝合金窗要防范，价格便宜易变形	381
十、不锈钢水槽选择要选对，后期腐蚀难清理	382
十一、五金件虽小，质量不好更换花费高	383

目录 CONTENTS

  十二、地漏不防干，气味难闻疏通难 387
  十三、合页不用便宜货，使用长久能省钱 390

第二节
施工验收 391

  一、马桶移位容易堵，改回位置要花钱 391
  二、客厅外扩不能做，恢复原状更花钱 393
  三、忽视腻子质量，墙面起皮返工更花钱 394
  四、墙面底漆被遗漏，面漆寿短重刷烦 396
  五、插座安装图省钱，乱接插板隐患大 397
  六、窗户填缝技术差，填缝不实麻烦多 398
  七、防水施工不做好，重新刷墙花费高 399
  八、不做止水墩，漏水渗水损失大 401
  九、不装三角阀崩水难控制，淹水修缮开销大 403
  十、打压测试不能省，后期渗漏麻烦多 405
  十一、铝扣板别用胶水粘，容易起翘要返工 406
  十二、忽略空气质量检测，影响入住最糟心 408

第三节
软装配饰 411

  一、家具质量要把关，质次价高要规避 411
  二、亲肤布艺要注意，含量不好易过敏 415
  三、劣质地毯价格低，影响健康代价高 416

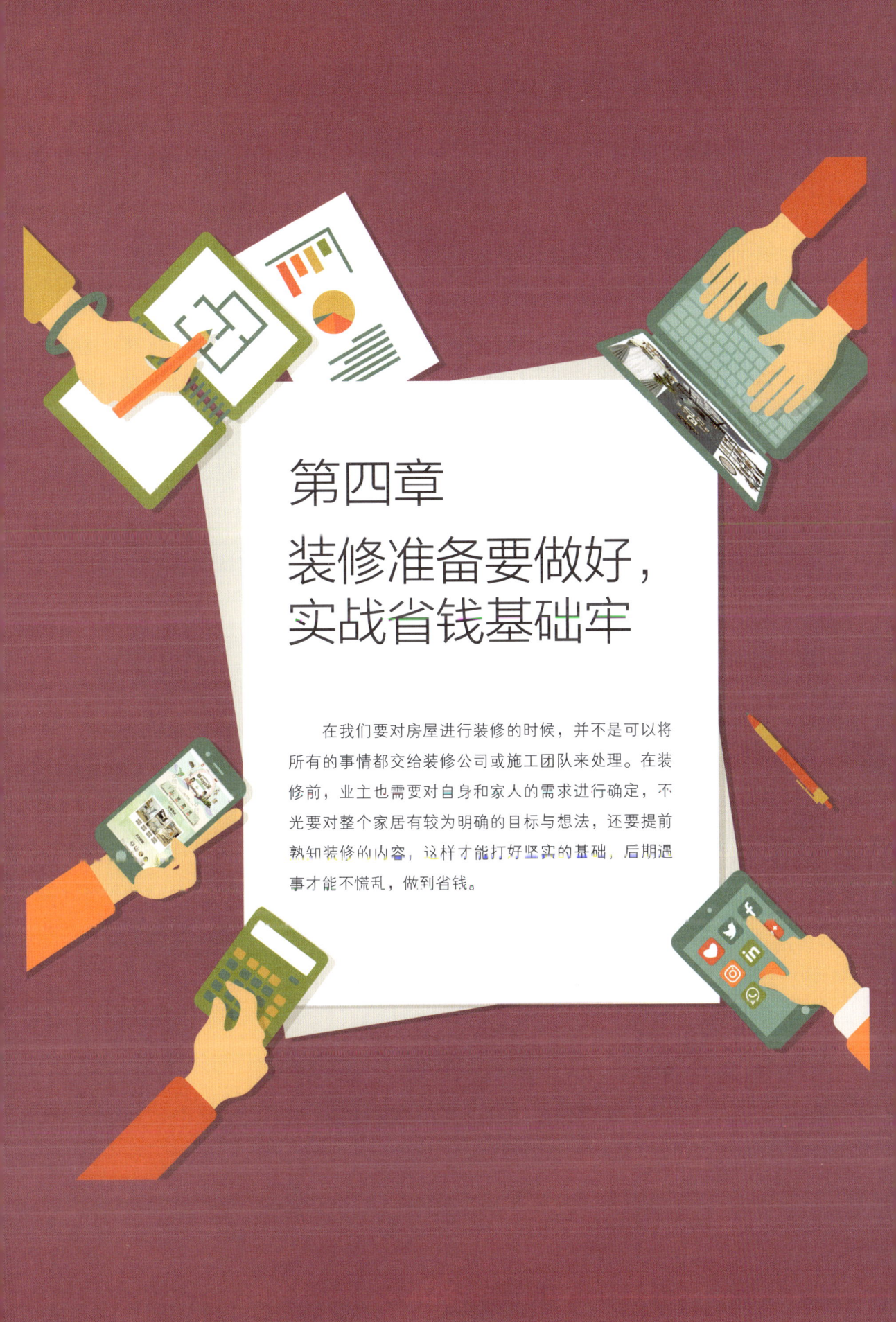

第四章
装修准备要做好，
实战省钱基础牢

在我们要对房屋进行装修的时候，并不是可以将所有的事情都交给装修公司或施工团队来处理。在装修前，业主也需要对自身和家人的需求进行确定，不光要对整个家居有较为明确的目标与想法，还要提前熟知装修的内容，这样才能打好坚实的基础，后期遇事才能不慌乱，做到省钱。

装修基础指南

第一节

确认装修需求

一、了解装修基本流程，坚实走好每一步

对于很多业主而言，装修并不是一件简单而容易接触的事情，很多人对家装的流程并不太熟悉，因此在装修的过程中十分疲累，结果装修效果还是不尽如意。如果能够纵观装修的整个流程，做到心中有数，就能够因此提前规格好材料的订购、家具的选择等，从而使整个装修清晰流畅。

装修步骤 ⬇

01 装修准备阶段
1. 收房验房
2. 结合家庭成员喜好选定风格
3. 房间测量
4. 规划预算
5. 装修市场调研，材料市场勘察
6. 选择装修团队，并签订合同
7. 订购材料

02 基础施工阶段
8. 主体拆改
9. 施工方测量
10. 水电施工
11. 墙地砖铺贴
12. 木工施工
13. 厨卫吊顶
14. 墙面刷漆

03 主材安装阶段

15. 橱柜、油烟机、灶台安装
16. 地板铺装
17. 室内门安装
18. 铺贴壁纸
19. 开关插座、五金洁具、灯具等安装

04 软装阶段

20. 家具进场
21. 家电安装
22. 家居配饰摆设

订购材料

◎ 选购防盗门、排风扇、浴霸、地漏；
◎ 订散热器或地暖系统、橱柜、浴室柜、烟机灶具、水槽面盆；
◎ 订石材、瓷砖、塑钢门窗、木门、热水器、小厨宝；
◎ 订浴缸、淋浴房、净水机器、家用电器等

施工方测量

◎ 散热器或地暖系统第一次测量；
◎ 橱柜、浴室柜第一次测量；
◎ 水电测量排布及预算；
◎ 木门、石材、塑钢门窗测量；
◎ 瓷砖画铺贴图

二、明确自身装修需求，理性装修最关键

明确每个居住人员对生活的需求，具体讨论出成员对新居室的理想取向，逐步了解自己与成员的喜好与习惯，将这些需求确认清楚，才能为今后的理性装修打好坚实的基础。

1. 自我需求确定

在装修前，我们可以和家人对房屋装修的需求进行沟通，了解彼此间的对于装修的要求和嗜好，通过制作需求表的形式，清楚自己真正的习惯所在，更利于后期装修方向的确定。

本次装修的是新房还是旧房	☐ 新房　☐ 旧房	
计划动工时间	☐ 春季　☐ 夏季　☐ 秋季　☐ 冬季	
家庭成员组成	☐ 单身　☐ 新婚　☐ 三口之家　☐ 四口之家　☐ 三世同堂	
户型需求	☐ 平层户型　☐ 大户型（150㎡以上）　☐ 中户型（90~150㎡） ☐ 小户型（90㎡以下）　☐ 跃层户型　☐ 错层户型　☐ 复式户型　☐ 别墅	
家居风格	☐ 现代风格　☐ 简约风格　☐ 混搭风格　☐ 中式风格　☐ 北欧风格　☐ 地中海风格　☐ 欧式风格　☐ 田园风格　☐ 美式风格　☐ 工业风格　☐ 东南亚风格	
您和家人平时的爱好	☐ 阅读　☐ 打牌　☐ 泡茶　☐ 上网　☐ 游戏　☐ 看电影　☐ 聚会　☐ 其他	
平时在家烹饪的频率	☐ 三餐规律　☐ 偶尔下厨　☐ 只烧开水　☐ 不做饭	
您对机能的要求	☐ 收纳为主　☐ 空间设计感为主	
您家里家具的使用情况	☐ 全新　☐ 沿用部分旧家具　☐ 沿用全部旧家具	
您最重视的空间	☐ 玄关　☐ 客厅　☐ 餐厅　☐ 卧室　☐ 厨房　☐ 卫浴间　☐ 书房 ☐ 儿童房　☐ 其他	
您对玄关的需求	墙面	☐ 涂料　☐ 壁纸　☐ 玻璃　☐ 板材　☐ 其他
	地面	☐ 复合地板　☐ 实木地板　☐ 瓷砖　☐ 石材　☐ 其他
	家具	☐ 鞋柜　☐ 穿衣镜　☐ 展示柜　☐ 衣架　☐ 其他

续表

您对客厅的需求	墙面	☐涂料 ☐壁纸 ☐玻璃 ☐板材 ☐其他
	地面	☐复合地板 ☐实木地板 ☐瓷砖 ☐石材 ☐其他
	家具	☐电视柜 ☐沙发 ☐茶几 ☐边几 ☐其他
您对餐厅的需求	墙面	☐涂料 ☐壁纸 ☐玻璃 ☐板材 ☐其他
	地面	☐复合地板 ☐实木地板 ☐瓷砖 ☐石材 ☐其他
	家具	☐餐桌 ☐餐椅 ☐餐边柜 ☐吧台 ☐其他
您对卧室的需求	墙面	☐涂料 ☐壁纸 ☐玻璃 ☐板材 ☐其他
	地面	☐复合地板 ☐实木地板 ☐瓷砖 ☐石材 ☐其他
	家具	☐床 ☐衣柜 ☐床头柜 ☐沙发 ☐梳妆台 ☐电视柜 ☐收纳柜 ☐衣帽间 ☐书桌 ☐其他
您对厨房的需求	墙面	☐瓷砖 ☐涂料 ☐壁纸 ☐其他
	地面	☐复合地板 ☐实木地板 ☐瓷砖 ☐石材 ☐其他
	家具	☐橱柜 ☐吧台 ☐其他
	形式	☐开放式 ☐半开放式 ☐封闭式 ☐其他
您对卫浴间的需求	墙面	☐瓷砖 ☐涂料 ☐壁纸 ☐玻璃 ☐板材 ☐其他
	地面	☐复合地板 ☐实木地板 ☐瓷砖 ☐石材 ☐其他
	家具	☐洗手台 ☐浴缸 ☐坐便器 ☐橱柜 ☐收纳柜 ☐穿衣镜 ☐其他

装修基础指南

2. 室内空间划分

（1）考虑家庭成员组成

　　家庭成员的组成和数量会影响空间的规划，单身人士、两口之家与三口之家，对于空间的规划重点也是不相同。

单身人士更注意娱乐与社交空间的规划；而两口或三口之家更注重独立空间与公共空间的分配 →

（2）考虑居家活动频率

　　大多数人都生活在有限的空间里，因此要优先考虑频率较高的主要活动，可以给它一个固定而独立的空间。

在家办公、学习的频率较低，那么就不用专门设立书房，可以在其他空间设立办公区域，以此节约空间 →

（3）考虑成员生活习惯

　　尽量弄清自己和家人的生活习惯，是喜欢独处还是喜欢社交娱乐，是想要安静平和的家居氛围还是热闹明快的氛围。

家庭成员喜欢户外活动的话，可以在餐厅与玄关过渡区域打造专属的运动区域，满足家庭成员的运动需求 →

3. 规划版图

在了解自己及家庭成员的居住需求后，可以制作一个版图，具体地描绘理想住宅的设置，可以使接下来的工作更加顺畅。

方法：可以收集一些书籍、杂志内页作为参考对照，让家人有直观的体验。这其中不仅应有卧室或客厅的图片，还应收集些小细节的图片，比如门把手、水龙头等。也可以拍一些自己喜欢的室内照片，可以是酒店、咖啡厅或者是样板间。

作用：版图不但能帮助业主向设计师说明自己的内心感觉和世界观，在对自己的风格进行再确认时也有重要作用。

整体风格色调

墙面	○保持原状	○涂墙面漆	○铺壁纸、壁布	○墙板	○其他
地面	○保持原状	○（实木、复合、实木复合、竹木）地板	○涂料	○水泥地面	○石材 ○地砖
顶棚	○保持原状	○重新吊顶（石膏吊顶、金属天花、PVC天花）	○不吊顶		
门	○保持原状	○重新做门	○购买成品门安装	○加装防盗门	
窗	○保持原状	○更换（铝合金、木窗、PVC窗、铝包木）	○加装斜顶窗	○加装天窗	
施工方式	○包工包料	○包清工			

墙面
材质：_____
颜色：_____
面积：_____

地面
材质：_____
颜色：_____
面积：_____

顶面
材质：_____
颜色：_____
面积：_____

房间门
材质：_____
颜色：_____
面积：_____

窗
材质：_____
颜色：_____
面积：_____

家具
材质：_____
颜色：_____
面积：_____

灯具
位置：_____
数量：_____

装置电器数量
电话：_____ 开关：_____
电视：_____ 网线：_____
插座：_____

三、调查对比装修市场，打好基础不慌乱

在装修前，一定要对装修市场进行一次全面的调研，通过对比比较，选择出优质的市场或商家，这也为整个装修的质量保证打下了坚实的基础。

1. 市场调研

（1）基本价格

家庭装修是一项经济活动，价格是很重要的考虑因素，尤其是在设计、施工价格方面，一定要有初步的了解，这样才能做到心中有数。

（2）市场状况

对装修市场的状况进行全面了解，应该到专业的机构、单位或组织去了解，如装饰协会、装饰服务中心。

2. 装修市场考察途径

选择当地市场中较为普及的品牌

连锁经营的企业诚信度相对较高，当然，业主也要反复落实价格。大型装饰公司的装修报价一般比小公司要高不少，这一点要看清楚，价格差距在什么地方，除了采用较好的材料外，其他差价高出 20% 以内是可以接受的，毕竟大品牌企业的管理水平要高些，这是他们在市场立足的根本。

参加家装博览会

大中型城市每年都会在装修旺季举办家装博览会，通常每年的 4～6 月和 9～11 月是装修旺季，市场上装修广告铺天盖地，优惠活动也很多，很容易比较出差异来。考察市场最好在 4 月和 9 月的前两周进行，选取三家装饰公司进行比较，对其进行初步了解，只要和设计师聊一下即可，觉得哪家公司不错就去看看正在施工的装修现场，深入了解其装修水平才是关键。

市场常见装修 陷阱

增加不必要的设计成本

很多家装公司的设计师会在设计上做手脚，增加不必要的成本，比如增加不必要的装修项目，测量和合计时有意多报、谎报，加大工程量。

躲避陷阱支招

在要进行装修时，首先不要急于寻找家装公司，而应全面地对房屋进行评估，包括打算投入的资金是多少，对各种装修材料进行一次市场调查，了解自己心仪风格居室的装修的大概市场价位，做到心中有数，不贪便宜也不乱花钱。

材料偷换

很多工人在装修时，会趁业主不在时偷偷更换材料，使用质量较差的材料代替约定好的品牌材料。

躲避陷阱支招

在购买时，不仅要和材料商在合同里写好使用某种型号某批次的一等品或合格品，在和工人一起购买材料时，也要写好协议书，一定要一次性购买好材料。

市场常见装修陷阱

合同外工程使成本上升

装修时和装修公司签订了半包的合同，开工时去现场发现很多施工都没有做完全，比如电线没有套管，插座移位却重新拉线，无形中增加了好几十倍的费用。

躲避陷阱支招

在合同中写清楚施工工艺，能够约束施工方严格执行约定的工艺做法，防止偷工减料。

售后服务难以保障

现在大部分装修公司在装修合同上对装修质量的约定都含糊其辞，一般写"按国家有关标准执行"，但这个标准具体如何，很多人都不清楚。

躲避陷阱支招

很多市场推出了先行赔付制度，对于消费者而言是很好的保障。也可以找第三方监管平台，虽然收费会高一些，但实时的监管能保证装修的质量，同时也不用担心找不到装修公司和装修队。

第二节

定位装修风格

一、中式古典风格古典华贵，装饰复杂昂贵

1. 风格特点

中式古典风格装饰效果恢弘大气、壮丽华贵，多采用对称式造型和布局，整体装饰具有丰富的文化底蕴和历史传承的痕迹，传统图案和造型符号使用较多。

2. 预算比例分配

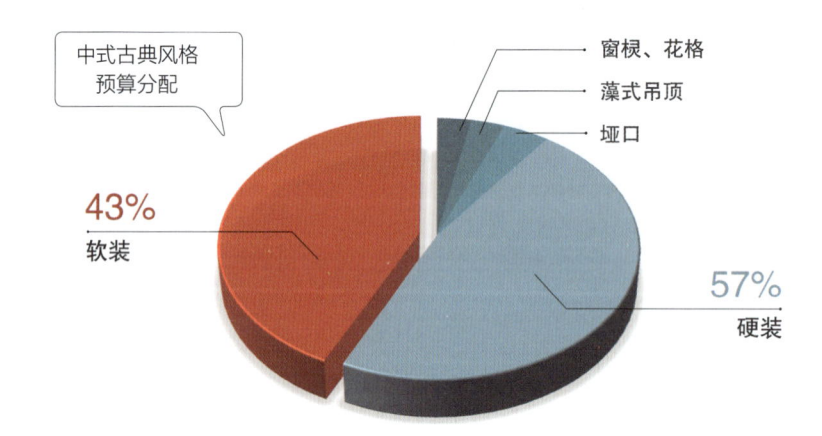

中式古典风格预算分配

- 窗棂、花格
- 藻式吊顶
- 垭口
- 软装 43%
- 硬装 57%

3. 材料与软装

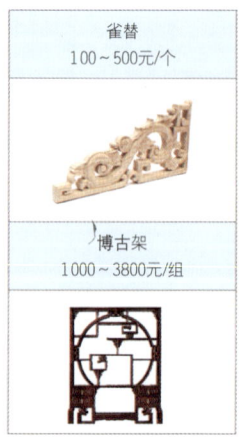

垭口 160~280元/m	花格 450~670元/㎡	雀替 100~500元/个	窗棂 280~540元/㎡
官帽椅 1900~3200元/个	几案 900~2300元/张	博古架 1000~3800元/组	罗汉床 350~16000元/组

常见材料与软装单品明细

① 实木线条装饰每平方米价格在 350~3000 元
② 传统图案壁纸每卷价格在 250~300 元
③ 书法挂画价格在 300~6000 元
④ 纯实木中式榻价格在 10000~40000 元
⑤ 仿古落地灯价格在 560~1900 元
⑥ 中式造型壁饰价格在 110~1000 元

① 实木线条每平方米价格在 350~3000 元
② 纯实木书柜价格在 16500~39000 元
③ 纯实木博古架价格在 1000~3800 元
④ 纯实木整套书桌椅价格在 13000~56000 元
⑤ 实木地板每平方米价格在 300~1000 元
⑥ 纯实木几案价格在 900~2300 元

二、新中式风格质朴传统，设计简洁不失韵味

1. 风格特点

新中式风格通过一些中式特征，表达对清雅含蓄、端庄丰华的东方式精神境界的追求，装饰材料的选择木料仍然占据较大比例，但并不仅限于木料，天然类的石材、一些新型的金属、玻璃等也常运用在其中。

2. 预算比例分配

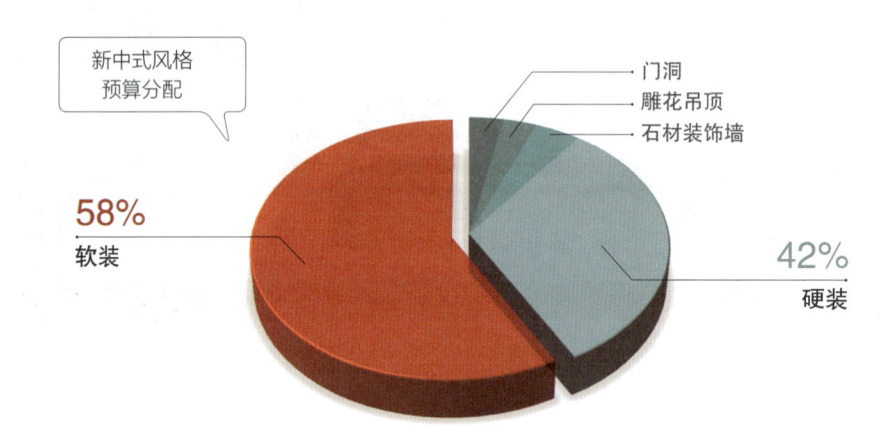

新中式风格预算分配

- 软装 58%
- 硬装 42%（门洞、雕花吊顶、石材装饰墙）

3. 材料与软装

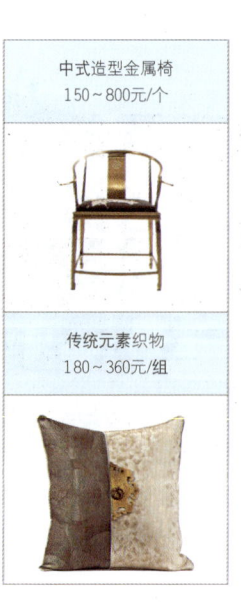

中式沙发组合 5800~12000元/组	中式造型金属椅 150~800元/个	简化中式造型几案 180~1800元/张	简洁造型架子床 5800~9600元/张
水墨抽象画 260~750元/组	传统元素织物 180~360元/组	中式韵味陶瓷摆件 78~460元/组	东方风格花艺 30~200元/组

常见材料与软装单品明细

① 灯笼落地灯价格在 560~2600 元　　② 中式元素床上用品价格在 800~1500 元
③ 中式花纹板式电视柜价格在 1500~4500 元　　④ 无雕花架子床价格在 7700~11600 元

① 中式仿古灯价格在 800~2000 元　　② 花鸟装饰画价格在 260~750 元
③ 简化中式餐桌椅价格在 3700~6500 元　　④ 中式元素餐垫价格在 98~320 元

装修基础指南

喜欢中式风格该如何省钱？

（1）中式古典风格

家装整体看起来大气庄重，但全实木的设计容易带来沉闷感，缺少温馨的家庭氛围，对于较为年轻的业主而言，也缺乏活力感。同时大面积的实木材料运用，在预算上也较易超支。

全实木明清家具和实木装饰，价格高昂且容易显得沉闷

省钱小窍门

保留最具中式古典特色的家具，如圈椅、官帽椅和太师椅，这样即使没有大量的中式实木家具摆放，也能使居室充满古典韵味，还能节省预算。

顶面和墙面不做多余的装饰，去除昂贵的线条装饰，整个空间以最简单的实木软装装饰，也能充满古色古香的中式古典风情。

如果居室软装的风格感强烈，那么可以在硬装上减少开支，比如墙面使用白色乳胶漆代替壁纸，灰色地面砖代替实木地板等。

（2）新中式风格

不同于中式古典风格，新中式风格家居更柔和淡雅，充满人情味。中式元素与现代元素融合，形成了传统而又时尚的环境氛围。

过多的墙面装饰和软装点缀，不仅预算偏高，而且容易过时 →

省钱小窍门

新中式风格可以多使用布艺家具代替实木家具，不仅能更节约预算，而且日常生活中也方便打理。

利用板材代替实木，也能达到雅致的装饰效果，不光可以用于墙面造型，也可以与玻璃、金属结合，使用于家具之中。

如果家具、硬装造型较为简单，那么可以从布艺装饰品入手，选择风格感较为强烈的布艺织物和装饰摆件，既能突出风格特色，也能节省预算。

三、欧式古典风格精致奢华，繁复造型预算高

1. 风格特点

　　欧式古典风格追求华丽、高雅，具有很强的文化韵味和历史内涵。室内外色彩鲜艳，光影变化丰富；室内多用带有图案的壁纸、地毯、窗帘、床罩及帐幔以及古典式装饰画或物件；为体现华丽的风格，家具、门、窗多漆成白色，家具、画框的线条部位饰以金线、金边。

2. 预算比例分配

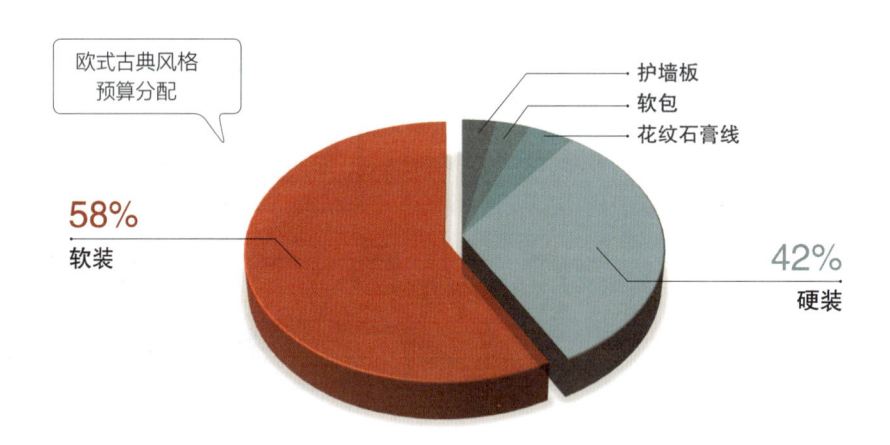

欧式古典风格预算分配

- 护墙板
- 软包
- 花纹石膏线

58% 软装

42% 硬装

3. 材料与软装

雕花鎏金、描金沙发 1700~12000元/张	兽腿几类 1800~4600元/个	雕花贵妃椅 1600~3800元/张	描金实木桌、柜 980~16000元/张
雕像摆件 300~600元/个	水晶吊灯 700~3400元/个	西方风格花艺 230~350元/组	色彩浓丽的油画 180~880元/组

常见材料与软装单品明细

① 壁炉价格在 1500~4200 元
② 护墙板 + 花纹壁纸价格在 4800~51000 元
③ 石材拼花地面每平方米价格在 180~680 元
④ 雕花鎏金、描金沙发价格在 1700~12000 元

① 欧式罗马帘每米价格在 80~150 元
② 欧式纹理壁纸每卷价格在 200~420 元
③ 实木四柱床价格在 2800~11000 元
④ 曲线实木衣柜价格在 1960~32000 元

四、简欧风格化简去繁，效果精美预算低

1. 风格特点

简欧风格就是通过现代的材料及工艺重新演绎、营造欧式传承的浪漫、华丽的氛围。墙面和家具的造型一方面保留了古典欧式材质，色彩大致风格，仍然可以很强烈地感受到传统的历史痕迹与浑厚的文化底蕴，同时又摒弃了过于复杂的肌理和装饰。

2. 预算比例分配

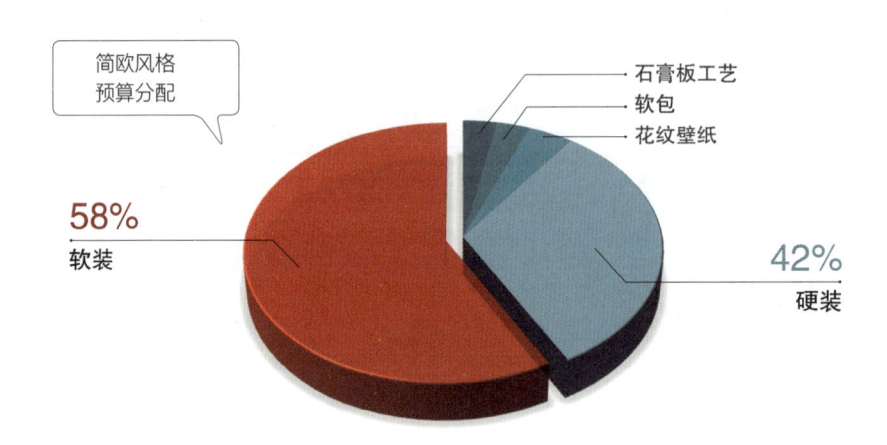

简欧风格预算分配

- 石膏板工艺
- 软包
- 花纹壁纸

58% 软装

42% 硬装

3. 材料与软装

西式特征沙发 3100~8800元/张	少雕花座椅 260~380元/个	曲线腿造型桌、柜 650~2600元/张	描金实木桌、柜 980~16000元/张

线条柔和的水晶吊灯 350~1500元/盏	现代油画 78~420元/组	金属摆件 150~280元/组	简化欧式图案布艺 120~660元/组

常见材料与软装单品明细

① 金属摆件价格在 1050~1960 元　② 简化壁炉价格在 800~3200 元
③ 少雕花曲线座椅价格在 260~380 元　④ 大理石圆几价格在 1500~4000 元

① 石膏线条每米价格在 15~35 元　② 简化曲线软包床价格在 2700~19000 元
③ 兽腿床头柜价格在 1300~5200 元　④ 金漆雕花电视柜价格在 1400~7900 元

装修基础指南

喜欢欧式风格该如何省钱？

（1）欧式古典风格

欧式古典风格装修华丽、造型精美，但通常造价颇高，在硬装和软装的要求上也比较高，喜欢使用实木材料和造型繁复精美的家具，容易增加预算开支。

繁复的家具造型与顶面造型，给人复杂沉闷的感觉 →

省钱小窍门

将顶面的实木线条以石膏线条代替，减少压抑感的同时也不会破坏华丽的氛围，反而也能节约预算。

减少过多布艺陈设的摆放，以最具欧式特点的西式花艺和果盘点缀，实用而又省钱。

减少欧式拱形门、窗套的使用，利用平直线条的门窗装饰，也能达到精美的装饰效果。

（2）简欧风格

简欧风格融合了现代人的生活习惯和建筑结构特征，更多地表现为实用性和多元化，同时仍具有欧式风格的典雅特征。

复杂的墙面装饰和软装修饰，提高预算支出 →

省钱小窍门

利用图案精美的壁纸代替护墙板，不仅能起到装饰作用，同时也能减少预算开支。

简化线条的西式布艺家具，充满了欧式的典雅，既能凸显风格特点，相比曲线雕花家具也更实惠。

简欧风格的装饰不用过于复杂，可以以简单、经典的金属装饰进行点缀。

五、美式乡村风格稳重大气，厚重家具价格高

1. 风格特点

为了表现风格中自由、舒适的惬意感，美式乡村风格家居造型上多见圆润的拱形，最常见的是拱形的垭口；同时宽大的特点决定了采用这种的户型不能过于狭小，所以面积通常都不小。

2. 预算比例分配

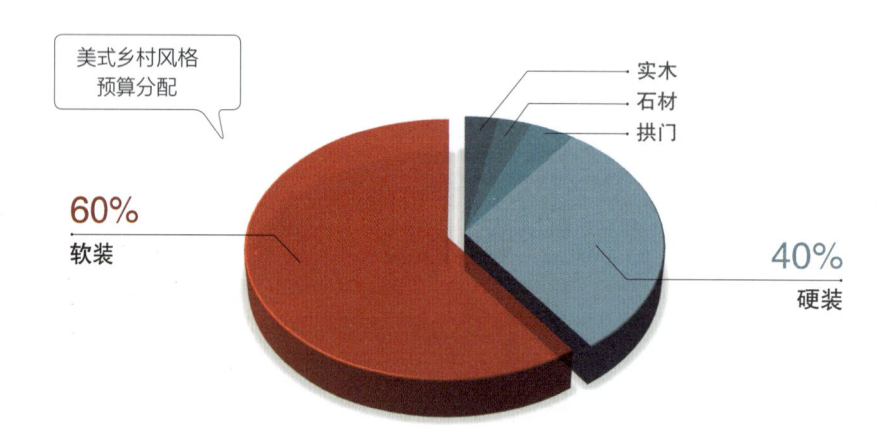

美式乡村风格预算分配

60% 软装

40% 硬装

实木
石材
拱门

3. 材料与软装

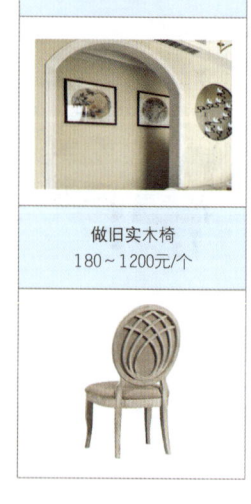

拱形造型 1500~3200元/项	实木护墙板 1000~2500元/㎡	仿古地砖 65~280元/㎡	宽大厚重的沙发 1700~6900元/张
做旧实木椅 180~1200元/个	粗犷的灯具 200~2100元/盏	本色棉麻布艺 75~280元/组	金属或树脂的动物摆件 60~220元/组

常见材料与软装单品明细

① 文化石每平方米价格在 80~210 元　② 硅藻泥涂料每平方米价格在 78~210 元
③ 拱形造型每项在 1500~3200 元　④ 宽大的实木+布艺座椅价格在 1700~6900 元

① 大花壁纸每平方米价格在 200~600 元　② 厚重实木床价格在 3300~8400 元
③ 直线条实木书桌椅价格在 1300~6400 元　④ 实木地板每平方米价格在 260~1500 元

六、现代美式风格自由包容，简化材质更省钱

1. 风格特点

现代美式风格在延续了美式乡村风格的一些特点的同时加入了一些变化，例如仍较多地使用木质材料，但不再是厚重的实木。居室的整体色彩搭配更清新，减少了大地色的使用，加入了白色、蓝色、米色等色彩。

2. 预算比例分配

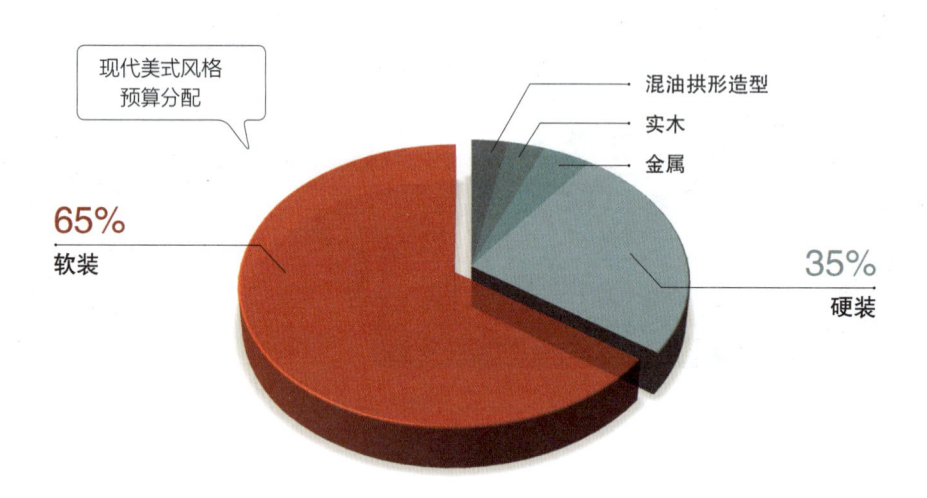

现代美式风格预算分配

- 软装 65%
- 硬装 35%（混油拱形造型、实木、金属）

3. 材料与软装

简约造型壁炉 800~2200元/项	无雕花石膏线 15~55元/m	复合木地板 85~280元/㎡	布艺沙发 1500~5900元/张
美式元素金属几 1200~5100元/个	实木框架软包床 2000~3500元/盏	大型阔叶植物 80~360元/组	亮面金属摆件 120~450元/组

常见材料与软装单品明细

① 亚光乳胶漆每平方米价格在 260~1500 元
② 布艺沙发价格在 3000~11800 元
③ 直线造型实木几价格在 1100~2800 元
④ 美式全铜吊灯价格在 1200~2500 元

① 无雕花石膏线每米价格在 15~55 元
② 皮质沙发价格在 4000~12000 元
③ 美式宽大座椅价格在 2700~8700 元
④ 美式元素茶几价格在 1600~3100 元

装修基础指南

喜欢美式风格该如何省钱？

（1）美式乡村风格

美式乡村风格追求厚重、宽大的环境氛围，在硬装、软装上常用到实木材质和真皮材质，容易使空间变得沉闷、老成，对于喜欢轻松氛围的人群而言并不适合。

大面积的实木材质和深棕色色调，给人过于稳重的感觉

省钱小窍门

摒弃掉复杂的藻井式吊顶，以最简单的石膏线条修饰，同样能带来简洁大气的室内效果。

选择少而精的皮质家具进行装饰，不用多余的厚重家具堆砌，也能展现风格特点。

用色彩鲜艳的墙面壁纸突出空间的风格感，代替复杂的背景墙设计，可以节省预算开支。

（2）现代美式风格

现代美式风格具有简约而大气的气质，整体设计干净、利落而且现代实用，既有美式情怀又能够让人感觉温暖而舒适。

复杂的背景墙设计和多种类软装装饰，增加装修预算 →

省钱小窍门

将彩色乳胶漆和白色护墙板结合，降低墙面装修预算，以金色装饰物点缀，也十分简洁精致。

用玻璃材质家具代替实木家具，不仅可以增加现代感，还能减少预算开支。

不用过多的装饰摆件点缀，选择1~2两件最具风格特征的摆件进行装饰，显得干净而大气。

七、现代时尚风格创造革新，个性设计花费多

1. 风格特点

现代时尚风格最主要的特点是造型精炼，讲求以功能为核心，反对多余装饰。在硬装方面顶面和墙面会适当使用一些线条感强烈但并不复杂的造型，软装讲求恰到好处，不以数量取胜。

2. 预算比例分配

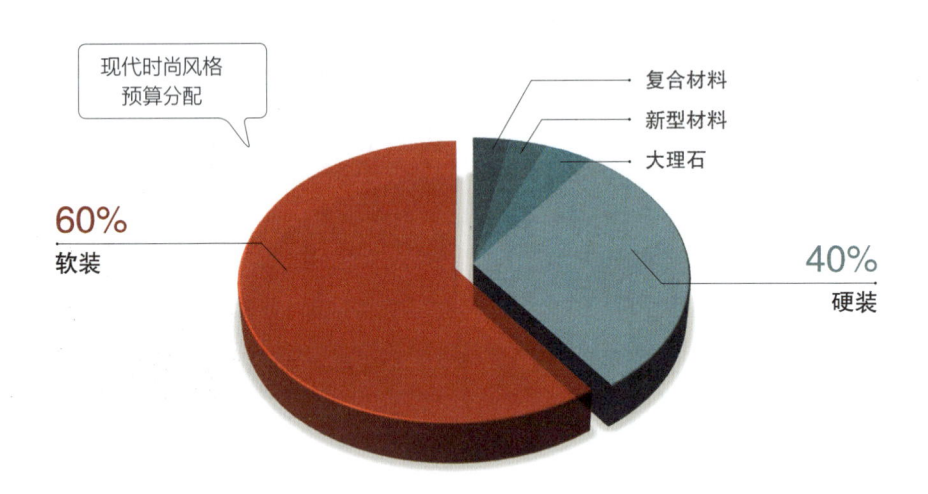

现代时尚风格预算分配

- 软装 60%
- 硬装 40%（复合材料、新型材料、大理石）

3. 材料与软装

大理石 90~350元/㎡	镜面玻璃 85~350元/㎡	棕色或黑、灰色的饰面板 85~248元/张	不规则造型几类 600~2300元/张
板式桌、柜 2200~3700元/个	直线条为主的灯具 300~2200元/盏	无框抽象装饰画 150~600元/组	金属材料的小饰品 300~1220元/个

常见材料与软装单品明细

① 时尚图案壁纸每平方米价格在 95~350 元　② 直线条布艺沙发价格在 800~6000 元
③ 变化多端的座椅价格在 800~2500 元　　④ 马赛克价格每平方米价格在 110~260 元

① 个性造型灯具价格在 300~2200 元　　② 纯色或条纹布艺价格在 200~1100 元
③ 板式柜价格在 2150~3160 元　　　　④ 具有设计感的床头价格在 500~3500 元

八、现代简约风格简朴实用，重装饰轻装修更节约

1. 风格特点

现代简约风格讲求"重装饰轻装修"，简洁、实用、省钱，是现代简约风格的基本特点。简约风格的家居预算的重点在于后期的软装部分，同时注重质量而不注重数量。

2. 预算比例分配

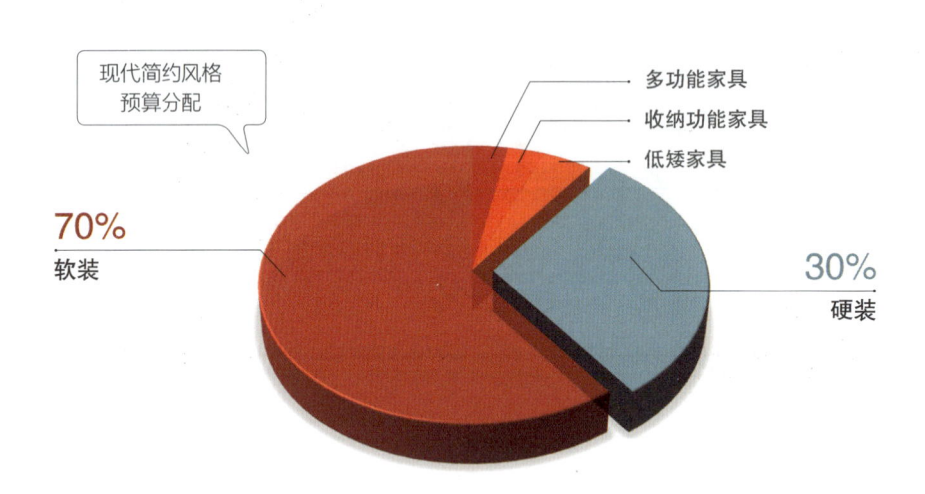

现代简约风格预算分配

- 多功能家具
- 收纳功能家具
- 低矮家具

70% 软装

30% 硬装

3. 材料与软装

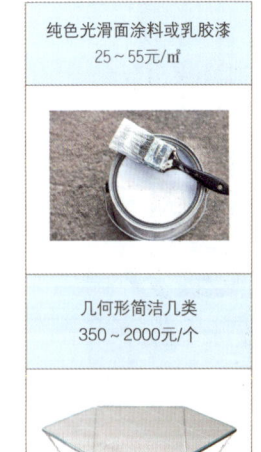

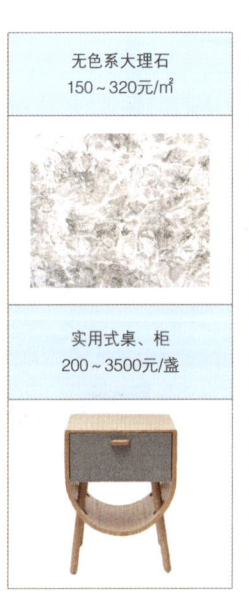

纯色光滑面涂料或乳胶漆 25~55元/㎡	无色系大理石 150~320元/㎡	玻化砖 100~450元/张	直线条沙发 600~3000元/张
几何形简洁几类 350~2000元/个 	实用式桌、柜 200~3500元/盏	简练线条装饰画 400~1200元/幅	大气线条、少材质组合的小饰品 50~500元/个

常见材料与软装单品明细

① 多功能电视柜价格在 3600~5200 元　② 直线条皮面沙发组合价格在 4600~9000 元
③ 小型实木茶几价格在 200~500 元　　④ 复合木地板每平方米价格在 119~260 元

① 纯色涂料每桶价格在 110~260 元　　② 多功能直线条床价格在 1500~4500 元
③ 板式床头柜价格在 400~2000 元　　 ④ 简练线条装饰画价格在 400~1200 元

装修基础指南

喜欢现代风格该如何省钱？

（1）现代时尚风格

现代时尚风格喜欢使用对比强烈的色彩，与造型个性的家具进行装饰，因此在设计搭配上需要下功夫，所以在设计采购时会有较高的花费。

个性而复杂的隔断造型和顶面设计，增加预算花费 →

省钱小窍门

使用造型简单的家具，然后以色彩鲜艳的靠枕搭配，同样也能展现时尚活力的氛围。

利用大面积色块来区分增强空间层次，代替复杂的曲面设计，简洁又省钱。

减少实木材质的使用，以金属、布艺材质代替，搭配上鲜艳的色彩，既能带来时尚活跃的现代感，也能节约预算。

250

（2）现代简约风格

简约主义的核心思想是"少即是多"，舍弃一切不必要的装饰元素，不采用一切复杂的设计元素，追求造型的简洁和色彩的愉悦。

过多的墙面设计和摆件点缀，使空间看起来失去简洁的色彩

省钱小窍门

没有任何造型的墙面设计，仅以装饰画点缀，不仅节约了开支，也能突出风格特点。

没有过多的家具、摆件点缀，只保留最实用的家具和摆件，给人舒适、简洁的感觉。

利用多功能家具代替其他家具，在节约空间的同时，也能最大程度地利用空间，减少花费。

九、英式田园风格悠闲高雅，实木材质花费高

1. 风格特点

英式田园风格大约形成于17世纪末，主要是由于人们看腻了奢华风，转而向往清新的乡野风格。其中，最重要的变化就是家具开始使用本土的胡桃木，外形质朴素雅。

2. 预算比例分配

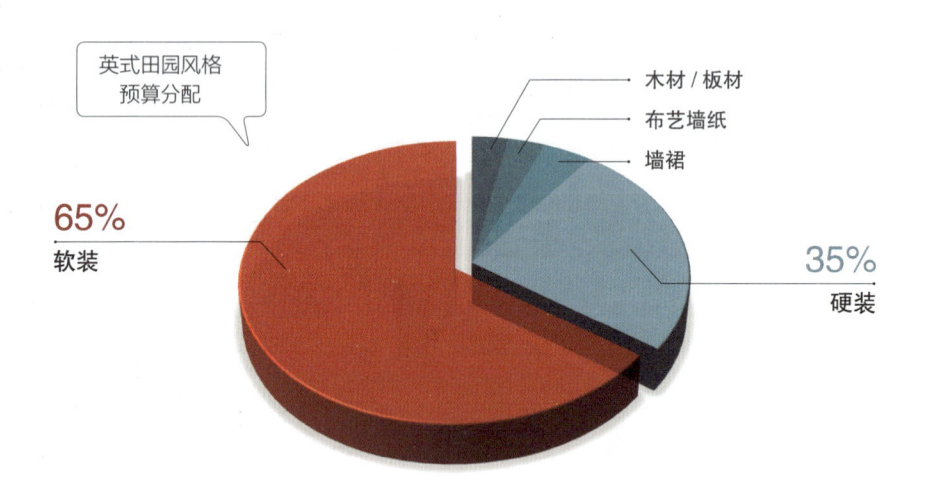

英式田园风格预算分配

- 65% 软装
- 35% 硬装
  - 木材/板材
  - 布艺墙纸
  - 墙裙

3. 材料与软装

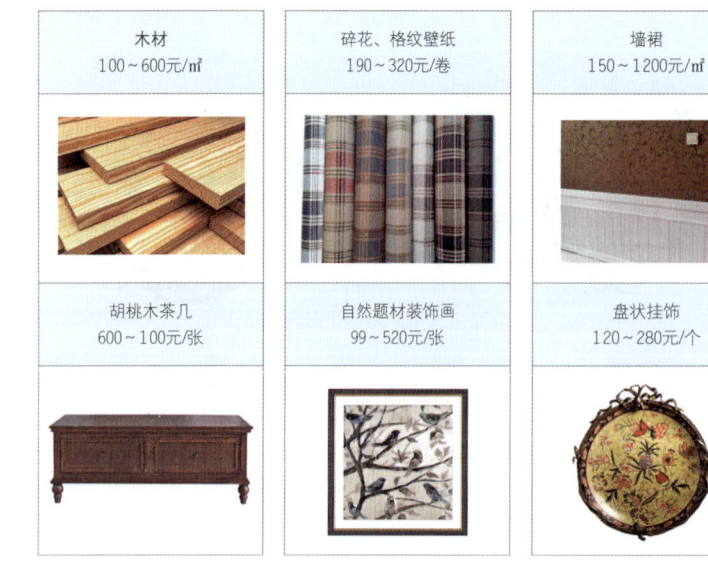

木材 100~600元/㎡	碎花、格纹壁纸 190~320元/卷	墙裙 150~1200元/㎡	格纹布艺沙发 1000~3200元/张
胡桃木茶几 600~100元/张	自然题材装饰画 99~520元/张	盘状挂饰 120~280元/个	英伦风装饰品 30~120元/个

常见材料与软装单品明细

① 墙裙价格在 450~3600 元
② 布艺沙发价格在 1500~38400 元
③ 仿古砖每平方米价格在 65~380 元
④ 胡桃木茶几价格在 600~1400 元

① 自然题材装饰画价格在 99~520 元
② 实木茶几价格在 600~1400 元
③ 大花地毯价格在 300~1000 元
④ 格纹布艺沙发价格在 3000~9600 元

十、韩式田园风格清新自然，布艺装饰更简朴

1. 风格特点

韩式田园风格以表现贴近自然、展现朴实生活的气息为主，在装修设计中显著特点是自然元素的使用。

2. 预算比例分配

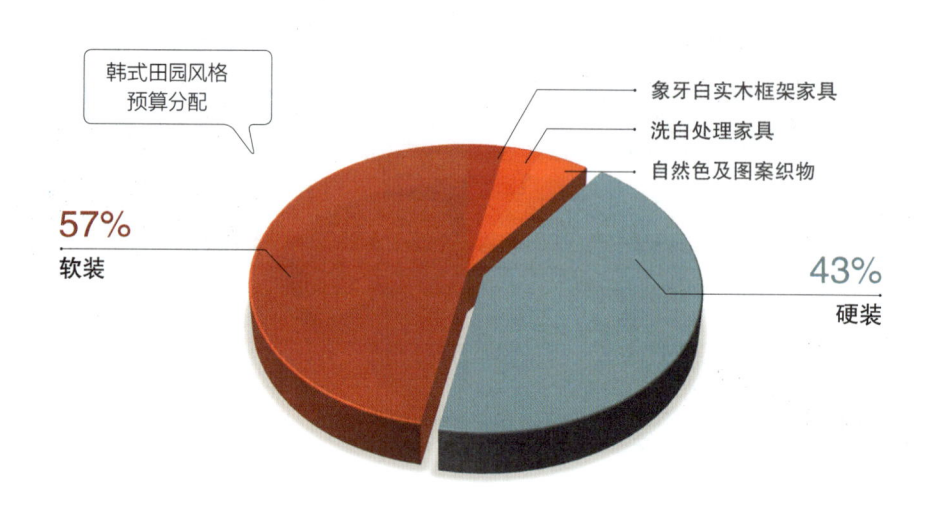

韩式田园风格预算分配

- 象牙白实木框架家具
- 洗白处理家具
- 自然色及图案织物

57% 软装

43% 硬装

3. 材料与软装

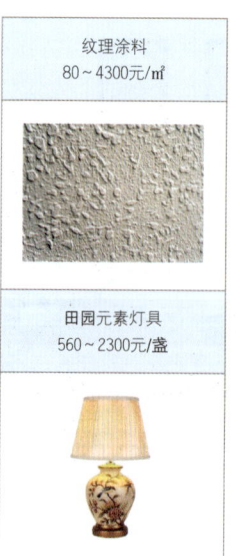

白色砖墙 90~180元/㎡	纹理涂料 80~4300元/㎡	碎花壁纸壁布 190~320元/卷	象牙白实木框架家具 1800~5600元/套
洗白处理家具 8600~21000元/套	田园元素灯具 560~2300元/盏	绿植 35~430元/组	花草或动物元素摆件 78~320元/组

常见材料与软装单品明细

① 绿植价格在 105~1290 元
② 布艺沙发价格在 1700~3500 元
③ 复合地板每平方米价格在 119~260 元
④ 象牙白实木电视柜价格在 850~3600 元

① 碎花壁纸每卷价格在 190~280 元
② 彩漆实木衣柜价格在 2300~7200 元
③ 格纹床上用品价格在 250~540 元
④ 田园元素灯具价格在 560~2300 元

装修基础指南

喜欢田园风格该如何省钱？

（1）英式田园风格

英式田园风格多爱用胡桃木家具，不仅造价较高，而且容易增加沉闷气氛。

实木家具的使用不仅增加预算，而且容易显得沉闷

🐷 省钱小窍门

条纹布艺家具充满了英伦感，也能降低装修预算。

利用布艺修饰家具，用最实惠的方式表现英伦风情。

英伦小装饰不仅能够展现浓厚的风格特征，而且也能节约预算。

256

第四章 装修准备要做好，实战省钱基础牢

（2）韩式田园风格

韩式田园风格擅长以布艺材质代替实木材质，为空间带来柔和的田园风情。

象牙白家具纯洁明快，但通常价格较高 →

省钱小窍门

棉麻布艺的家具不仅符合韩式田园风情，还能节约开支。

墙面以简单的相框、搁架作为点缀，代替壁纸的使用，环保省钱，还别有风味。

去除烦琐的墙地面造型，以简单的色彩和材质区分，也能展现出清爽的田园效果。

257

十一、东南亚风格风情娇媚，雕刻家具价格高

1. 风格特点

东南亚装修风格兼容了厚重和鲜艳、崇尚纯手工，自然温馨中又不失华丽热情，通过硬装的细节和软装来演绎充满原始感的热带风情。

2. 预算比例分配

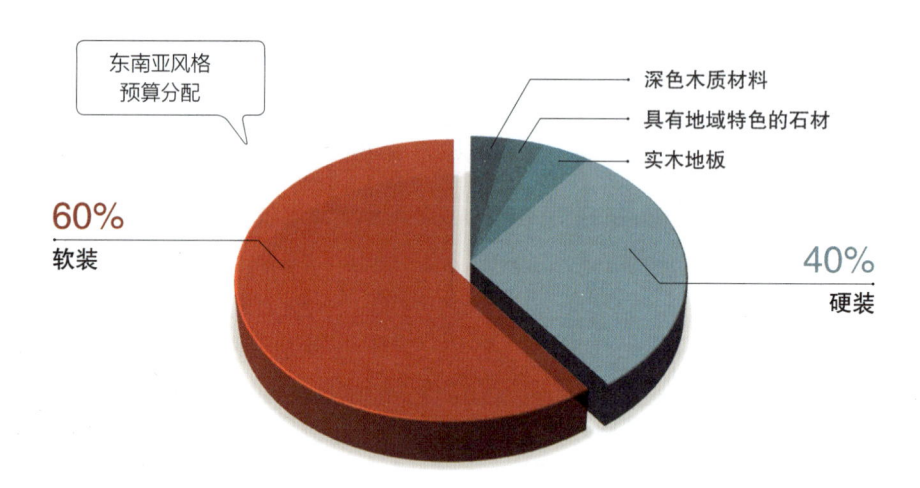

东南亚风格预算分配

- 深色木质材料
- 具有地域特色的石材
- 实木地板

60% 软装

40% 硬装

3. 材料与软装

泰式木雕沙发 2000～8000元/件	藤编织家具 500～3200元/件	民族元素雕花桌、柜 400～3800元/件	泰丝抱枕 80～680元/组
自然色调棉麻窗帘 60～380元/m	纱幔 150～500元/组	宗教、神话题材饰品 85～480元/组	木雕饰品 330～580元/组

常见材料与软装单品明细

① 吊扇灯价格在 1000~1200 元　　② 实木编藤家具组价格在 8700~18000 元
③ 雕花长柜价格在 1100~3800 元　　④ 花草纹路壁纸价格在 60~460 元

① 实木吊顶价格在 5000~8000 元　　② 实木四柱床 + 纱幔价格在 3000~6500 元
③ 雕花衣柜价格在 3600~7200 元　　④ 古典吊灯价格在 1700~3400 元

十二、地中海风格明朗奔放，色彩装饰韵味足

1. 风格特点

　　地中海风格居室多通过连续的拱门、马蹄形窗等来体现空间的通透，用栈桥状露台和开放式房间功能分区体现开放性，通过这一系列的装饰语言来表达地中海风格的自由精神内涵。

2. 预算比例分配

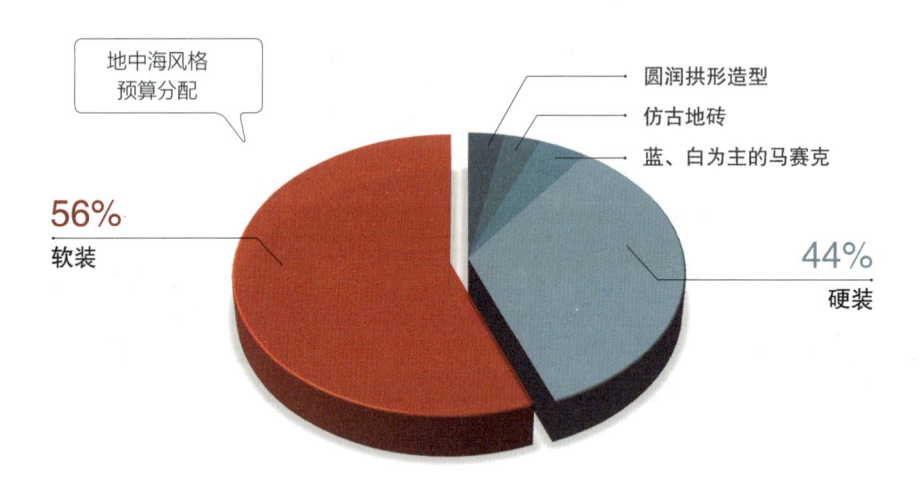

地中海风格预算分配

- 圆润拱形造型
- 仿古地砖
- 蓝、白为主的马赛克

软装 56%

硬装 44%

3. 材料与软装

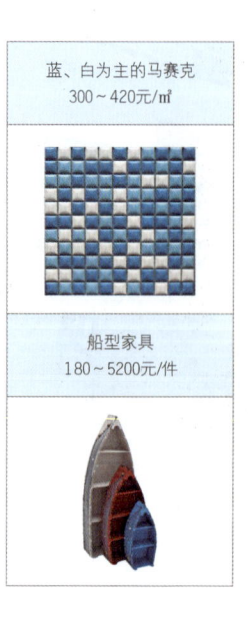

圆润拱形造型 200~3200元/项	蓝、白为主的马赛克 300~420元/㎡	仿古地砖 65~380元/㎡	蓝白条纹布艺沙发 800~4100元/张
圆润造型木制家具 1200~4800元/件	船型家具 180~5200元/件	海洋元素造型饰品 50~280元/组	吊扇灯 1200~1500元/盏

常见材料与软装单品明细

① 白灰泥墙价格在 1800~21600 元
② 蓝色布艺沙发价格在 800~4100 元
③ 做旧边几价格在 600~900 元
④ 拱形门洞价格在 200~3000 元

① 壁画价格在 360~2800 元
② 船型床价格在 5800~11000 元
③ 白色组合书柜价格在 400~1000 元
④ 条纹靠枕每只价格在 20~100 元

装修基础指南

喜欢异域风格该如何省钱？

（1）东南亚风格

东南亚风格多用壁纸、颗粒感的涂料、天然感的粗糙石材、椰壳板等组合搭配。地面常用木地板和仿古地砖来强调风格中淳朴、天然的一面，所以硬装造价也比较高。

深色实木的过多运用会带来压抑感 →

🐷 省钱小窍门

局部使用实木线条装饰，不仅可以节省预算，也能加强东南亚感。

简单图案壁纸和带有民族特色的装饰墙饰代替复杂的背景墙设计，可以节省不少预算。

造型简洁又带有民族风情的灯饰同样也能够表达风格特色，同时也不需要花费过多的开支。

（2）地中海风格

地中海风格追求圆润的线条，所以不光是在硬装上还是软装上，都需要花费不小的开支来表现圆润感。

圆润线条造型价格较贵，且不适合层高较低的空间 →

省钱小窍门

带有圆润线条的家具代替弧形门洞造型，既能体现地中海风格特点，又能减少施工量与开支。

局部的蓝色点缀与白色搭配，形成地中海风味，避免大面积色漆的使用，用软装也能便宜而美观地达到效果。

不做过多的硬装装饰，家具也选择最简单大方的款式，利用海洋元素的装饰摆件来加强风格感，实惠而美观。

263

第三节

规划预算投入

一、认识装修公司，了解预算差别能省钱

不同的装修公司，其运营的方式也是不同的。有些会采用外包工人施工，有些则是自己的工人施工。考察装修公司时，除去了解运营模式，更要注意装修公司之间的报价差别的本质。

装修公司几种不同类型

类 型	概 述	优 点	缺 点
设计工作室	◎以设计为主、施工为辅的运营方式 ◎多是一些有丰富设计经验的设计师建立的装修公司 ◎设计上可以提供符合家庭格局的设计方案，化解户型难题	◎丰富的设计经验与设计手法 ◎可以打造理想中的住宅空间	◎设计费用相比较之下昂贵 ◎施工队伍的工作能力难以确定
超大型装修公司	◎属于行业内的龙头企业，拥有庞大的规模与精湛的设计团队 ◎对于施工队伍的管理，有完善的规章制度	◎设计方案较多，施工专业 ◎售后有保障	◎价格相对较贵 ◎很难依据业主的意愿做事
全国连锁型公司	◎全国各地都有这类装修公司的分店 ◎属于加盟的性质，挂着相同的公司名字，却各自相互独立	◎公司制度完备，流程清晰 ◎责任分工更清晰	◎各个公司不能保证水平统一 ◎水平参差不齐
当地二、三流装修公司	◎构架简单，解决问题随意 ◎设计水平往往因设计师的个人见识受到限制 ◎施工的水平更应当以真实见到的施工户型为标准	◎公司服务热情 ◎施工比较集中，且施工质量优秀	◎没有明确的管理体系 ◎设计师水平不高
游击队	◎主要是由不同施工种类的工人组成的装修团体队伍	◎价格便宜 ◎施工经验较强	◎花费精力更多 ◎完全没有保障

二、读懂装修报价，降低无意义费用支出

在开始施工前，装修公司会给出装修报价单，里面会含有很多重要信息，了解装修报价单中各个项目的支出所占比例，可有效的掌握装修预算的支出方向与细节，并识破哪些项目是毫无意义的。

1. 报价单所包含的费用种类

费用名称	包括项目	备 注
主材费	◎各种构造板材，例如细木工板、指接板、奥松板、饰面板等 ◎瓷砖、地板 ◎橱柜、门及门套、灯具等 ◎洁具、开关插座、热水器、龙头花洒和净水机等	◎板材、瓷砖和地板不会在预算中单独体现，而是与辅材和工费一起按照一定单位合计体现 ◎如果是全包，成件的主材应在预算中按照单位体现，例如是一个还是一组
辅料费	◎各种钉子，例如射钉、膨胀螺栓、螺钉等 ◎水泥、黄砂 ◎油漆刷子、砂纸、腻子、胶、老粉 ◎电线、小五金、门铃等	由于数量多且种类杂，在预算表中不会单独体现，而是合计到其他费用之中，无法单独计算
管理费	测量费、施工图纸费用、工程监理费、企业办公费用、企业房租、水电通信费、交通费、管理人员的社会保障费用及企业固定资产折旧费和日常费用等	如果是"免费设计"，设计费也会隐藏包含在内
税金	企业在承接工程业务的经营中获得了利润，所以应向国家缴纳法定所得税	国家规定是3.41%，但每个公司的税金可能会略有差别，但浮动不大
利润	企业因为操控这个项目而所得的合理纯利润	合理范围内的利润，不会单独体现

2. 阅读报价单之前应做的调查

方案通过后,在装饰公司出具报价单之前,业主可做一些相应的调查,以便跟自己的估算做一个对比,对大概的额度有一个概念,避免多花冤枉钱。

调查项目		调查方法
调查材料价格及工费	调查对象	可以自行对材料市场中自己中意的主材品牌的价格进行基本的调查,而后再对本地的各工种的施工工费的基本价格有一个了解,自行估算一下总价
	估算方式	假设计划装修的房屋为 90 ㎡ 建筑面积的住宅,按经济型装修价位估算,所需材料费为 5 万元左右,人工费约为 1.2 万元,综合损耗为 5% ~ 7%,估算为 0.4 万元,装修公司的利润为 10% 左右,估算为 0.6 万元左右,总价为 7.2 万元左右
调查同档次装修价位	调查对象	对近期已完成装修的邻居、朋友等进行询问,包括装修类型、主材的品牌以及户型面积等,用总价除以面积得出数据,就是不同档次装修的每平方米平均值
	估算方式	若经济型装修为 500 元 / ㎡,中档为 600 元 / ㎡,高档为 1000 元 / ㎡,豪华型为 1200 元 / ㎡ 起等,如果全新住宅高档装修的综合造价为 1000 元 / ㎡,那么可推知约 90 ㎡ 建筑面积的住宅房屋的装修总费用约在 9 万元。此数值只能是均衡的市场价参考,主材、洁具以及房屋新旧等条件发生变化时,数值也会有所变化

3. 阅读报价单时的重点核对项目

在方案通过后，装饰公司会出具一份报价单给业主，在阅读报价单之前，业主需要做一些核查，才有利于避免各种陷阱，并为自己争取到合理的折扣。

01 审核图纸是否正确

在审核预算前，应该先审核好图纸。一套完整、详细、准确的图纸是预算报价的基础，因为，报价都是依据图纸中具体的面积、长度尺寸、使用的材料及工艺等情况而制的，图纸不准确，预算也肯定不准确。

02 工程项目是否齐全

要核定预算中所有的工程项目是否齐全，是不是把要做的东西都列在了预算表上，有没有少报了一个窗口或者漏掉了卫生间、吊顶等现象。漏掉的项目到了现场施工时，肯定还是要做的，这就免不了要补办增加装修项目的手续，计划费用自然又"超标"了。

03 图纸与预算尺寸应一致

参照图纸核对预算书中各工程项目的具体数量。例如，用图纸上的尺寸计算出刷墙漆的面积是 85 ㎡，那么预算书应该是 84～86 ㎡ 之间。如果按图纸计算的面积是 85 ㎡，而预算书是 90 ㎡，这就是明显的错误。对于一些单价高的装修项目，往往就会相差上千元钱。

04 材料和工艺说明要明确

装修公司应该告诉业主，所报的这个价格是由什么材料、什么工艺构成的。例如报价单一项："墙面多乐士 38 元 / ㎡"，这显然不够具体。"多乐士"是一个墙面涂料的品牌，包括很多产品，有内墙漆、外墙漆等，内墙漆又分为几大类，且每种漆又有很多种颜色。

4. 详细解析报价单

简洁版报价单 1

项目工种	人工费用 / 元	材料费用 / 元	管理费 / 元	项目计价 / 元
水工	1140	1580	817	3537
电工	2040	2872	1460	6372
瓦工	4800	2812	2015	8943
木工	1168	2110	960	4238

简洁版报价单2

工程名称	单位	单价/元	数量	金额/元	备注
主卧室					
墙、顶面基层处理	m²	16	60	960	铲墙皮，腻子找平
墙、顶面乳胶漆涂刷	m²	10	60	360	涂刷××牌乳胶漆
石膏线安装及油漆	m²	5	9	45	石膏线粘贴后刷立邦漆
门及门套	樘	1500	1	1500	

正规版报价单

工程名称	单位	单价/元	数量	金额/元	工艺做法	备注
主卧室						
墙、顶面基层处理	m²	16	60	960	原墙皮铲除，石膏找平，刮两边腻子，砂纸打磨①	××牌821腻子② 产地：山东/青岛 环保型801胶③ 产地：山东/青岛
墙、顶面乳胶漆涂刷	m²	10	60	360	乳胶漆底漆两遍；面漆三遍，达到厂家要求标准④	×牌家丽安乳胶漆⑤ 产地：中国/广州
石膏线安装及油漆	m²	5	9	45	刷胶一遍，快粘粉黏接⑥ 面层处理，乳胶漆另计⑦	成品石膏线⑧
门及门套	樘	1500	1	1500	安装门、门套及门锁⑨	成品××牌门及门套 ××牌门锁⑩

报价单详解

① 基层处理需写清楚具体的做法，包括是否铲除墙皮、刮腻子的次数等。
② 腻子的用量较多并直接关系到环保指数，虽属于辅材，但材料的品牌和产地也建议标注清楚。
③ 胶是家居装修的重点污染源，虽然也属于辅料，也建议标明品牌和产地。
④ 乳胶漆都是分底漆和面漆的，两者有着本质区别。有很多装饰公司为了节省资金和施工费用都不会涂刷底漆，这点应尤其注意。
⑤ 使用某一品牌的乳胶漆时，应详细注明属于该品牌的哪个系列以及其产地，同品牌之间的不同系列差价也非常大。
⑥ 石膏线施工应写清楚施工步骤，快粘粉用量少且基本没有区别，可无须注明品牌。
⑦ 石膏线的面层为了刷漆方便应进行打磨处理，乳胶漆的价格是否包含在内也应注明，避免工程量重叠。
⑧ 石膏线的品质和价格差别不是很大，可以不注明品牌和产地。
⑨ 门和门套通常是采取定制形式制作的，由厂家安装，如果是全包形式，这部分费用应体现在报价中；若为清包和半包，则无须体现。
⑩ 所使用门、门锁的品牌应详细注明，有助于业主核对是否与自己的需求一致。

5. 合理降低报价方法

（1）采用实用性的设计来降低预算

如果发现预算报价超出预期太多，建议可以先从审核设计图纸开始来降低预算。仔细查看在符合自己所提需求的基础上，设计师是否有做一些没有实际作用而完全是装饰性的设计，例如过多的墙面造型、大面积的复杂吊顶等。

（2）不一味追求贵的材料

在合理的范围内选择材料，例如照明电线，国家规定是使用 2.5mm² 的，但实际上如果没有太多灯具的话 1.5mm² 的就足够用，可询问电工，在照明不超标时，报价单上若使用的是 2.5mm² 的就可以改成 1.5mm² 的，诸如此类，在合理范围内更改。

（3）同品牌比价

两家公司出具的报价单，在使用同品牌材料的情况下，如果其中一家比另一家贵很多，可以询问清楚贵的原因，如果没有确切的原因，这时候就可以对这一项进行砍价。

（4）地砖不要追求大尺寸

很多业主都喜欢大尺寸的地砖，实际上这是不必要的，地砖的大小应结合房间的开间和进深来选择，通常来说，不是特别长或宽的房间，用中等尺寸的地砖比例上更美观。大尺寸的地砖不仅造价高，而且工费和损耗也高。

（5）准确计算材料用量

要合理地计算材料的损耗，如果觉得一项价格过高，可以询问损耗的计算数量，而后跟品牌方核对，他们都比较有经验，超出太多可要求装饰公司降低。

（6）找寻可靠团购

当搬到新的小区后，很多业主会一起进行装修，这时候可以组团去对家具、洁具等进行砍价，以节省部分资金。需要注意的是，并不是所有的团购都是可靠的，最好是身边的或者有可靠来源的，团购的产品最好是品牌的，并且能保证售后服务的。

三、签订装修合同，减少额外费用损失

不少装修合同存在陷阱，不仅在数字和时间上做文章，还有很多关键的条款被故意遗漏。为了确保自己的合法权益，业主在签订合同时，一定要谨慎仔细。

1. 合同洽谈要点

（1）工期约定

一般两居室 100 ㎡的房间，简单装修工期在 35 天左右，装修公司为了保险，一般会把工期定到 45~50 天，如果着急入住，可以在签订合同时与设计师商榷此条款。

（2）增减项目

装修过程中，很容易有增减项目，比如多做个柜子，多改几米水电路等，这些都要在完工时交纳费用。因此在追加时要经过双方书面同意，以免日后出现争议。

（3）保修条款

装修的整个过程主要以手工现场制作为主，所以难免会有各种各样的质量问题。保修时间内如出了问题，装修公司是包工包料全权负责保修，还是只包工、不负责材料保修，或是有其他制约条款，这些都要在合同中写清楚。

（4）水电费用

装修过程中，现场施工都会用到水、电、煤气等。一般到工程结束，水电费加起来是笔不小的数字，这笔费用应该谁来支付，在合同中也应该标明。

（5）按图施工

在合同上要写明严格按照签字认可的图纸施工，如果在细节尺寸上与设计图纸不符合，可以要求返工。

（6）监理和质检到场时间和次数

监理和质检每隔两天应该到场一次；设计也应该 3~5 天到场一次。这些在合同签署时也应标明。

2. 确定合同内容

（1）一般情况，当合同中有下列条款时，业主基本可以考虑在合同上签字

☐ 合同中应写明甲乙双方协商后均认可的装修总价

☐ 工期（施工和竣工期）

☐ 质量标准

☐ 付款方式与时间（最好在合约上写清"保修期最少3个月，无施工质量问题，才付清最后一笔工程款，约为总装修款的20%

☐ 注明双方应提供的有关施工方面的条件

☐ 发生纠纷后的处理方法和违约责任

☐ 有非常详细的工程预算书（预算书应将厨房、卫浴间、客厅、卧室等部分的施工项目注明，数量也应准确，单价也要合理）

☐ 应有一份非常全面而又详细的施工图（其中包括平面布置图、顶面布置图、管线开关布置图、水路布置图、地面铺装图、家具式样图、门窗式样图）

☐ 应有一份与施工图相匹配的选材表（分项注明用料情况，例如，墙面瓷砖，在表中应写明其品牌、生产厂家、规格、颜色、等级等）

☐ 对于不能表达清楚的部分材料，可进行封样处理

☐ 合同中应写有"施工中如发生变更合同内容及条款，应经双方认可，并再签字补充合同"的字样

（2）当合同中下列条款含糊不清时，业主不能在合同上签字

☐ 装修公司没有工商营业执照

☐ 装修公司没有资质证书

☐ 合同报价单中遗漏某些硬装修的主材

☐ 合同报价单中某个单项的价格很低

☐ 合同报价单中材料计量单位模糊不清

☐ 施工工艺标注的含糊不清

3. 合同签订注意事项

应附图纸和报价单

图纸：主要包括平面图尺寸图、平面家具布置图、地面主材铺设图、立面施工图、水电线路图、电源开关图、灯具配置图、吊顶设计图、橱柜图，复杂的部分还应有大样图。

要求：图纸上面应有详细的尺寸、使用材料和做法，而后报价单上的相应部位应与其做法一致。

追加预算或发生变动需签字后再动工

有些时候在开始施工后可能会因为主观或客观因素使设计发生一些变动。但有时，如果遇到了无良公司，很可能会不经过业主的同意而擅自提高价格，为了避免这种情况，建议在合同中特别注明，追加项目需要书面签字确认同意后再开工，来保障自己的利益。

多预留一些尾款

尾款：尾款做抵押款项正常的在 5%～10%，超过 10% 会更有保障。

注意：这部分款项，在合同中应注明"验收合格才支付"，检验标准就是图纸或报价单上的工法，或者之前有明确书面确认的施工要求。

严格签订工期、保修期

合同上应注明开工日期和竣工日期，以及什么情况下可以顺延工期、什么情况下延续工期需要处罚等。还应注明保修期，如果洁具或炉具均为对方购买，还请不要忘记写清楚保修的位置和时间。

写明处罚条款

对于并非合同中注明而出现的一些延期或其他情况，应列出处罚条款，通常来说是金钱上的处罚，例如延期一天扣除多少金额等，以防施工队同时赶工好几个工地而耽误自家的工程。

防公司倒闭条款

如果是大公司发生这种事情的概率应该不高，应该谨慎提防的是一些小的公司，建议在合同中注明，可以将负责的设计师作为中间证人，一旦发生施工途中公司倒闭的情况，还可以请设计师负起责任予以解决。

4. 合同签订技巧

看清楚条款再签合同

关于家装合同，目前各个公司的合同文本大同小异。业主首先要做的是核实装修公司的名称、注册地址、营业执照、资质证书等档案资料，防止一些冒名公司和"游击队"假借正规公司名义与客户签订合同，欺骗消费者。

双方材料供应

目前，很多工程都是采用装修公司提供辅料和工人，业主提供部分主材的做法进行。这样一来，在合同中就要明确双方供料的品种、规格、数量、供应时间以及供应地点等项目。材料验收要双方签字，材料验收单最好对材料的品种、规格、级别、数量等有关内容标注清楚。另外，验收的材料应与合同中规定的甲乙双方提供的材料相符。

施工图纸

一项家装工程需要用到的施工图纸包括平面图、透视图、立面图和施工图，有的还需要电脑效果图。所以业主最好要求装修公司出示的施工图上要有详尽的尺寸和材料标示，设计责任要分清。

奖惩条款

在家装过程中，由于各种原因造成的施工延误或工程质量问题，一定要在合同中有所体现，比如违约方的责任及处置办法；保修期和保修范围（一般免费保修期为一年，终身负责维修）。工程完工、验收合格后，双方要签订"工程结算单""工程保修单"。

四、约定付款方式，装修施工有保障

在签订合同时还有一个重要事项就是约定付款方式，通常来说都是分阶段付款，只是不同的装饰公司支付比例略有不同。

付款方式

款项名称	支付时间	作　用	占据比例
开工预付款	签订合同后开工之前	◎工程启动资金 ◎用于购买前期工程所需要的材料（包括电线、水管、砂子、水泥、改造部分的人工费用等）	30%左右
中期进度款	改造等基础工程完成并验收后，木工开始前	◎购买木工板、饰面板等主材和辅料以及木工的人工费用 ◎此部分款项若前期工程没有质量问题建议及时支付，避免耽误工期 ◎如果数额比较大，也可与对方协商分3次左右支付	30%~50%
后期进度款	木工完成并验收合格，油漆工进场前	购买油漆使用的主料和辅料以及油漆工的人工费用	10%~30%
尾款	竣工并经检验没有任何质量问题后	◎属于质量保证金 ◎如有任何质量问题可根据合同条款扣除相应款项，剩余的再支付给对方	10%左右

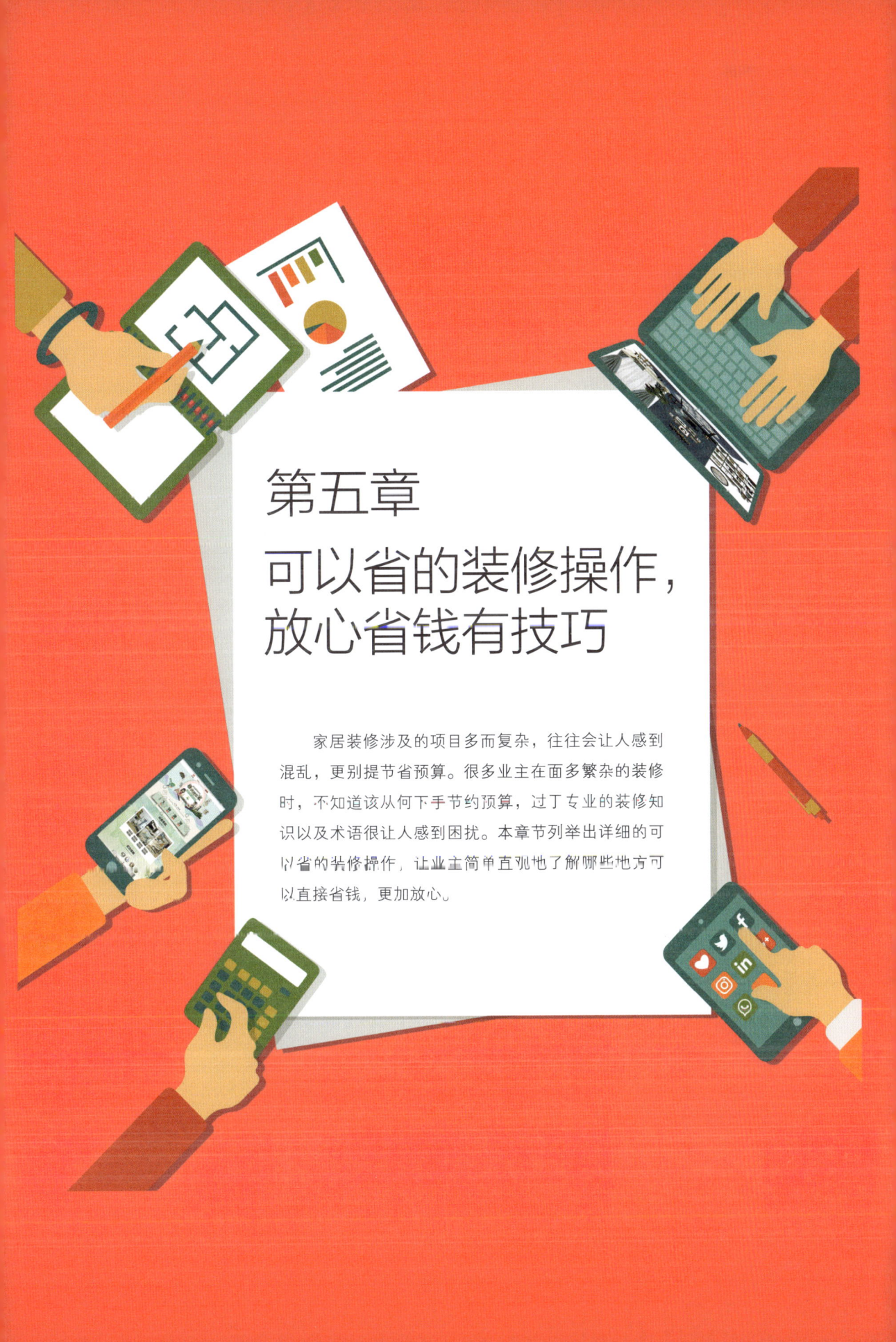

第五章
可以省的装修操作，放心省钱有技巧

家居装修涉及的项目多而复杂，往往会让人感到混乱，更别提节省预算。很多业主在面对繁杂的装修时，不知道该从何下手节约预算，过于专业的装修知识以及术语很让人感到困扰。本章节列举出详细的可以省的装修操作，让业主简单直观地了解哪些地方可以直接省钱，更加放心。

第一节

建材设备

一、石材价格浮动大，规划详细再购买

石材是室内装修中比较常见的装饰材料，一般分为天然石和人造石。天然石材天然耐久，且纹理质感自然多变，所以常被广泛应用。而人造石材因为由工厂统一加工，在外观颜色上比天然石材更容易控制，但人造石的质量与厂家技术水平有很大关系。

1. 天然石材

天然石材一般都具有良好的装饰性，辐射低且色泽艳丽、丰富，室内装修时主要用于地面和墙面装饰。但天然石材耐磨性较差、易风化，一般需要经常抛光保养以保护光洁度。

常见天然石材种类

分类	特点	价格/（元/m²）
大理石	◎质感华丽，纹路自然 ◎硬度高，耐磨性强 ◎保养简单，不容易出现划痕 ◎深色系大理石用于卫浴间不易变色	140～600
花岗岩	◎品种多样，颜色丰富 ◎质地坚硬，不易风化 ◎有独特耐温性 ◎极其耐用	200～1200
板岩	◎表面粗糙，持久耐用 ◎功能多样，造型美观 ◎颜色丰富 ◎适用于浴室间，但不适用于厨房	100～150

续表

分　类	特　点	价格/(元/m²)
砂岩	◎颗粒细腻，质地较软 ◎品种非常多 ◎吸潮、不易破损	70～600

2. 人造石材

人造石材是在天然石材的基础上发展而来，多为天然石材的多余边角料加工而成，人造石材兼备大理石的天然质感和坚固质地，以及陶瓷的光洁细腻，还具有易加工性和图案的丰富性。人造石材的硬度和韧性已调整到一定范围，加工制作方便，可加工成各种形状。

常见人造石材种类

分　类	特　点	价格/(元/m²)
文化石	◎板材厚实 ◎花色品种多样 ◎规格多样，价格低廉 ◎适用于背景墙铺装	50～120
聚酯型人造石	◎质地平和，表面光滑 ◎硬度不高，加工简单 ◎适合墙面局部点缀、台柜铺装	220～330
微晶石	◎密度较大 ◎表面平滑光洁 ◎坚固耐用 ◎适合用于电视背景墙	400～1000
树脂型人造石	◎产品光泽度高、颜色鲜艳丰富 ◎可加工性强 ◎黏度低，易于成型	100～420

石材如何规划才能 省钱

（1）不规则铺装，人造石材更节省

如果家中有异形空间需要装饰，那么可以选择人造石材。相对于适合规则铺装的天然石材，人造石材由于容易切割，可以塑造不同的造型，损耗费也相对较低。

大面积大理石地面铺装 →

↑ 个性人造石背景墙打造

（2）铺装面积大，天然石材选择大理石更划算

相比较于大理石，花岗岩的装饰效果虽然好，但价格会比较高，因此如果需要装饰的面积较大，尽量选择大理石来代替花岗岩，能够减少预算。

↑ 花岗岩作为电视背景墙局部点缀居室

↑ 中花白大理石在墙面中大面积铺设

（3）厨卫空间石材选择，人造石材更实惠耐用

人造石表面平滑，不透水，与天然石材相比更适合用于卫浴间或厨房之中，不仅方便清理又坚固耐用，并且就算大面积使用，预算也不会太高。

↑ 卫浴间墙地面大面积使用人造石材，效果素雅、柔和

↑ 厨房墙面以人造石材进行大面积装饰，好看又便于清理

二、壁纸纹路花样多，按需选购能省钱

壁纸在塑造空间的能力上，具有非常大的想象空间，各种材质、肌理、图案、功能的壁纸层出不穷，不同壁纸之间的特性也不同，因此价格上也有所差异，除了根据室内风格和个人喜好来选择以外，也可以根据预算来选择购买。

常见壁纸种类

分类	特点	价格 / (元 / m²)
无纺布壁纸	◎外观更接近传统纺织品 ◎强度高 ◎不容易起毛 ◎吸湿性能较好	120～1000
纯纸壁纸	◎韧性较好 ◎表面光滑，色彩还原好 ◎环保性能强 ◎适合用于儿童房和老人房	200～600
木纤维壁纸	◎抗拉伸、扯裂强度高 ◎防水、防火性能较高 ◎纹理自然，效果精美	150～1000
金属壁纸	◎质感较强，极具空间感 ◎很有前卫感，档次较高 ◎适合于家具、装饰搭配设计使用	100～1500
PVC壁纸	◎施工方便，耐久性强 ◎花纹较多，适用范围较广 ◎能够较好地抵御油脂和湿气	100～400

壁纸如何选择才能 省钱

（1）低龄儿童房使用PVC壁纸，容易清理也省钱

低龄儿童大多活泼好动，喜欢制造"麻烦"，很多家庭最头疼的是孩子玩乐时会在墙面留下明显的污迹，白色墙面或许可以重新补漆遮盖，但如果墙面有壁纸装饰，那么污迹会很难遮盖住。为了避免如此麻烦的事情出现，家长可以在儿童房墙面选择使用PVC壁纸，它不仅具有优良的防火性能，弄脏时只需用湿布轻轻擦拭，既可清洁。

↑ 玫瑰花图案的PVC壁纸带来甜美梦幻的感觉

↑ 带有可爱图案的PVC壁纸营造轻松活泼氛围的同时，也容易清理维护

（2）金属壁纸和无纺布壁纸搭配，效果出色能省预算

金属壁纸的装饰效果出色，但价格较为昂贵，单独大面积使用，成本比较高。但如果与无纺布壁纸搭配使用，不仅可以降低预算，而且也能形成独特的效果，以此来代替背景墙的设计，从而节省预算。

↑ 暗花纹的金属壁纸与花鸟图案的无纺布壁纸组合，既有优雅内敛的效果，价格又较为实惠

三、瓷砖种类规格复杂，理性选择省钱多

根据工艺与制作材料的不同，瓷砖有多种类型，每一个瓷砖都具有鲜明的特点。不同的瓷砖不仅价格相差较大，在选购、铺设和保养上也有不同的要求。

常见瓷砖种类

分类	特点	价格/（元/m²）
玻化砖	◎硬度最高 ◎吸水率、耐酸碱性好 ◎不适用于厨房等油烟较大的地方 ◎适用于玄关、客厅等人流量较大的地方	40～500
釉面砖	◎色彩图案丰富 ◎规格多，韧度较好 ◎耐急冷急热，温度急变也不会出现裂纹 ◎常用于室内厨房、卫浴等有防水需要的空间	100～500
仿古砖	◎具有极强的耐磨性 ◎装饰效果比较突出 ◎适用于客厅、厨房、餐厅等空间	45～450
马赛克	◎防滑、耐磨 ◎缝隙小，易藏污纳垢 ◎色彩非常丰富，可自行选择图案	90～450
金属砖	◎光泽耐久，质地坚韧 ◎具有良好的热稳定性，易于清洁 ◎比较有高贵感和现代感，因此适用于现代风格和欧式风格	500～1500
木纹砖	◎纹路逼真、自然朴实 ◎不会褪色、较耐磨、容易保养	200～1000

瓷砖如何规划才能 省钱

（1）湿度较大的空间内墙，选择釉面砖更保险

在湿度较高的卫浴间或厨房墙面，应该选择吸水率较高、耐污性好的釉面砖，方便清洁，不仅节约精力，也避免用错材料后墙面不易清理导致保养支出增加。

← 灰白花纹釉面砖，简洁个性而实用

（2）地面砖要求硬度高，玻化砖实惠又耐用

地面由于经常受到踩踏、摩擦，应该选择强度大又坚硬耐磨的玻化砖，用于行动密集区域的地面，能保持较长时间不出现刮花、裂纹等问题。

← 客厅选择坚硬美观的米黄色玻化砖，装饰效果出色

四、马赛克装饰性强，DIY 制作独特又节省

马赛克建筑专业名词为"锦砖"，是用于拼成各种装饰图案用的片状小瓷砖，主要用于铺地或内墙装饰，也可用于外墙饰面。马赛克具有防滑、耐磨、不吸水、耐酸碱、抗腐蚀、色彩丰富等优点，但由于缝隙较小，所以容易藏污纳垢。

常见马赛克种类

分类	特点	价格/(元/m²)
贝壳马赛克	◎原料为贝壳 ◎美观天然、防水性好 ◎硬度低，不能用于地面	500～1000
陶瓷马赛克	◎主料为陶瓷，是最为传统的一种马赛克 ◎以小巧玲珑著称 ◎较为单调，档次较低	85～380
玻璃马赛克	◎耐酸碱、耐腐蚀、不褪色 ◎非常适合装饰卫浴墙地面	90～450
夜光马赛克	◎可在夜晚时发光 ◎可根据喜好拼接成各种形状 ◎能够营造特殊氛围	550～1000
金属马赛克	◎拥有冰冷、坚硬的金属光泽 ◎通常用于客厅、卧室的主题墙	≥100

马赛克如何规划才能 省钱

（1）老旧洗脸台用马赛克装饰，便宜又好看

旧房进行翻新时，不想拆掉旧的洗脸台，担心拆掉重装不仅浪费时间又要额外花钱，但洗脸台造型老旧，与想要的风格相差甚远。可以用马赛克对洗脸台进行外部修饰，根据室内风格、色彩选择合适的马赛克，自己动手拼贴在洗脸台外围，美观又节约。

利用蓝白色马赛克装饰洗手台，能带来浓厚的地中海风情 →

（2）旧家具利用马赛克改造，经济好看又有趣

旧房中遗留的旧家具或者从二手市场淘来的旧家具，可以通过自己 DIY 改造，重新利用起来，不仅可以节约预算，还能体验自己动手的乐趣。

不想更换老旧的浴缸，可以在浴缸外围拼贴马赛克，形成亮眼而又个性的装饰 →

五、人造木皮代替天然木皮，美观实惠选择多

木皮主要应用于家具与墙面等产品的贴面装饰，是一种具有珍贵树种特色的木质片状薄型饰面或贴面材料。

1. 人造木皮

以原木为原材料，经过图案设计、染色、除虫处理之后生成为一种性能更加优越的装饰材料。人造木皮表面光滑，能够避免天然木材变色、虫孔等瑕疵问题。

2. 木饰面免漆板

属天然木材，没有经过人工修饰而呈现出木头的天然纹理和色彩。采用天然原木材料直接生产木皮，具有特殊而无规律的天然纹理。

3. 天然染色木皮

天然木皮有天然形成的矿物质结疤，纹理不统一，需要由人工添加颜色进行修饰以达到统一标准。经处理之后的染色木皮，表面光滑、色彩丰富。

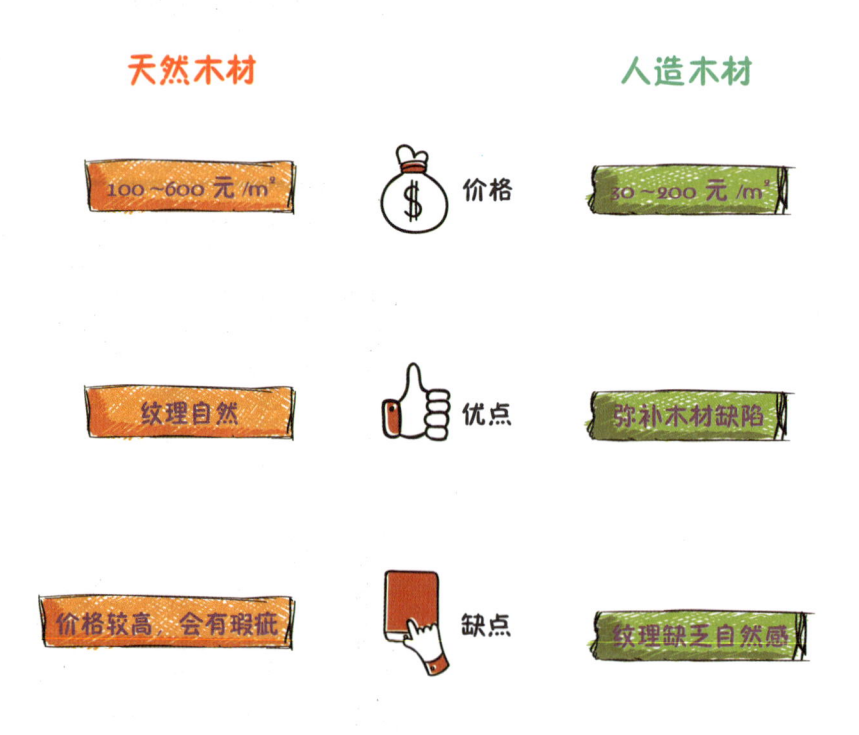

天然木材		人造木材
100~600 元/m²	价格	30~900 元/m²
纹理自然	优点	弥补木材缺陷
价格较高，会有瑕疵	缺点	纹理缺乏自然感

人造木皮如何规划才能 省钱

（1）追求珍稀木材色泽感可选择人造木皮

人造木皮花色品种繁多，一些世界上已经绝迹的珍稀木纹也能仿制得栩栩如生，如果想让家居变得更加有质感和韵味，又不想花费太多预算，那么可以选择人造木皮，虽然不如天然木皮的纹理那么自然，但也有良好的色泽和图案，来为室内增添美感。

↑ 浅棕色竖纹人造木皮装饰墙面，视觉上拉伸纵向高度，也使整个空间更有层次感

（2）家具隐藏部分可用人造木皮代替

在制作板式衣柜或柜子时，需要在表面贴木皮以达到所需的效果，但由于较大体积的家具放置后很少会进行移动，所以对于例如衣柜的背面或底部，可以选择不贴木皮或者使用人造木皮代替，这样也能节约出不少的预算。

← 定制板式衣柜的背面或者顶部等地方，可以使用相似花纹的人造木皮来代替

六、百叶帘简洁美观，清理方便占地小

百叶窗采用了隔热性好的材料，能有效保持室内温度，达到了节省能源的目的。通过角度的自由调整，可以任意调节叶片至最适合的位置控制射入光线。清洁时只需以抹布擦拭即可。在遮阳方面，百叶窗除了可以抵挡紫外线辐射之外，还能调节室内光线。

1. 百叶窗的特点

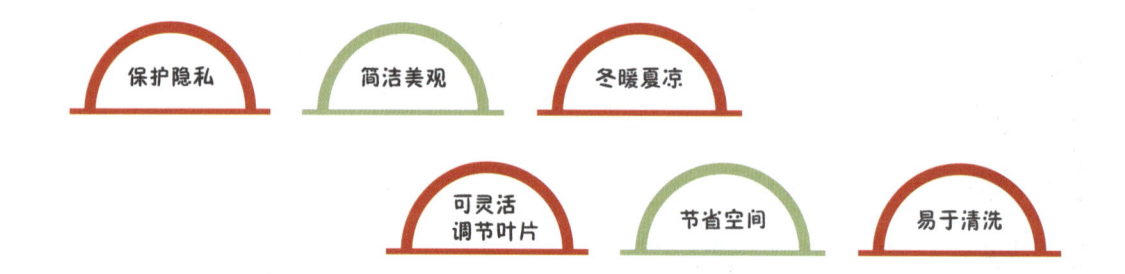

- 保护隐私
- 简洁美观
- 冬暖夏凉
- 可灵活调节叶片
- 节省空间
- 易于清洗

2. 百叶帘的分类

分类	特点	价格/(元/m²)
铝百叶帘	◎弹性好、强度高、不易变形 ◎部分帘片会有氧化钛涂层，可与紫外线反应，起到防污、抗菌、除臭及清洁空气的自洁效果	42~140
木百叶帘	◎长久使用不会开裂或变形 ◎质感自然，能够带来天然韵味	150~360
朗丝百叶帘	◎构架轻巧，叶片防潮、阻燃性能优异 ◎色彩、纹理丰富 ◎具有防水抗污、无划痕、耐老化的特点	400~2000

百叶帘如何规划才能 省钱

（1）卧室的大面积窗户选择百叶帘更省钱

如果卧室有大面积的窗户，可以选择百叶帘代替普通的窗帘，不仅价格上会相对便宜，而且也比较容易清洁打扫，装饰效果也不比普通窗帘逊色。

← 房间层高较低且窗户面积较大，选择百叶帘可以不增加压迫感，又容易清理

（2）百叶帘代替墙面装饰，安装方便又美观

有时候家里制作隔断后墙面会显得比较单调，涂刷色漆或使用饰面板装饰不仅麻烦而且价格也不低，这时候就可以使用百叶帘来代替，不仅能成为亮眼个性的装饰，而且还能起到遮掩、封闭的实际作用。

棕色百叶帘使卧室充满硬朗理性的感觉，也能起到空间隔离的作用 →

装修基础指南

七、窗帘辅料分开买，省钱不止一小笔

⚠ 推销员这样说

在购买窗帘时，很多时候推销员会建议辅料一起购买，美其名曰配套的更合适，否则自己买的不合适又浪费钱又浪费时间，买来后上完一查，才发现网上辅料的价格非常便宜，并且型号齐全，并不如推销员所说的难以适配。

💲 识破谎言，才能省钱

很多人觉得窗帘辅材一个才 10 块钱并不贵，但由于窗帘的运用较多，每个房间都需要安装窗帘，因此看起来不起眼的窗帘辅料，累计起来的价格也是不容小视的。而商家往往都是从这些小物件中赚取利润，其中的利润差价非常大，如果提前弄清楚，分开购买窗帘和辅料，那么也可以节省一笔相当可观的资金。

1. 窗帘辅料

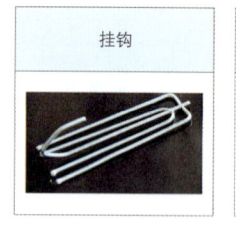

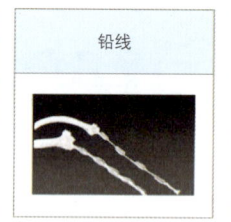

| 挂钩 | 吊环 | 布带 | 铅线 | 花边 |

2. 辅料价格水分大

简单的塑料吊环卖 5~10 元，对于一个三室一厅的房子，如果买 4 个窗帘，每个窗帘最少要 20 个塑料吊环，那么光是塑料吊环的价格要 400~800 元。

窗帘市场上，窗帘城里的价格可能比建材城窗帘区的价格贵上 2~3 倍；同一建材城，靠近大门的店铺价格会高，角落店铺的价格会较低。

↑ 窗帘的长度应该是窗户所在墙长度的 2 倍，以便制造褶皱效果，所以辅料使用数量增多

290

八、大理石辅材价更高，购买前期要问清

> **推销员这样说**
>
> 逛建材市场时发现大理石的窗台很好看，询问价格也不贵，推销员说大理石防水耐磨，安装也方便，除了损耗费会高点，其他都很划算，结果买回家后安装费算下来竟然比大理石的价格还要高，导致预算大大超支。
>
> **识破谎言，才能省钱**
>
> 很多销售人员可能并不了解实际的施工价格，他们仅会从材料的角度进行考虑，不会帮消费者思考安装要花费多少钱，所以在选择前一定要多调查留意，从配件到辅材，再到安装服务等都要有较为详细的预算概念。

1. 大理石的特点

优点是不怕潮，不会变形，维护方便。缺点是在寒冷的冬天会比较冷，并且容易有裂缝，而且价格较贵了一点。

2. 大理石加工及安装费用

费用名称	价　格	费用名称	价　格
水磨单边	15元/m	水性防护	30元/m²
水磨双边	30元/m	油性防护	80元/m²
线条边	40元/m	圆弧	50元/m
三层边	40元/m	直挂边	30元/m
打洞	10元/个	拼裙边	15元/m
切角	20元/个	台面、窗台安装费	40元/m
地面切割	15元/m²	台面、窗台安装费（宽50~100cm）	50元/m

九、水管太粗流速慢，白花费用效果差

> **装修公司这样说**
>
> 装修前，装修公司给的报价单上使用了统一较厚的水管，问原因说厚的水管质量较好。入住后，发现家里水压很低，水的流速也很慢，有时候连厕所也要很长时间才能蓄满水。检查后才发现是水管太粗了，可是想要更换已经来不及了。
>
> **识破谎言，才能省钱**
>
> 水管的选择首先并不是越粗越好，首先要根据实际情况进行选择，水管的使用最好粗细有别，特别是楼层高的住户，粗水管反而会影响水压，降低水流速度，从而影响日常生活。

1. 水管的分类

PP-R 管
① 无毒、卫生可靠，不仅用于冷热水管道，还可用于纯净饮用水系统
② 保温节能
③ 较好的耐热性。最高温度可达 95℃
④ 使用寿命长，常温下 (20℃) 使用寿命可达 100 年以上
⑤ 安装方便，连接可靠
⑥ 光滑的管道内壁使得沿程阻力比金属管道小，能耗更低

PVC 排水管
① 表面硬度和抗拉强度优，管道安全系数高
② 抗老化性好，正常使用寿命可达 50 年以上
③ 摩阻系数小，水流顺畅，不易堵塞，养护工作量少
④ 材料氧指数高，具有自熄性
⑤ 管道线膨胀系数小，受温度影响变形量小
⑥ 与铸铁排水管相比抗冰冻性能优良
⑦ 施工方法简单，操作方便，安装工效高。
⑧ 具有良好的水密性

2. 根据水压选水管

根据力学原理，水从粗管进入细管的过程中会增加水压，让流速增加。如果房内的水压很小，比如在高层建筑中的较高楼层，可部分使用较细的水管。

原因： 因为水管中存在摩擦力，水流经过的距离越长，水压就会越小，水管越粗就会导致水压更小。

解决： 如果楼层较低，水压较大，用较粗的水管，水流就不会太急，而且流水量较大；如果楼层较高，可以主干管用粗水管，分支管用细水管。

第五章　可以省的装修操作，放心省钱有技巧

水管入户如何规划才最**合理**

（1）粗细有别最合理

入户水管是 6 分管，过了总阀就被用转接头转成 4 分管，然后所有水管都是 4 分的。管路是树状结构，主管较粗，再用 4 分转接头分别转到厨房和两个卫生间。

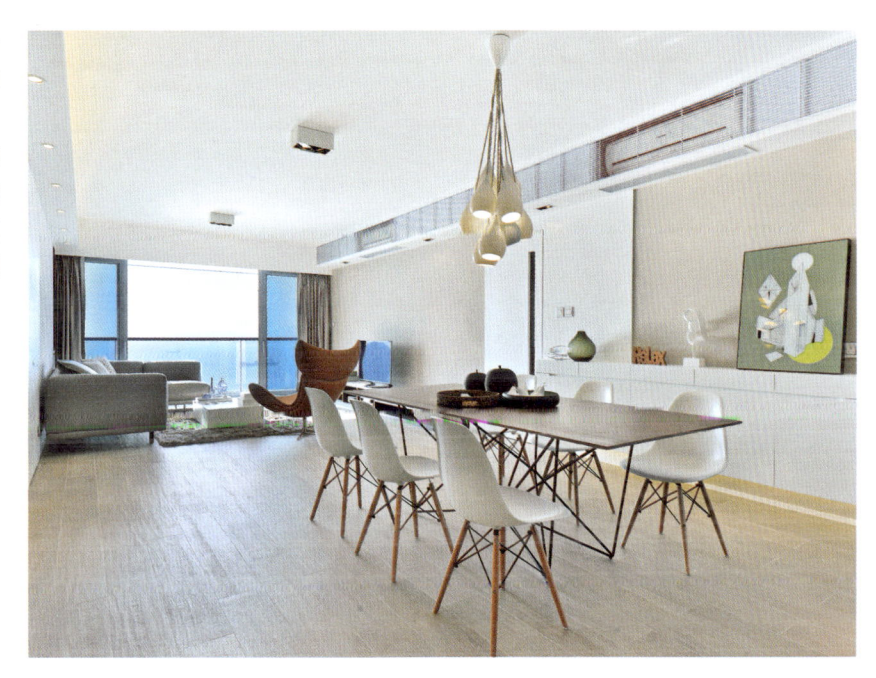

楼层较高，最好干干管用 6 分管，分支管用 4 分管 →

（2）热水管可替代冷水管

一般使用的 PPR 管分为冷水管和热水管两种，主要的区别是薄厚不同，冷水管薄，价格低，但二者价格相差并不大。因此在装修的时候还是建议选择热水管。

热水管的性价比更高 →

293

十、浴缸清理不简单，不常使用浪费钱

许多人会觉得劳累了一天，泡个浴缸能缓解整日的辛苦，但没想到真正买回来以后，使用的次数屈指可数，每次使用前的放水准备和使用之后的清理也非常的耗费时间，久而久之便搁置不用，不仅占用空间，而且也浪费钱。

1. 确定是否需要浴缸？

家中卫浴空间比较宽敞或数量在两个以上，并且个人习惯于利用泡澡来缓解疲劳，那么可以选择安装浴缸。

2. 搞清浴缸如何保养再决定？

清洁时要采用中性的清洁剂，若使用强碱或强酸会伤害浴缸表层。如果材质为亚克力，擦拭时用软布去除污垢即可；如果是实木浴缸，则应注意通风防晒；按摩浴缸日常清洁可用一般液体洗涤剂和软布，不可以用含酮或氯成分的洗涤剂清洗。

不装浴缸，少花多少钱

卫浴间安装浴缸，除了需要支付浴缸的费用，还有施工费用和人工费用。市面上的浴缸种类较多，价格在 1500~8000 元不等，如果安装嵌入式的浴缸需要瓦工砌台子，不仅工程量较大，而且价格平均为 460 元 /m²，人工费用在 300 元以上（原有管路不改动的情况下）。因此安装浴缸的话就要多花费 2500~9000 元。

常见浴缸种类

亚克力浴缸	实木浴缸	铸铁浴缸	按摩浴缸
1200~1500元/个	2800~4000元/个	2300~3800元/个	5000~8000元/个

十一、淋浴屏代替淋浴房，空间宽敞更实惠

淋浴房的保温作用比较好，在天气较为寒冷的时候会让人感到很暖和。但是淋浴房的清理相对而言是比较麻烦的，特别是一些由于户型问题而定制的、特殊造型的淋浴房。而淋浴屏不仅可以达到干湿分区的作用，在安装以及清理上也比淋浴房更简单。

淋浴屏　　　　　　　　　　　　**淋浴房**

特点
- 淋浴屏：在卫生间里安装一道玻璃门，再在地上砌一道门槛，只要达到分开干湿区的作用就可以了
- 淋浴房：利用室内一角，用围栏将淋浴范围清晰地划分出来，形成相对独立的洗浴空间

价格
- 淋浴屏：700~1800 元/m²
- 淋浴房：1400~2200 元/m²

优点
- 淋浴屏：① 节省空间　② 安装简单、轻便
- 淋浴房：① 划分出独立的洗浴空间，保证干湿分离　② 保温的作用

缺点
- 淋浴屏：① 不适合高水温下使用　② 很多构件不能维修，比如胶条、胶件、五金件等
- 淋浴房：① 较难清理　② 修理、维护困难

装修基础指南

十二、台上盆美观难打扫，费时费钱不划算

装修小问题

有很多家庭在选择洗手盆时，觉得台上盆造型独特好看，很有艺术感，一时冲动便选择了台上盆。但实际使用时会发现，台下盆只要用布在水平方向一抹就干净了；台上盆则要费劲地弯腰将盆内外圈都擦一遍，并且有些缝隙很难能清理的干净，这样打扫用的时间比台下盆要多了几倍。

← 方形台上盆简洁大方，但打扫时里外都要进行擦拭，比较麻烦

← 圆形台上盆美观个性，但盆底与台面相接处，缝隙较小，清理难度也较大

解决小办法

在日常选择时，想要使用比较方便，建议选择台下盆或者立柱盆。不仅使用上比较舒适，而且打扫清理起来也很方便。

1. 台下盆

台下盆是将盆体嵌在台面以下，因此不存在台上盆那样打扫困难的情况出现，特别适合没有过多时间进行卫生打扫的人群使用。

- 安装方便
- 清洁简单
- 价格在200~320元

2. 挂盆

挂盆是将盆体固定在墙上，一般挂盆相对较大，不容易把水溅到外面，能够保持卫浴间的干燥，并且这种挂盆很适合给婴儿进行沐浴。

- 节约空间
- 台下空间宽敞
- 价格在180~430元

3. 立柱盆

立柱盆将排水组件隐藏到主盆的柱中，所以会给人以干净、整洁的外观感受，同时也能根据家庭成员平均身高来选择合适的高度，立柱盆比较适合于面积偏小的卫浴间，能够很好地节省空间。

- 造型独特
- 清洁方便
- 价格在100~700元

十三、做饭频率少，抽油烟机功能要求可放宽

装修小问题

抽油烟机的种类、样式众多，很容易就看花了眼，售货员推荐近吸式油烟机，说吸力比较好，买的人比较多，随波逐流之下就买了。结果买回家后由于经常不做饭，很难使用的到，并且由于需要经常清洗，导致非常的麻烦，闲置后不仅浪费了预算，还增添麻烦。

解决小办法

很多人认为买抽油烟机就看能不能吸烟彻底，其他性能往往会被忽视。但在购买时，很多人没有结合自己的实际情况考虑，一冲动就购买了不符合自己的油烟机，导致闲置浪费。所以在购买前除了关注吸烟效果，还要考虑自己做饭的频率与要求，综合选择才最经济实惠。

油烟机的选择

市面上最常见到的两款抽油烟机为近吸式油烟机和顶吸式油烟机，根据使用要求的不同，可以进行不同的选择。

如果比较喜欢吃中式炒菜，并且每天都要做饭，那么可以选择近吸式油烟机，吸烟效果比较好；如果很久一次才做饭，菜式也更偏油烟较少的西式，那么可以选择顶吸式油烟机。

顶吸式	近吸式
油烟吸收较差	油烟吸净率达 99%
容易碰头，出现滴油现象	不会有碰头和滴油现象
清洁难度高，但频率低	清洁难度低，但频率高
防噪技术成熟，噪声较小	技术不成熟，噪声过大

抽油烟机如何选择最 省钱

（1）厨房空间较小，选择近吸式油烟机更省空间

厨房空间较小，并且顶部橱柜设计较多，那么顶吸式油烟机不如近吸式油烟机更省空间，这样可以充分利用好空间，不造成浪费。

厨房层高不够，顶部又做了吊柜，中部空间较小，可以选择近吸式油烟机，节约空间不显拥挤 →

（2）开放式厨房选择顶吸式油烟机，美观又易清理

开放式厨房适合不经常做饭，或做饭油烟较少的家庭，但如果选择了开放式的厨房又担心油烟味会散到其他空间，那么可以选择顶吸式油烟机，不仅造型样式较多能够满足不同风格需求，而且吸烟能力较好，解决油烟过重问题。

餐厅与厨房相连的开放式厨房，为了避免油烟散出，选择顶吸式油烟机效果更好 →

299

十四、定速空调价格实惠但费电，变频空调价格较贵能省电

家用空调分为变频和定速两种。同一匹数的空调，变频空调的制冷、制热能力好于定速空调，而且更省电，但是相对应的，变频空调的价格也比定速空调更贵。

1. 定速空调

运作规律：室温上升到设定温度减 1℃后，空调停机。当室温上升到设定温度加 1℃时，空调再次启动。

优点
- 运行比较稳定，不容易出故障
- 费用比较便宜

缺点
- 耗电量大，节能性能低
- 开启到适合温度时间较长

参考价格：1800 ~ 3200 元（1.5 匹）

适合家庭：房间较小，开启不频繁的家庭

2. 变频空调

运作规律：先是高频运行，当室温达到设定温度后，变为低频运行，不停机。

优点
- 制冷、制暖能力强劲迅速
- 高效节能，室温控制精准

缺点
- 价格比较高
- 出现故障率较高

参考价格：2200 ~ 4200 元（1.5 匹）

适合家庭：使用频繁，对温度要求较高的家庭

空调如何规划才能 省钱

（1）根据房型选择空调形式

如果房间是正方形的，可以选择分体壁挂型空调；如果房间是长方形的，可以考虑风力更强、送风更均匀的柜机。

↑ 正方形房间选择壁挂型空调 　　　↑ 长方形房间选择立式柜机

（2）根据房间大小来确定摆放位置

如果房间较大，室内机最好装在长的那面墙的中间。这样吹出的风能在最短时间内到达最远的角落，与那里的热空气混合后能较快回到进风口，从而均匀地降温。由于缩短了降温时间，也就能更省电。

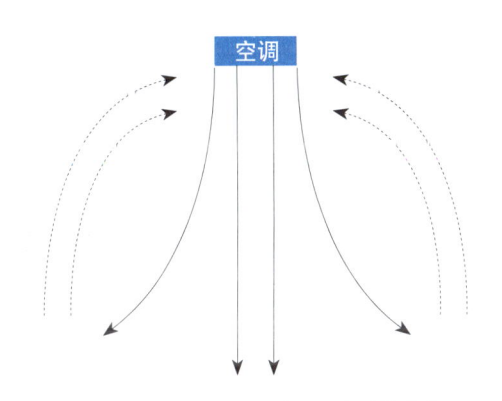

空调在长墙边，回风距离短，制冷效率高 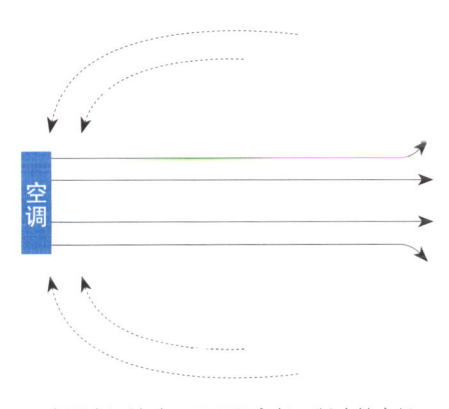　　　空调在短墙边，回风距离长，制冷效率低

第二节 施工验收

一、保留原墙面防水腻子，节约铲除、修缮费用

装修工人这样说

装修时常常会遇到这样的问题，包工头说墙面的腻子需要全部铲除，然后再重新刮腻子。现在很多新房的墙面其实已经刮了腻子，但装修公司或施工团队可能坚持把原墙面的腻子铲除掉，然后重新刮，这样就可以多增加收费项目。

识破谎言，才能省钱

如果原有墙面的腻子是防水腻子，并且墙面非常平整，那么可以不用进行铲除，不仅节约时间，而且也能节省开支。

1. 如何辨别防水腻子

在墙上淋点水，用手沾水在墙面转圈式触摸，如果手上有粘黏感，那么就不是防水腻子。

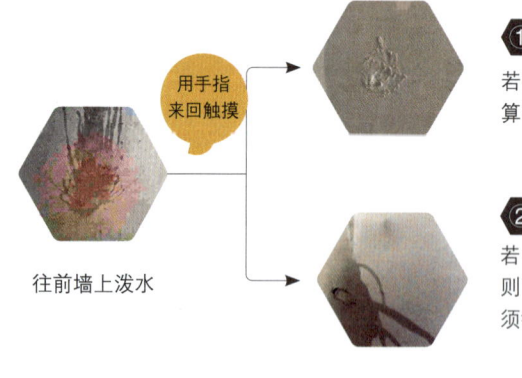

往前墙上泼水 → 用手指来回触摸

① 若揉搓出部分白浆，则耐水腻子的质量稍差，但也算合格

② 若揉搓出白浆和浅坑，且坑的深度不超过 2mm，则可铲可不铲；若坑超过 2mm，即为不合格，必须铲除

2. 如何处理墙面空鼓和裂缝

处理空鼓的方法，将出现空鼓的地方铲除然后重新涂刷底、面漆；处理裂缝的方式，将裂缝处铲成 V 字形，清除完浮灰后用胶结合石膏粉填平裂缝，干后用纸带封上再刮腻子。

墙面空鼓 　　　墙面裂缝

误除防水腻子，多花多少钱

以 20m² 的客厅为例，根据计算公式可以大致得出，墙面面积大约在 18 ㎡，那么防水腻子铲除后，还要重新进行墙面处理，由此可以得出误铲除防水腻子，可能会多花费 1044 元左右。反之，如果提前识别出防水腻子，那么光是客厅就可以节约的费用最少也有 1044 元。

> **墙面面积计算公式：墙面面积 =（建筑面积 ×80%−10）×3**

↑ 简单的墙面工程也能省下不少预算

墙面批荡工程预算报价表

施工项目	单位	单价/元	材料结构及工艺标准说明
铲原墙面表面乳胶漆或原灰层	㎡	5	含购袋、铲除
墙面批荡	㎡	18	水泥、砂浆单面批荡，不含油漆
墙面包钢网批荡	㎡	35	◎包钢网、水泥、砂浆，单面批荡 ◎含工费、不含油漆

二、原瓷砖地平整可直接铺木地板，减省拆除费用

> **装修工人这样说**
>
> 旧屋翻新时，原来地面是瓷砖地面，想要换成木地板。装修工人询问是否要拆瓷砖时，很多业主觉得翻新装木地板就必须要拆除掉瓷砖，这样不仅多花了一笔钱，而且浪费了不少时间。
>
> **识破谎言，才能省钱**
>
> 如果原地面是瓷砖，翻新后要装地板，只要瓷砖够平整，就可以不必拆除。

1. 如何辨别是否拆除瓷砖

方法：如果是湿式施工的瓷砖，应该拆旧瓷砖，但不必敲到水泥底；如果是铺抛光石英石砖，应该拆到见底。

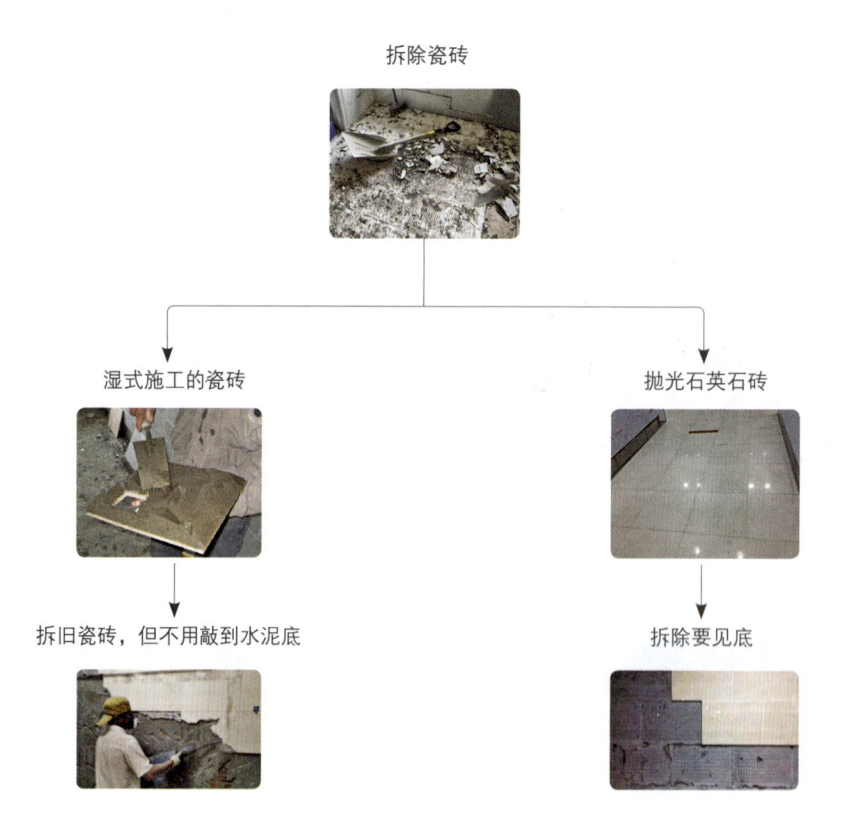

拆除瓷砖

- 湿式施工的瓷砖 → 拆旧瓷砖，但不用敲到水泥底
- 抛光石英石砖 → 拆除要见底

2. 如何辨别水泥好坏

水泥的质量决定了瓷砖的牢固性。因此买了水泥以后，可以加入适当的水，搅拌并使其凝固，6h 或 12h 后看水泥是否结块。如果没结块，而成粉状，说明是变质或过期的水泥。

误拆平整瓷砖地面铺地板，多花多少钱

以 20m² 的客厅为例，除了拆除瓷砖的人工费用外，还有拆除之后垃圾清理的费用，所以如果误拆了平整的瓷砖再铺地板，那么可能要多花掉 920 元。

↑ 误拆平整瓷砖既浪费时间又多花钱

墙面工程预算报价表

施工项目	单 位	单价/元	材料结构及工艺标准说明
拆除墙砖、地砖	m²	12~26	仅包括砖，不包括墙体
拆除垃圾清运	m²	15~20	清运到指定地点，根据楼层高度费用会发生变化

装修基础指南

三、少装石膏线，降低损耗更省钱

⚠ 设计师这样说

很多设计师或装修师傅喜欢让业主在顶面做比较多的造型，特别是石膏线装饰。设计师会以顶面单调或配合整体家居风格的说法，想要业主选择安装石膏线，可有些时候，石膏线并不是必须要有的，反而会增加无谓的开支。

💲 识破谎言，才能省钱

如果确定了比较现代、简练的家居风格，那么可以不用考虑石膏线装饰，如果害怕顶面造型会单调，可以选择以灯具来弥补。

1. 如何判断是否安装石膏线？

↑ 日式风格追求淡雅素朴，可以不安装石膏线

↑ 北欧风格自然平和，简洁的顶面造型最适合

↑ 新欧式风格轻奢优雅，简单的石膏线装饰精致感十足

↑ 简约风格追求细节品质，简练的石膏线条可以展现不俗的品味

误装石膏线，多花多少钱

以 20m² 的客厅为例，那么客厅顶面的周长在 18m 左右。石膏线本身的价格可能并不高，但是所要的人工费用和损耗费不容小视，所以如果 20m² 的客厅误装石膏线，那么可能要多花掉 900 元。

> 石膏线安装费用 = 按照实际使用的尺寸费用 +5%~6% 的损耗来计算

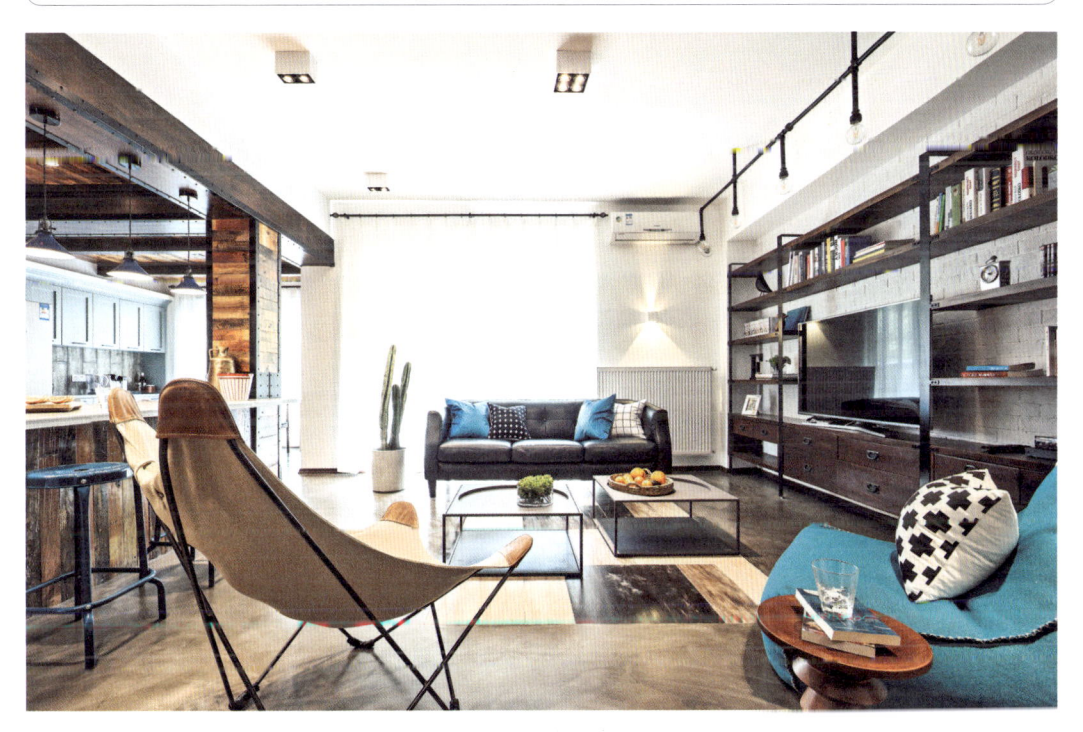

↑ 利用个性灯具代替石膏线，也能带来良好的装饰效果

安装石膏线工程预算报价表

施工项目	单 位	单价/元	材料结构及工艺标准说明
石膏线材料费	m	5~10	不包括人工费用
油漆涂刷	m	5	石膏线粘贴后刷立邦漆
安装费	m	8~35	/

四、少做室内吊顶，减少昂贵装修费用

设计师这样说

装修时，设计师常会说居室应该装天花板，这样整体效果才好看。做好后才发现，原本家中高度只有 2.4m，做了吊顶以后，一进门便有明显的压抑感。

识破谎言，才能省钱

不同于以前 3m 以上的房屋高度，现在的房屋高度则在 2.4~2.8m，在铺完瓷砖和地板之后，室内空间高度还要减少 5~10cm，此时如果再做吊顶，那么还要再减少 10~20cm，房间就会更加有压抑感。

1. 吊顶的作用

主要用于隐藏各种管线，包括电路管线、水路管线、空调管线。

2. 不装吊顶如何处理管线

可以在水泥墙上开槽，将管线埋于其中。也可以直接在墙壁上拉管线，不过要注意整体的设计是否符合，电线外要套上塑料管。

↑ 不做室内吊顶，空间整体也不乏美感

不做吊顶，少花多少钱

以 20m² 的客厅为例，按照最简单的吊顶来安装，如果使用轻钢龙骨吊顶，那么需要花费 2900 元左右；使用木龙骨则需要花费 3800 元。所以如果仅客厅不安装吊顶，就能节约 3000~4000 元。

> 顶面面积 = 地面面积 = 房间长度 × 房间宽度

↑ 不做吊顶节约预算的同时，也能带来简洁大方的室内效果

安装石膏线工程预算报价表

施工项目	单位	单价/元	材料结构及工艺标准说明
轻钢龙骨吊顶	m²	145	包括防潮板、石膏板
木龙骨吊顶	m²	190	不含乳胶漆，接缝环氧树脂补缝，防潮费用另计

装修基础指南

五、保持砖墙，打造个性家居又省钱

装修工人这样说

旧屋的墙面漆脱落，露出了底下的墙砖，工人说必须上腻子重新粉刷，否则不仅有安全上的隐患，而且也会影响整体风格。

识破谎言，才能省钱

如果家居风格允许，保留砖墙也可以成为室内亮点，对于风格的打造也能起到装饰作用。这样可以既轻松又减少花费就达到风格效果。

砖墙适合哪些室内风格？

← 美式风格

← 现代风格

← 工业风格

← 北欧风格

不做吊顶，少花多少钱

以 20m² 的客厅为例，如果墙面拆除后只上白色油漆，不再做其他工程，除了节省下刷墙面的费用，那么至少可以节省 1370 元。

↑ 砖墙背景墙既符合风格特点又能节省预算

拆除工程预算报价表

施工项目	单 位	单价/元	材料结构及工艺标准说明
墙体水泥黄沙粉刷	㎡	18~25	/
墙面批荡	㎡	12~20	水泥、砂浆单面批荡，不含油漆
刷乳胶漆	㎡	20~31	用双飞粉批三遍、一底三面

六、不靠隔墙分隔空间，软装代替更省钱

装修工人这样说

房子到手后对空间划分不太满意，不想大改格局，装修工人说可以砌轻体隔墙来重新划分空间，没想到加了隔墙以后，不仅隔音效果很差，而且质量也很令人担忧。

识破谎言，才能省钱

空间的分隔不一定要用隔墙来完成，相对于加砌墙体，使用家具、装饰等软装代替，也可以达到空间分隔的效果，而且效果更美观。

1. 隔墙的分类

常见的隔墙可以分为 3 种，包括骨架隔墙、砖砌隔墙和板材隔墙。

2. 隔墙的优缺点

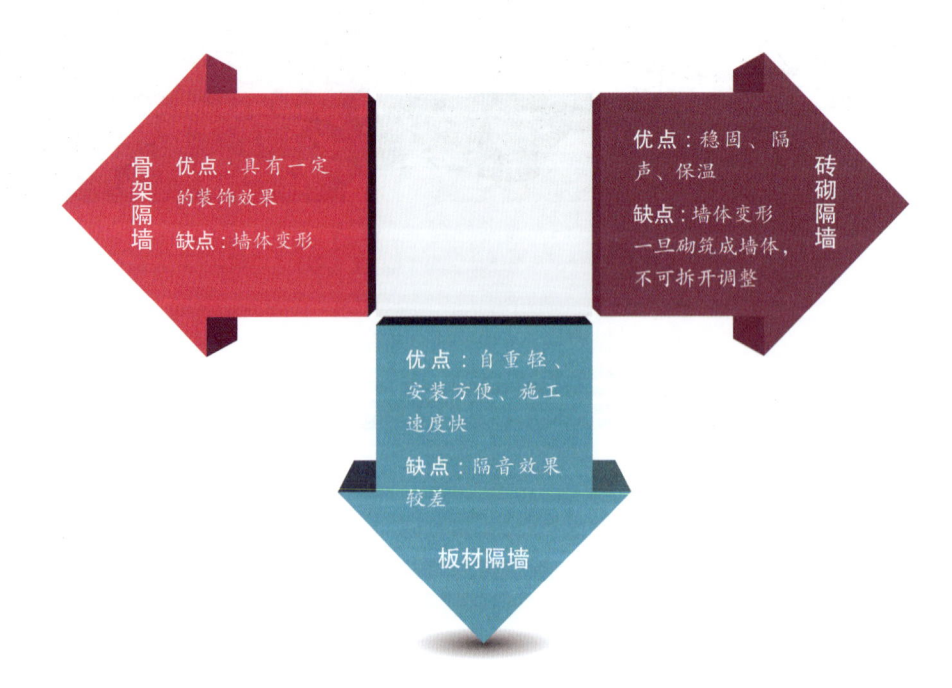

骨架隔墙
- 优点：具有一定的装饰效果
- 缺点：墙体变形

砖砌隔墙
- 优点：稳固、隔声、保温
- 缺点：墙体变形一旦砌筑成墙体，不可拆开调整

板材隔墙
- 优点：自重轻、安装方便、施工速度快
- 缺点：隔音效果较差

不做隔墙，少花多少钱

以 20m² 的客厅为例，不管选择哪种材质的隔墙和分隔的空间多少，最少也需要 1500 元的花费，如果使用软装代替，比如定制家具、珠线帘等，所需要的花费也远小于隔墙的花费。

↑ 利用镂空推门代替隔墙作为两个空间的分隔载体，既便宜又不增加沉重感

安装隔墙工程预算报价表

施工项目	单 位	单价/元	材料结构及工艺标准说明
夹板封隔音墙	m²	118	不含批灰、墙面油漆
轻质水泥砖砌墙	m²	100	含轻质水泥砖、水泥、砂浆，砌墙工费，不含批荡
石膏板墙	m²	135	不含批灰、墙面油漆
墙面批荡	m²	18	/
刷乳胶漆	m²	20	不含乳胶漆费用

七、少做木工工程，耗时费钱不环保

装修工人这样说

想要买系统橱柜，但又怕尺寸不合适，装修师傅说木工制作橱柜不仅尺寸合适，不浪费空间，又能比较环保。可制作完成后，不仅气味较大，而且制作工艺不太理想。

识破谎言，才能省钱

木工工程最主要的在于工人的手艺，一些特殊造型，包括曲线、曲面、花样门片十分考验工人的技法，做工越细价格越昂贵。并且即使使用了最环保的板材，如果用量过多，也会造成甲醛超标。

1. 减少木工工程的原因

施工难度大。 木工施工不仅要靠手艺，还要有良好的审美能力，对于比较复杂的木工造型，十分考验手艺与经验，没有一定能力很难做出满意的成品。

重做很费钱。 木工工程在事前是无法看到结果的，一旦出了成品想要修改基本很难。所以对于成品的期望要求不能过高，以免造成心理落差。

污染大。 木作品基本上要上一层油漆，不管是板材，还是用于板材粘合的胶水和油漆，都是装修污染中最主要的来源，多做木工，可能会造成家中污染严重。

2. 如何减少木工工程

（1）现成家具代替木工家具

同样的木作价钱可以买到质量适中、样式新颖的现成家具，把木工工程大部分的人工费用节约下来，买更好更美观的现成家具。

（2）不做吊顶或局部做吊顶

如果吊顶没有过多杂乱的线路，那么可以考虑不做吊顶。或者局部制作吊顶，既能藏住线管又能有设计感，还节约预算。

（3）木作柜体不做抽屉

木作抽屉占据了比较大的预算比重，如果不做抽屉，而买现成的储藏盒或挂袋，也能够进行美观、有效地收纳。

多做木工工程，多花多少钱？

木作制品一般贵在表面的上漆和贴皮，而做工越复杂细致，人工费用也就越高。以书房为例，带有雕花精美的欧式书桌，购买成品的价格在 2000~5500 元，而木工制作除了木材的价格，光是人工费用则需要 6000~10000 元，因此多做木工工程，单项至少都要多花 4000~5000 元。

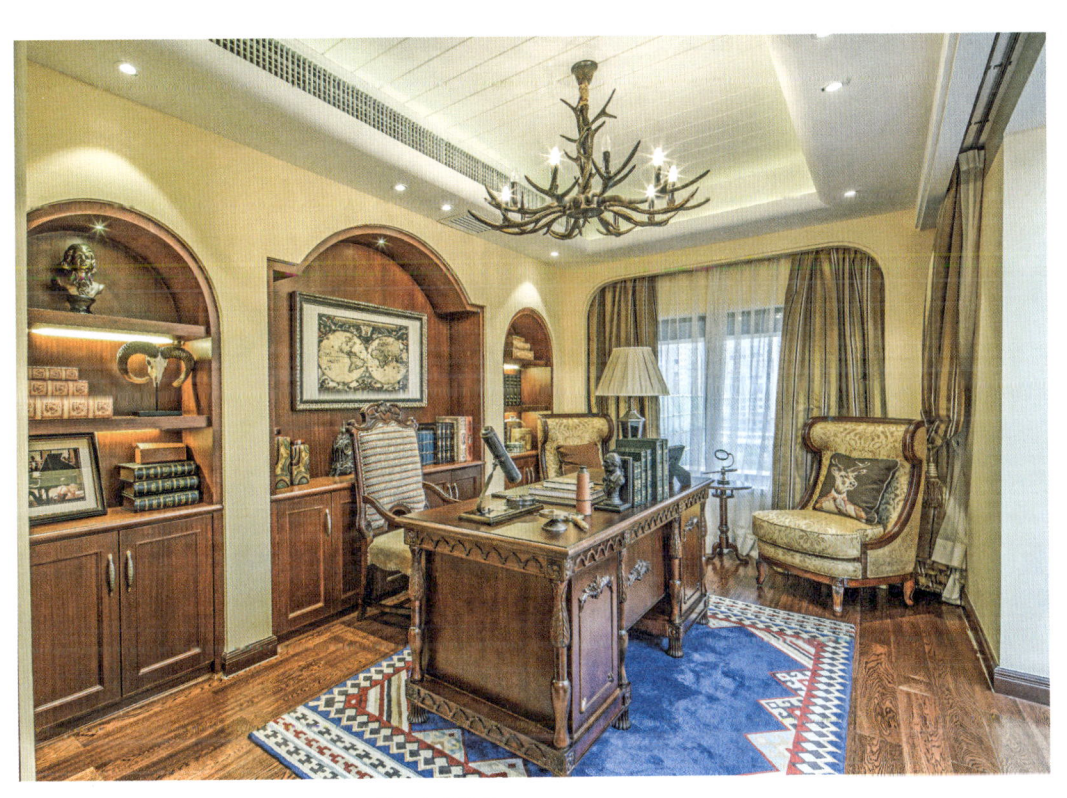

↑ 少做木工工程，以成品代替也能有不错的室内效果

木工工程预算报价表

施工项目	单 位	单价/元	材料结构及工艺标准说明
鞋柜	m	450~550	包括喷漆、贴皮，不包含五金件
玄关柜	m	600~850	包括喷漆、贴皮，不包含五金件
衣柜	m	650~750	包括喷漆、贴皮，不包含五金件
壁柜、吊柜	项	380~460	包括喷漆、贴皮，不包含五金件

八、现场做门套，价格便宜更节省

💡 装修途中的突发奇想

要装门的时候，逛建材市场觉得成品门套更好看，所以选择了成品的门套。但买回来安装的时候才发现，门套与墙面的贴合度太差，并且安装的牢固程度也比较低。

💲 考虑周全，才能省钱

虽然成品门套款式漂亮，但是如果使用现场制作门套，不仅价格更便宜，也能保证门套和墙体之间可以更服帖牢固，这样也就避免了日后出现问题后还要花费修理的费用。除此之外，制作门套如果有小的擦碰，油漆修补也比较方便。

1. 如何避免门关不起来

门套的垂直线要抓好，对于拆改时被破坏的墙面，需要木工师傅抓垂直线来把墙补直，否则，门套装歪后，门会关不起来，或关上时会有点卡住的感觉。

2. 门缝的大小标准

门的下缝应大于上缝。一般情况下，木门的上侧、左侧、右侧的门缝不能超过3mm，下缝一般为5~8mm。

左右门缝 ≤ 3mm　　下门缝 5~8mm　　上门缝 ≤ 3mm

现场做门套，少花多少钱

以三室一厅的户型为例，三个房间需要三个门和门套，还有厨房和卫浴间两个门和门套，那么除了大门以外，整个空间需要五个门和门套，一般现场制作门，都会包含门套的价格，所以两者一般组合计算价格，以平板门而言，市面价格最低在 1100 元左右，加上门套的费用为 1140 元，一共最少要花 2240 元，五扇门则需要 11200 元，相对于现场制作门套和门，要多花 4350 元。

↑ 现场制作门套不仅价格便宜，还更贴合

制作门、门套预算报价表

施工项目	单 位	单价/元	材料结构及工艺标准说明
平板门（含门套）	樘	1370	门：3cm×2cm　门套：315mm
造型门（含门套）	樘	1600	门：3cm×2cm　门套：315mm
包门套	m	190	15mm 芯板铺底 7cm×0.7cm 线条包门套
推拉门套	m	130	15mm 芯板铺底 7cm×0.7cm 线条包门套
和式推拉门扇	m²	625	15mm 芯板结构，夹 5mm 全磨砂玻璃

装修基础指南

九、简约式电视墙，装饰效果百搭且便宜

装修工人这样说

家里想装修成北欧风或简约风，原本不打算做电视背景墙，但装修工人说不装背景墙很难看。装完背景墙后发现，与家里的风格不仅不太符合，而且显得客厅更加凌乱，既浪费了空间，又增加了开支。

识破谎言，才能省钱

电视背景墙并不是必做不可的，相对于造型复杂的电视背景墙，白色背景墙或只利用软装点缀的背景墙，不仅更加百搭、不会过时，而且也能减少相当一笔预算开支。

1. 电视背景墙的作用

最大的作用是满足了业主装饰装修的需要，使之成为生活与艺术的完美结合。

2. 不做电视背景墙的好处

（1）不容易过时

很多好看的电视背景墙造型、色彩都比较突出，但长时间使用下来，很容易出现审美疲劳，并且也会有喧宾夺主的感觉。

纯白色电视背景墙不容易过时 →

（2）节约开支

电视墙的预算包括了管道的铺设费用、电线的铺设费用、墙面的粉刷费用以及地板或者瓷砖的铺设费用，所以不装电视背景墙能够节省下来不少开支。

软装隔板代替电视背景墙，省钱又好看 →

多装电视墙，多花多少钱

以 20m² 的客厅为例，根据计算公式可以大致得出，墙面面积大约在 18m²，那么除了简单的涂刷多色乳胶漆以外，安装电视背景墙最少需要花费 11000 元，由此不装电视背景墙，最少可以节约 11000 元。

> 墙面面积计算公式：墙面面积 =（建筑面积 ×80%-10）×3

↑ 简单的蓝色乳胶漆涂刷，也能使电视背景墙变得美观

不同材料背景墙预算报价表

施工项目	单 位	单价/元	材料结构及工艺标准说明
镜面墙	m²	220~280	具有延伸的效果，能够扩大视觉上的面积
壁纸	m²	35~350	可以全部满铺、与石膏线或护墙板组合成背景墙
大理石造型	m²	450~880	可以采取不同色彩拼花的铺设方式
木纹饰面板	m²	66~165	具有实木板的纹理，适合多种风格
定制电视墙	m²	320~580	可以增加储藏功能

十、不做木地台，避免淋雨受潮白花钱

💡 装修途中的突发奇想

看到邻居家在阳台做了一个木地台，觉得可以满足在阳台坐着晒太阳的愿望，但有时候忘记关阳台的窗户，结果下雨的时候淋到地台上，导致木板变形。由于地台是固定的，所以想要更换只能直接拆掉重做，浪费了不少开支。

↑ 木地台一旦淋雨受潮，便很难修整

💲 考虑周全，才能省钱

地台一般是由木板制作，而阳台又容易进水、漏水。所以尽量避免制作木地台，可以利用家具等软装代替，也能打造悠闲舒适的阳台休闲氛围。

1. 不做地台的原因

容易产生磕碰。 由于地台的高度一般在 16cm 左右，有的地台可能还包含两级台阶，如果家中有老人和小孩，难免会发生磕碰，对他们造成伤害。

容易出现卫生死角。 地台的制作很难做到毫无缝隙，日积月累，这些缝隙就会成为卫生死角，很难清理干净。

2. 不做地台拥有悠闲空间的方法

利用软装代替木地台来打造阳台，也能创造出悠闲自如的环境氛围，相比要担心制作施工以及后期养护的问题，软装替代更加省心、省力、省预算。

休闲座椅代替木地台，也能带来悠闲放松的氛围感，省去制作施工的烦琐和复杂，不占用过多空间也能实现晒太阳的愿望，同时也能根据个人喜好随时更换，打扫清洁也十分方便。

可以在客厅与阳台交界处摆放长柜，配上几把椅子，既能形成独立的休闲空间，也能享受悠闲自在的独处时光。相比于制作木地台，更加简便省心，也不用花费太多损具。

十一、中央空调功效发挥靠安装，提前规划更省钱

💡 装修途中的突发奇想

装修前没有考虑好要装中央空调，装修进行到一半时突然不想要壁挂式空调，想要装中央空调，结果咨询后发现无法实现。

💲 考虑周全，才能省钱

中央空调的安装涉及到前期的设计，要与整个装修过程一起进行。最迟也要在木工开始之前做好准备，否则很多木工工程要拆除才能安装。

1. 中央空调如何发挥功效

30% 在于前期设计是否合理，20% 在于其本身质量好坏，50% 在于安装是否合理。设计安装必须在装修前进行，主机可以藏在天花板或壁橱内，安装前要先确定室内机的位置和风管走向，才能保证后期安装顺利。

2. 如何确定室内安装位置

○ 家用中央空调安装位置要根据吊顶的方式来决定，客餐厅之间无疑是一个最佳的安装位置。它只需要在客餐厅的过道区域进行吊顶，减少了吊顶空间的同时，也让客餐厅之间有了明显的层次感。一般采用侧出风、下回风的气流方式，空调室内机有效的影响到客厅整个房间。

○ 还有一种常见的安装方式是直接安装在客厅的吊顶上，把检修口也涵盖在回风口里，售后检测维修时打开回风口即可，售后维修比较方便。这种安装方式采用下出风、下回风的送回风方式，冷（热）气循环流通，非常舒适。

○ 客厅的中央空调在靠近餐厅的一侧，采用侧出风下回风的送回风方式，客厅室内机和餐厅室内机共用一个回风口，无论是空调设计还是装潢设计都很有格调。

注意！

如果安装位置不佳，例如中央空调的回风口设置在有太阳直射的地方，容易造成空调制热或制冷温度不够，也会影响实际的使用效果。

3. 如何确定室外机位置

尽量远离卧室、书房等需要安静氛围的空间，一定要选择通风顺畅的地方，否则会影响制冷能力。避免放在卫生间或厨房顶部，如果避免不了，那么要提前制定好回风方案。

装修基础指南

十二、自备验收工具，自己验收放心又省钱

> **装修工人这样说**
>
> 　　装修结束后要进行验收检查，可却又不知道该怎么下手，装修工人说只要用眼睛看看就可以，工程质量可以保障。结果入住后发现许多隐藏的质量问题，想要再弥补不仅要花费更多开支，并且很麻烦。
>
> **识破谎言，才能省钱**
>
> 　　房屋的验收不是仅凭眼睛观察就能发现问题，对于可能存在的内部问题，这样的检查方式往往起不到任何作用，这时候还是需要使用专业的工具。

1. 常见的验收工具

（1）垂直检测尺

　　用来检测建筑物体平面的垂直度，平整度及水平度的偏差。可以用来检测墙面、瓷砖是否平整、垂直；检测地板龙骨是否水平、平整。

（2）游标卡尺

　　游标卡尺作为一种常用量具，可具体应用在测量工件宽度、测量工件外径、测量工件内径、测量工件深度四个方面。

（3）响鼓锤

　　可以通过锤头与墙面撞击的声音来判断是否空鼓。

（4）万用表

　　万用表不仅可以用来测量被测量物体的电阻，交、直流电压还可以测量直流电压。甚至有的万用表还可以测量晶体管的主要参数以及电容器的电容量等。

十三、无需专业质检员，重点验收自己做

> **装修工人这样说**
>
> 准备装修房子，但家里没人懂装修门道，想请专业的装修监理来协助，可装修工人说专业监理并没用，还浪费钱，自己也能帮助验收。结果入住后才发现很多地方没有检查到，出现了问题。
>
> **识破谎言，才能省钱**
>
> 对于重点项目或重要的施工一定要进行验收，比如卫生间的防水工程一定要做闭水试验，否则后期出现漏水问题，返工花费非常大，了解验收的重点，能够帮助我们提前规避这些问题。

1. 装修质量验收阶段

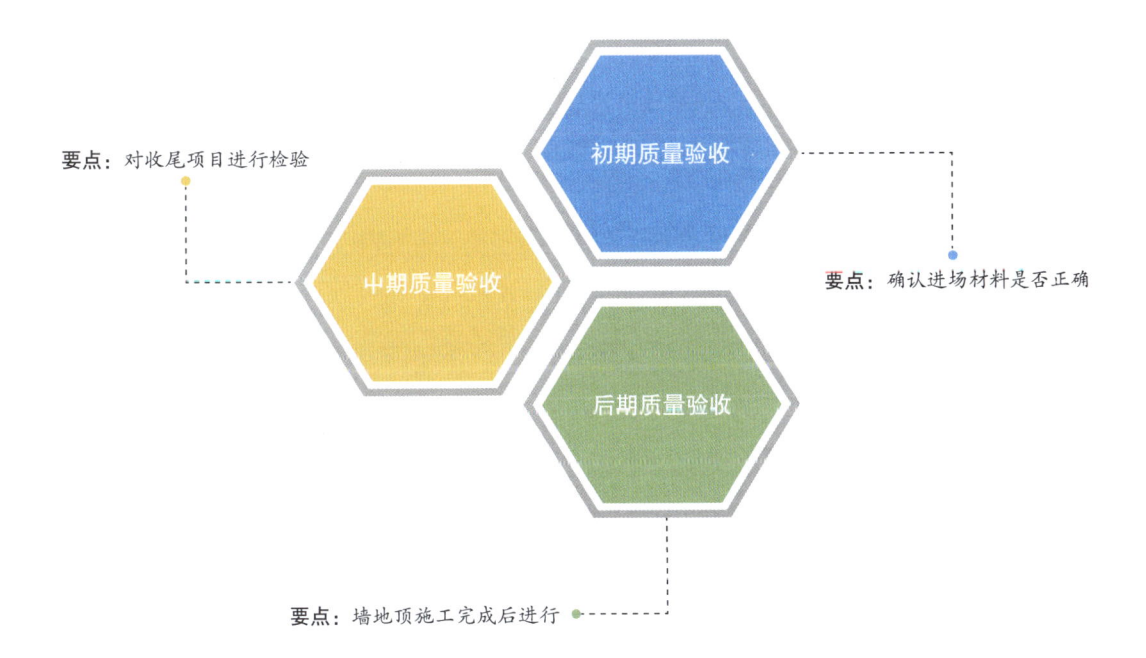

- 初期质量验收　　要点：确认进场材料是否正确
- 中期质量验收　　要点：墙地顶施工完成后进行
- 后期质量验收　　要点：对收尾项目进行检验

（1）初期质量验收

初期检验最重要的是检查进场材料（如腻子、胶类等）是否与合同中预算单上的材料一致，尤其要检查水电改造材料（电线、水管）的品牌是否属于前期确定的品牌，避免进场材料中掺杂其他材料影响后期施工。

（2）中期质量验收

一般装修进行 15 天左右就可进行中期检验，中期工程是装修检验中最复杂的步骤，其检验是否合格将会影响后期多个装修项目的进行。

验收项目	验收内容
吊顶工程	◎检查吊顶的木龙骨是否涂刷了防火材料 ◎检查吊杆的间距，吊杆间距不能过大否则会影响其承受力，间距应在 600～900mm ◎查看吊杆的牢固性，是否有晃动现象
水路工程	进行打压实验，打压时压力不能小于 6kgf 力，打压时间不能少于 15min，然后检查压力表是否有泄压的情况
电路工程	◎注意使用的电线是否为预算单中确定的品牌以及电线是否达标 ◎检查插座的封闭情况，如果原来的插座进行了移位，移位处要进行防潮防水处理，应用三层以上的防水胶布进行封闭
墙砖、地砖	◎用小锤子敲打墙、地砖的边角，检查是否存在空鼓现象 ◎墙、地砖的空鼓率不能超过 5%，否则会出现脱落 ◎检查墙、地砖砖缝的美观度，一般情况下无缝砖的砖缝在 1.5mm 左右，不能超过 2mm，边缘有弧度的瓷砖砖缝为 3mm 左右
防水	◎检验地漏房间的防水 ◎检验淋浴间墙面的防水，墙面的刷漆有无漏刷现象，尤其要检查阴阳角是否有漏刷，避免阴阳角漏刷导致返潮发霉

（3）后期质量验收

后期检验需要业主、设计师、工程监理、施工负责人四方参与，对工程材料、设计、工艺质量进行整体检验，合格后才可签字确认。

验收内容
◎电路主要查看插座的接线是否正确以及是否通电，卫浴间的插座应设有防水盖。 ◎除了对中期项目的收尾部分进行检验，业主还应检验地板、塑钢窗等尾期进行的装修项目。 ◎业主需要检查有地漏的房间是否存在"倒坡"现象。打开水龙头或者花洒，一定时间后看地面流水是否通畅，有无局部积水现象。除此之外，还应对地漏的通畅、坐便器和洗手盆的下水进行检验。

2. 局部验收重点

（1）墙面工程

外观检查	◎检查墙面的颜色是否均匀、平整，是否有裂缝 ◎用手摸，检查墙面的平整与裂缝的问题，看是否有受重裂缝或贯穿性裂缝 ◎用眼看的方法检查墙面的颜色是否均匀
垂直平直度检查	◎检测墙面内外（阴阳）直角的偏差，一般普通的抹灰墙面偏差值为4mm，砖面偏差度为2mm ◎抹灰立面垂直度偏差值一般为5mm，砖面允许偏差2mm，抹灰墙面水平偏差值为4mm，砖面偏差2mm ◎注意在测水平度前，须校正水平管
墙面空鼓检查	◎在距离墙面8~0m处观察，记录墙面出现空鼓的位置，然后用手摸，确定墙面空鼓的位置以及面积 ◎观察墙壁瓷砖铺贴的整体效果后，用响鼓锤对墙面每块瓷砖轻轻敲击，通过辨识声音判断哪些地方有空鼓现象

（2）地面工程

外观检查	◎首先须在2m以外的地方，对光目测地面颜色是否均匀，有无色差与刮痕 ◎查看砖面是否有异常污染，如水泥、油漆等 ◎眼看和手摸检查表面是否有裂纹、裂缝以及破损
平整度检查	◎用垂直检测尺对地面的平整度进行检测 ◎一般地砖铺贴表面平整度允许误差为5mm，而地板平整度偏差为3mm
坡度检查	◎在卫浴和阳台远离地漏的位置撒水，并观察水是否流向下水口 ◎关闭水源一段时间，观察地面是否有严重积水的情况 ◎在地漏附近用乒乓球测试，看球是否朝地漏方向滚动

续表

地面空鼓检查	◎用小铁棒对每一块地砖进行敲击，通过敲击发出的响声判断地砖是否存在空鼓 ◎一般地砖空鼓不超过砖面积的20%为合格，空鼓率低于5%属于高标准 ◎在木地板上来回走动，发现有声响的部位，确定具体位置后做好标记，一般有松动的地板需要重铺

（3）给排水工程

给水工程	质量检查	对现有安装的阀门、龙头以及进水管进行检查，查看安装位置是否合理。首先一般水管安装不得靠近电源与燃气管。其次，用手摇动龙头和水管，检查安装是否牢固，有无松脱现象。然后检查阀门与龙头开关的灵活性
	通水检查	查看龙头的出水是否顺畅，有无阻塞情况，水质有无异常。龙头和阀门位置是否有滴水和漏水的情况。通水后，可以对水表进行检查，查看安装是否符合规范，有无装反。关闭龙头后，有无空转现象
排水工程	质量检查	查看地漏口与排水口的位置安排是否合理，再近距离观察排水口和地漏的完整性，查看有无异物堵塞。然后用手晃动排水管道，检查其稳固性。观察排水管道的表面和接头是否完好，排水管道有无直角和死角
	排水检查	打开水龙头，关闭一段时间后，查看表面有无积水，可检查下水口去水是否顺畅。也可在下水口灌入两盆水左右，这一项检查需对所有的台盆、浴缸、马桶、地漏进行检查。如果听到咕噜噜的声音表明去水正常

（4）电工程

① 电箱检查。电箱安装应垂直，下底与地面垂直距离应大于或等于1.3m、小于或等于1.5m；如果有多个电箱，电箱之间的距离不应小于30mm。

② 电器检查。检查电器的安装情况，首先关掉电箱的总开关，然后用手轻轻摇晃各种电器，检查是否有松动，或者掉落的情况。然后，对照业主的设计图纸以及电器的布局图，检查各种电器安装位置是否准确。

③ 开关检查。对房子的所有开关进行检查，重复拨动开关，检查开关是否灵活。并观察开关对应的电器是否正常运作。

④ 插座检查。把验电器逐个插进各房间的插座，然后拨动验电器按钮，验电器灯变亮。通过观察验电器上N、PE、L三盏灯的亮灯情况，判断插座是否能正常通电。

（5）木工工程

外观检查	◎ 看木门与木柜的表面有无明显的颜色不均匀 ◎ 拼花是否严密、准确，相互间无缝隙或者保持统一的间隔距离 ◎ 用眼看的方法检查墙面的颜色是否均匀
造型检查	◎ 距离观察木工项目的弧度与圆度是否顺畅、圆滑 ◎ 看看转角是否准确。正常的转角都是 90° 的，特殊设计因素除外
缝隙检查	◎ 用反光镜和伸缩管组合起来，查看边框不易查看的上部和两侧，检查木工项目边框与墙体的接缝是否紧密 ◎ 一般木封口线、角线、腰线饰面板碰口缝不超过 0.2mm、线与线夹口角缝不超出 0.3mm、饰面板与板碰口不超过 0.2mm、推拉门整面误差不超出 0.3mm
结构检查	用垂直测量尺检查门框的垂直度范围，一般正、侧面垂直度允许偏差为 2.5mm

（6）门窗安装

① 门扇窗扇检查。密封条与玻璃及玻璃槽口的接触应平整，不得卷边、脱槽，带密封条的压条必须与玻璃全部贴紧，压条与型材的接缝处应无明显缝隙，接头缝隙应小于或等于 1mm。

② 门窗边框检查。用垂直测量尺检查门窗框的垂直度范围，一般门窗框的正、侧面垂直度允许偏差为 2.5mm，门窗横框的水平允许偏差为 2mm，门窗横框标高允许偏差为 5mm，门窗竖向偏离中心允许偏差为 5mm。

③ 门窗锁检查。查看门窗锁的安装位置是否正确，有无装反。检查锁的两边安装是否对应，有无错位。查看门锁活动灵活性，是否能顺利进行反锁与开锁的动作。

第三节

软装配饰

一、沙发样式老旧单一，多彩靠枕修饰焕然一新

装修小状况

有一些沙发单独看起来无论是质量还是造型都比较过关，但可能由于材质或色彩的原因，就会显得非常单一自带老旧感，缺乏活力。如果居住者是年长者，使用这种款式的沙发感觉会很稳重，但若果居住者是年轻人，此类沙发再搭配厚重茶几，就会让客厅显得老旧、暮气沉沉。

↑ 老旧皮质沙发与空间色彩融合，整个空间毫无新颖感、生机感

↑ 色彩寡淡的布艺沙发缺乏活力感与精致感

改造小建议

旧沙发更换靠枕宜选对风格

即使是改造房，也会有一个基本的风格定位。那么在对旧沙发进行改造时，无论采用哪一种方式，所选择靠枕的材料、色彩及纹理，都建议与整体风格相协调，装饰效果会更舒适、协调。

解决小技巧

市面上靠枕的颜色、花纹、材质都非常丰富，可以满足不同风格的需求。如果沙发的款式比较陈旧，预算充足的情况下建议更换主沙发，若是出租屋或想节省预算，可以利用撞色、纯色或带有动感图案的布艺靠枕来进行改造。

色彩比较沉稳的沙发，搭配了几个黄色靠枕后，立刻变得活泼起来 →

皮革材料暗棕色的主沙发具有一些年代感，搭配红蓝、黑白的动感图案靠枕后，这种年代感变得不再突出 →

灰色布艺沙发显得沉闷而单调，搭配上色彩鲜艳、丰富的靠枕，立马变得活跃起来，减少了死气沉沉的感觉 →

装修基础指南

二、选择多功能家具，充分利用空间不浪费

装修小状况

很多小户型的空间是非常小的，这就导致无法摆放过多的家具，很多家具又是生活中并不可少的配件，缺少它们会使生活变得非常不方便，但强硬地塞下后会阻碍正常的交通，且让空间看起来非常拥挤。

↑ 小户型既要摆放休憩家具又要摆放工作家具，分区不够明确

↑ 卧室面积较小，所有家具摆在一起显得很拥挤

改造小建议

多功能家具尺寸选择宜"因地制宜"

对于面积小的空间来说，在选择家具时就需要因地制宜，进行布置前建议仔细的测量，尺寸的准确性尤为重要，一点误差就可能导致摆放不下，而后根据空间的长度和宽度去选择适合款式的家具，还应注意留下足够的交通空间。

家居面积不够时，为了保证生活质量的同时也能最大化利用空间，可以使用多功能家具进行布置。可折叠家具、带收纳功能的家具等节约空间的同时，也能够满足多样的需求；一些矮小的家具或者定制的家具，能够充分利用角落空间或畸形空间，解决了空间拥挤但又找不到合适家具摆放的难题。

解决小技巧

330

多功能边柜，既能满足收纳需求，也能作为空间隔断使用 →

电视墙使用多功能隔板装饰，摆放日常小物件的同时也能起到装饰作用 →

餐厅空间不够，可以选择组合整体柜，既有椅座满足进食需求，又有收纳格满足收纳需要 →

三、老旧餐桌厚重沉闷，实惠桌布增添情趣

装修小状况

需要进行改造的房屋中，餐桌并不一定是需要更换的，如框架上没有太大的问题，但桌面有一些损伤的餐桌，或者只是款式没有了潮流性，但是保养的还比较完好的餐桌，可以用一些小的改造手段，为其更换一件新的"衣裳"。

↑ 直线条纯实木餐桌椅样式陈旧，给人死气沉沉的感觉　　↑ 白色餐桌气质过时，使整个空间都变得毫无生气感

改造小建议

建议根据餐桌材质选择改造方式

无论是出租房中老旧的餐桌还是款式比较落后但外观保持较好的餐桌，在改造时，建议根据其材质选择适合的改造方式，其中最简单的方式是覆盖桌布，无论什么材质的餐桌均适用，做旧及贴纸处理则更适合木质餐桌，不适合玻璃餐桌。

解决小技巧

桌布的款式繁多，不论是何种风格均有对应的图案，是改造旧餐桌的好帮手。有一些餐桌表面可能存在油污、划痕、裂纹等缺陷，或者玻璃餐桌的款式非常老旧，在擦洗干净后，就可以用桌布覆盖表面，将缺陷遮盖起来，还可以根据季节更换色彩。

橙色条纹桌布为空间带来明快而又活跃的气氛，使空间看上去更有活力 →

白色长方形桌布与白色餐桌完美契合，既不会显得过于突兀，又能遮盖过于老旧的家具 →

深棕色餐桌显得老旧而又沉闷，使用紫色格纹桌布装饰，带来自然清新的田园感 →

装修基础指南

四、过时床头难搭配，更换床头软包罩少花钱

装修小状况

有些时候，可能遇到床的框架比较完好，只有床头板的部分有一些缺陷的床，从节约资金的角度来考虑，更换整个床不仅浪费而且难以处理，框架部分可以依靠床品来遮盖，但是床头表面有缺陷，或者很老旧，用起来还硬邦邦，即使更换了漂亮的床品，搭配这样的床头也严重影响效果。

↑ 紫色花型床头显得老旧又过时

↑ 棕色与米色床头充满了年代感

改造小建议

床头不仅要美观还应舒适

改造房中床头墙的设计通常不会太华丽，欧式或法式类型的软包墙更是非常少见，人们在进入睡眠之前，通常会靠在床头进行一些休闲或者阅读活动，这时候多靠在床头上，所以床头板不仅要美观，更应该舒适，不仅对旧床来讲，如果是使用时间较长床头较硬的实木床，也可进行改造。

床头太老旧或者木质床头感觉过硬，都可以用床头软包罩将其包裹起来，它的后面是罩子形式的，可以为床头迅速换装。现在市面上的床头软包罩大多是定制制作的，所以无需担心会套不进去，并且款式和花色有较多的样式可供选择，可以根据具体家居风格和个人喜好来决定。

解决小技巧

第五章 可以省的装修操作，放心省钱有技巧

经过床头软包罩的包裹后，床头焕然一些，搭配白色的床品，让人感觉利落、整洁 →

灰色床头软包罩，简洁明快，为卧室带来了一丝考究感 →

高而硬挺的纯色布艺床头，带有优雅的韵味 →

装修基础指南

五、地面光秃乏味，纯色地毯调节不出错

装修小状况

装修时为了节约预算选择了地砖，且米黄色居多，虽然米黄色本身带有一些温馨感，但总的来说还是让人感觉相当冷硬的；即使使用的是地板，使用频率比较高的沙发区很容易出现一些磨损或划痕，保养起来又很麻烦，视觉上也很单调。

↑ 浅米色地板与玻璃隔墙形成较为冷硬的氛围，给人冷淡的居住感受

↑ 客厅采光较差，搭配上灰色沙发和灰白色地砖，带来低沉的空间氛围

改造小建议

增加地面织物能让家居更有层次感

地面不管是铺设了地砖还是地板，如果没有地面织物的搭配，也会显得单调，缺少温馨感和层次感。而地面织物不仅样式多，花色丰富，适合各种风格的居室，而且价格便宜的同时也能带来不一样的装饰效果。

纯色地毯或暗纹地毯没有明显的花纹，是最不容易出错的选择。此类地毯与纹理明显的地毯不同，不容易让客厅层次变得混乱，虽然大多为低调的色彩，却也能够为地面增加一些温暖的感觉，如果不喜欢过于规矩，可选圆形或不规则形。

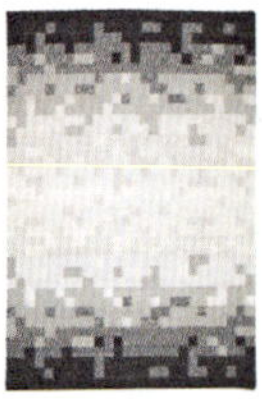

解决小技巧

336

第五章　可以省的装修操作，放心省钱有技巧

深棕色的地板上，搭配一块地毯立刻变得柔和起来不再过于冷硬，地毯的色彩与卧室呼应，使软装的设计更具整体感 →

亚麻材质的地毯质朴而简单，与布艺沙发形成呼应，形成柔和的空间氛围 →

空间内地面为白色，家具也多为浅色，显得有些重心不明确，使用一块深棕色地毯加入进来，有了稳重的感觉 →

装修基础指南

六、老旧衣柜有磨损，贴纸翻新更省钱

装修小状况

年代比较久一点的衣柜，污染物会少很多或者已经完全排空，但是也存在一些显而易见的缺点，或是款式比较老旧颜色较深，与现代人的审美不符；或者表面因为时间较长，出现一些划痕、破损等情况，衣柜内部和抽屉里层可能会存在难以去除的污渍等。但是由于衣柜的体积较大不能随便搬动，且在卧室中人流少，所以框架上来看，损伤较少或只有轻微的划痕、表面发黄等，完全可以将其翻新再次利用起来。

↑ 实木又带有印花的衣柜，容易给人年代感

↑ 白花推拉门衣柜样式普通，缺乏设计感

改造小建议

小卧室中，衣柜款式是次要的，色彩和纹理较主要

在面积比较小的卧室中，衣柜的尺寸也会小一些，甚至有些直接是使用壁柜的。这时候，衣柜的款式对整体的影响不大，重要的是色彩和纹理，如果对衣柜进行改造，宜注意选择与其他软装搭配协调的色彩和纹理，或者选择最百搭的白色或灰色，不容易出错。

解决小技巧

家具翻新贴纸的花纹有很多选择，纯色、木纹、暗纹、大理石纹等。使用家具翻新贴纸来改造旧衣柜，无需刷漆，将基层简单的处理干净，将它粘在上面就可以轻松完成翻新，包括内部的隔板也可以粘贴。

木纹翻新贴纸搭配上定制字母，形成独一无二的衣柜，也为全木色的卧室，增加视觉亮点 →

简单的木纹翻新贴纸，素雅大方，不容易过时，也能带来素朴的韵味 →

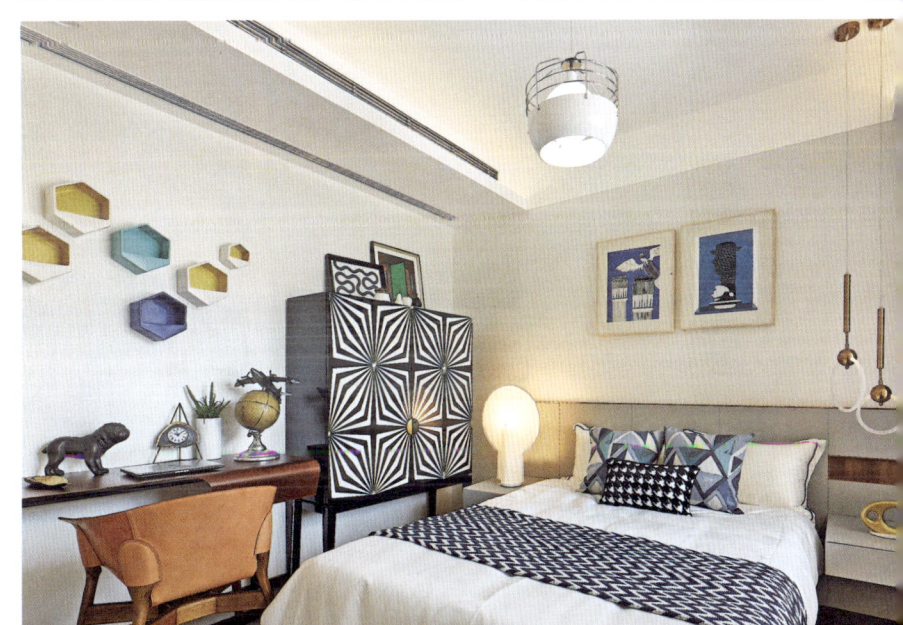

用带有光泽感的黑白几何图案翻新贴纸，粘贴衣柜表面，使卧室显得个性、活跃 →

七、浴室柜有脏污难清理，卸掉柜门隔板更有设计感

装修小状况

旧房中常会有旧的浴室柜，如果破损不严重，简单的修理一下可以继续使用，从节约的角度来考虑，可以对其外表进行一些改造；如果浴室柜损伤较大，难以修理，可以用一些节省的办法，制作个性浴室柜。

↑ 老旧浴室柜会出现变形，导致柜体合并不严密，影响美观与使用

↑ 木质洗手柜破损容易显得陈旧，带来较差的视觉效果

改造小建议

卫浴间中，浴室柜是软装主体

在卫浴间中，浴室柜是属于必备的家具，占据的比例较大，所以外观对整体效果的影响也是巨大的。浴室柜适合沿一侧墙面放置，最佳位置是门开启方向的一侧，也可以根据实际情况进行调整。它的底部宜带有脚，或者直接悬吊起来，避免产生卫生死角。

解决小技巧

比起全封闭式的浴室柜来讲，带有开敞隔板设计的浴室柜更具通透感。如果原有的浴室柜柜门部分损伤比较严重，可以将柜门卸下去，对内部进行一下翻新，而后加一些隔板，将其改成开敞式的设计，来增加通透感。

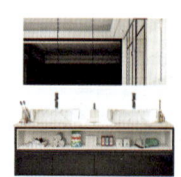

第五章　可以省的装修操作，放心省钱有技巧

↑ 保留原有柜体完好的的抽屉，去掉损伤较大的部分，浴室柜就变成了半开敞的款式，造型上更具层次感

↑ 如果浴室柜损伤的很严重，可以将柜门全部卸掉，而后在里面再放置盒子，有开敞有封闭，分类收纳

↑ 拆掉部分柜门保留大部分抽屉，不会显得过于死板，反而更有通透感

341

装修基础指南

八、昏暗玄关通道，装饰镜提高明亮度显宽敞

装修小状况

玄关通常采光都不会太好，为了让空间显得更明亮、宽敞一些，人们通常会选择将墙面涂刷成白色。白色虽然明亮，但如果全部都是白色，很容易让人感觉单调、冷清，没有温馨的感觉。不想使用白墙时，玄关又会显得特别昏暗，给人压抑的感觉。

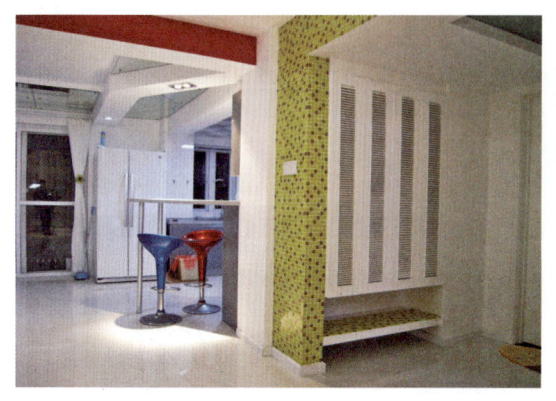

↑ 白色玄关柜和白色墙面，不仅不能使玄关变得明亮，反而显得冷清

↑ 玄关以白色作为主要颜色，但缺少亮眼的装饰，给人一种单调感

改造小建议

小玄关做装饰可将实用性和装饰性结合起来

玄关是家居空间的"脸面"，做一些符合整体风格的装饰，能够让人从进门开始就感受到好的心情，有利于缓解一天的疲劳，感受到家的温馨。但小玄关的面积往往是非常有限的，因此可以在选择家具及装饰的时候将实用性和装饰性结合起来，比如个性的鞋柜、精美的穿衣镜等。

解决小技巧

在玄关使用一面装饰镜既可以在每天出门前搭理一下仪容，又能够让空间显得更宽敞、明亮，兼具实用性和装饰性。玄关使用的穿衣镜建议选择壁挂的款式，比较节省空间，边框宜根据家居风格选择。

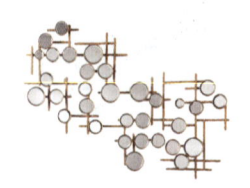

第五章　可以省的装修操作，放心省钱有技巧

↑ 在入户门的正对墙面上安装一面装饰镜，使玄关空间显得更宽敞而时尚

↑ 玄关位置较小，可以在入户门旁的墙面上摆放一面装饰镜，既能扩大空间感，又能增加明亮度

↑ 入门处摆放玄关柜，再搭配上造型精美的装饰镜，不仅能够带来入室的好印象，还能使空间变得更加精致

九、不做过多照明，保证需求不浪费才省钱

装修小状况

现在翻阅家装案例会发现大部分的家居会在照明上使用多种方式进行照明，比如吊灯、筒灯、灯带、落地灯等，但日常生活中，很多灯具被使用的频率很低，比如客厅的射灯、天花吊顶里的灯带，除了装饰效果，实际的实用性能却很低。

↑ 餐厅顶部不仅安装了水晶吊灯，还装了筒灯和隐藏式灯带，照明方式过多形成浪费

↑ 客厅使用面积较大的吊灯以外，还安装了筒灯、射灯和台灯

改造小建议

灯光布置应以主体家具为中心

不同空间的存在主要是先满足人们日常生活的需求，而后才是美化需求，以功能性为出发，空间内的软装设计中心应该以空间的主体家具为主。中小户型中的空间面积比较小时，建议使用吊灯，可以让灯光集中在某一主要区域。

解决小技巧

如果喜欢顶面的层次丰富一点或者家具的款式稍微复杂的风格，可以使用多头吊灯，因为样式更复杂一些，所以能够更加聚焦目光。多头吊灯每个头的尺寸比较小，组合起来比单头吊灯更显小巧，层次更丰富，照明范围也更广一点。

第五章 可以省的装修操作，放心省钱有技巧

背景墙的颜色比较活泼，所以吊灯选择了较为复古的黑色烛台灯，使光线集中在茶几部位，同时丰富了客厅软装材质上的层次感 →

水晶吊灯用在白色、绿色为主的餐厅中，为餐厅增添了些许优雅感，集中式的光照能够很好的将光线汇集在小餐桌上 →

卧室整体色彩简单干净，金色花枝吊灯与空间风格呼应，展现出简洁明快的现代感，并且能将光线集中在主家具上 →

装修基础指南

十、空间色彩单调，亮色摆件活跃气氛预算低

装修小状况

现代家庭大多以白色墙面、棕色系或米色系的地面为主，整体空间色彩不会特别丰富，对于想要有新感觉，追求不同风格的年轻人而言，大面积的色彩整修并不现实，不仅浪费时间，而且需要花费加倍的预算。

↑ 白色墙面和米色地面虽然显得干净大方，但也容易有单调感

↑ 整个空间没有特别亮眼的搭配，充满了寡淡气息

改造小建议

丰富色彩的软装装饰活跃气氛易替换

不管新房还是旧房，硬装色彩的设计与施工需要考虑实用性与适用性。很多好看、潮流的色彩搭配，可能过一段时间以后就不再符合审美，那么到时候再进行更换，劳力费钱。所以如果想使空间色彩丰富，可以考虑通过软装搭配来实现，不仅价格可控制而且容易更换。

如果客厅的色彩较为平淡，那么可以通过色彩艳丽的地毯或靠枕来进行调节，达到丰富色彩层次的效果，也可以利用造型独特、色彩艳丽的装饰摆件来局部点缀，从细节之中使客厅色彩变得更融合。

解决小技巧

346

墙面除了使用米色乳胶漆和石膏线进行装饰，还加入了色彩与空间其他软装呼应的装饰画，充满了整体感 →

金属质感饰面板中和过于甜美柔和的家具氛围，增加现代个性气息，使整个空间的设计层次感更加强烈 →

儿童房的墙面以可爱的卡通人物作为装饰，不仅能增加童趣感，还能减少大面积白色墙面带来的单调枯燥感 →

十一、白色墙面无新意，组合装饰画艺术感强

装修小状况

没有任何装饰的白墙，未免让人感觉缺乏生活情趣，虽然白墙百搭，能与任何家具搭配，但长时间看下来，也会给人枯燥感，同时也使家居空间失去了独特风味。

↑ 客厅整体设计过于普通，没有亮点

↑ 空间整体风格简单，但没有质感

改造小建议

让墙面色彩丰富起来有助于优化情绪

据研究表明，不同色彩能给人带来不同的心理作用，如橙色、黄色、红色等暖色系有促进食欲的作用。如果家里的餐厅是大白墙，或者冷淡色的墙面，原墙面比较整洁无需改造，可以选择一些色彩比较活跃的装饰画让空间变得丰富起来，同时还能促进情绪的改善。

带有彩色图案的装饰画，无须过于艳丽，即使是黑底色彩较低调的款式也可以使用，因为白色能够扩大彩色的活泼感，增强墙面整体的视觉张力。画面的内容没有限制，如果是与空间功能性相符的内容会更好一些。

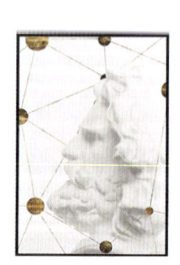

解决小技巧

第五章　可以省的装修操作，放心省钱有技巧

客厅整体色调以黑色和白色为主，给人过于朴素的感觉，而带有明黄色的抽象装饰画成为了空间亮点，增加时尚感和个性感　➡

白色墙面搭配灰色沙发，虽然显得非常整洁、统一，却有点单调，选择一幅黑白色的装饰画加入不会显得突兀，又能增加装饰性　➡

餐桌椅以深棕色为主，略显冷清，在搭配装饰画时，以明亮色调为主，氛围立刻变得生动起来　➡

十二、童趣壁贴更安全，烘托氛围花费少

装修小状况

儿童的天性多是活泼、好动的，他们非常喜欢色彩活泼、可爱的东西。如果儿童房的房间内墙、顶全部都是白色，没有任何色彩或装饰，很容易压抑孩子的天性。但如果使用墙面彩绘或图案墙纸，不仅花费较大，而且还存在安全环保的问题。

↑ 虽然墙面以花色窗帘装饰，但白色墙面也给人单调感

↑ 卧室整体色调过于单调，大面积的白色墙面容易增加冷清感

改造小建议

用软装体现童趣更方便随着儿童年龄增长而做改变

孩子是在不断长大的，当度过儿童时期成长为青少年后，就有了自己独立的审美和喜好，所以在儿童时期，尽量不做墙面的造型，用色彩明亮一些的布艺、家具或灯具等来装扮卧室，极容易获得符合其年龄特点的装饰效果，又便于随着年龄而做改变。

解决小技巧

当儿童房的墙面色彩过于素净时，可以选择用符合孩子年龄特点的壁纸或壁贴来进行装饰，让孩子具有归属感并感觉到快乐。壁纸或壁贴是覆盖原有墙面的最快捷方式，不仅花费较少，而且可以根据孩子的喜好进行选择，打造专属的个人小天地。

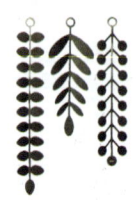

第五章 可以省的装修操作，放心省钱有技巧

墙面整体采用了航海船图案的壁纸画来装饰，搭配海军风床品和衣柜，犹如开启了航海探险之旅，营造欢畅、充满乐趣的氛围 →

卧室整体风格偏向甜美梦幻的基调，所以利用带有碎花的壁贴进行大面积的铺贴，能够带来可爱的气息 →

航海地图图案为空间增添了十足的活泼感，在黄色的映衬下这种活泼感非常强烈 →

351

装修基础指南

十三、厨房瓷砖老旧变黄，贴纸翻新美观又实惠

装修小状况

厨房是家庭中油烟比较严重的区域，瓷砖如果质量不过关，使用时间长了以后，很容易出现泛黄的情况，或者有一些难以去除的污渍、水渍，显得很老旧。但如果重新敲掉更换，不仅浪费时间，还要额外花费更多的开支。

↑ 厨房瓷砖老旧无光，看上去容易显得脏

改造小建议

尽量靠软装改装墙面，以减少不必要的工程

瓷砖褪色、发黄、开裂等现象十分影响装饰效果和心情，然而在改造时进行大面积的拆除是费事、费工又费钱的方式，特别是出租屋，这样进行改造即使房东允许，作为租住者来说也非常不划算。利用一些比较美观的软装来改造有缺陷的厨卫墙面，是最便利的方式。

解决小技巧

瓷砖翻新贴纸纹理种类较多，防水、防霉、防潮，方便擦洗，可以直接粘贴在原来的瓷砖上方，对其进行覆盖，很适合旧房或不想花费太多进行改造的业主。

第五章　可以省的装修操作，放心省钱有技巧

← 使用方块翻新贴纸，覆盖原有瓷砖，可以让厨房焕然一新

← 觉得单色的贴纸比较单调，可以粘贴一些其他色彩的条纹，来进行调节，享受自己动手设计的乐趣

353

装修基础指南

十四、墙面发黄掉皮，壁纸贴画遮盖强

装修小状况

房龄太长而没有进行打理的旧房，墙面容易出现脱皮、发黄等情况，特别是沙发墙，如果不进行处理，不仅影响心情，还容易产生有害物质，如粉尘等，危害健康。但进行重新铲除、涂刷，耗费的时间与财力也不容小视。

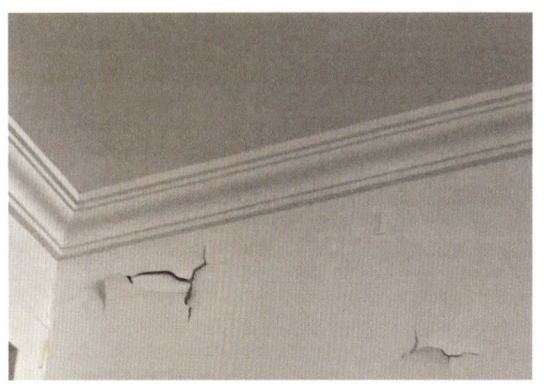

↑ 墙面脱皮

↑ 墙面发黄，墙皮脱落

改造小建议

沙发墙体现设计细节和精致度

大部分家庭中，沙发墙虽不是客厅装饰的主体，但其装饰是否与家居其他部分相协调，却会影响到居室整体细节的完善性及精致度，想节约预算或不想大动干戈的做一些固定造型，用软装饰来丰富沙发墙是最适合的方式。

解决小技巧

根据墙面脱皮的位置，选择画面集中在下部分或上部分的大型墙贴，能够覆盖墙面的缺陷，只需要将原有脱皮部分简单铲除，就可以完成改造，但这种方式不适合大面积脱皮或发霉的墙面。

第五章　可以省的装修操作，放心省钱有技巧

↑ 用黑色带有白色花纹的壁贴装饰沙发墙，搭配造型简洁但非常具有特点的家具及灯具，渲染出十足阳刚气质的客厅氛围

↑ 奇幻图案壁贴，图案集中在上半部分，能够很好地覆盖墙面，且为欧式风格的客厅增添了个性和科技感

↑ 玄关墙面狭长，使用几何图案壁贴装饰，减少过长玄关带来的无趣感，增加明快的气息

← 在墙面中下部分使用壁贴覆盖，不规则图案既能更大面积的覆盖墙面，又能创造出个性而又有趣的氛围感

← 采用画面集中在下方的花草图案的壁贴，来装饰原有的白色墙面，搭配具有喜庆感的家具，让客厅充满盎然春意

（2）室内外连接门，夹层玻璃安全又放心

夹层玻璃隔热保温性好，并且独具质感和氛围，保证安全性的同时，还能起到装饰效果。

↑ 夹层玻璃既能保证室内保温，也能形成良好的装饰效果　　↑ 与阳台连接的玻璃门，最好使用夹层玻璃

（3）磨砂玻璃透光不透视，保护隐私

磨砂玻璃表面朦胧，可以作需要隐蔽的空间，如卫浴门窗及隔断，光线可透过但却能遮挡视线，同时安全系数高，是家居空间中安全、美观的装饰品。

↑ 磨砂玻璃推拉门，拉开时能扩大空间，关闭时也能形成封闭的空间

二、涂料价格便宜，环保不合格危害大

> **! 环保 vs 省钱**
>
> 　　很多人都知道油漆的环保性能非常重要，在墙面刷漆时会比较注意选择价格较贵的环保油漆，但却忽视了木器漆的质量，如果家里木工品较多，那么"三分木工，七分油工"，也会产生不健康的气味。
>
> **! 环保最重要**
>
> 　　油漆的环保性是装修中最需要重视的地方之一，好的油漆气味小，对人体的伤害也相对较小；如果使用劣质油漆，不仅气味难闻，而且对身体的伤害非常大。

1. 乳胶漆

分 类	特 点	价格 /（元 / 桶）
亚光漆	◎无毒无味　　　　　　◎遮盖力较强，耐碱性好 ◎施工方便，流平性好　◎适用于顶面或次要空间墙面涂装	180~500
丝光漆	◎涂膜平整光滑、可洗刷　◎质感细腻，光泽持久 ◎适用于卧室、书房等小面积空间墙面涂装	≥ 220
有光漆	◎色泽纯正，光泽柔和　◎漆膜坚韧、干燥快 ◎耐候性好　　　　　　◎适用于客厅、餐厅等大面积空间墙面涂装	200~460
高光漆	◎遮盖力强，坚固美观　◎附着力强，防霉抗菌性强 ◎涂膜耐久不易剥落　　◎适合于别墅、复式房屋等高档住所	≥ 300

2. 木器漆

分 类	特 点	价格 /（元 / 桶）
水性木器漆	◎附着力好，不会加深木器颜色　◎耐磨及抗化学性较差，无法制作高光度的漆　◎硬度一般，成膜性能较差	50~200
油漆	◎漆膜光泽好、坚韧　◎稳定性高，耐酸性强　◎干燥速度比较慢	50~200
清漆	◎漆膜光亮，耐水性好　◎光泽持久度差、干燥性差 ◎适用于木制家具、门窗、板壁的涂刷和金属表面的罩光	80~350
天然木器漆	◎附着力强、硬度大、光泽度高 ◎耐磨、耐水、耐油、耐高温、耐土壤和化学药品腐蚀	≥ 120
厚漆	◎广泛用于面层的打底，也可单独作为面层涂饰 ◎适用于木质打底漆、水管接头的填充材料	50~150

3. 艺术涂料

威尼斯灰泥 150~600元/m²	板岩漆系列 160~220元/m²	浮雕漆系列 180~380元/m²	肌理漆系列 160~240元/m²
特点： ◎ 质地和手感滑润 ◎ 花纹讲究若隐若现，有立体感 ◎ 表面平滑如石材，光亮如镜面 ◎ 金银批染工艺，效果华丽	特点： ◎ 材料独特，色彩鲜明 ◎ 保温、降噪 ◎ 板岩石质感，可创作任意艺术造型	特点： ◎ 仿真浮雕效果 ◎ 涂层坚硬，黏结性强 ◎ 阻燃、隔声井防霉 ◎ 独特立体的装饰效果	特点： ◎ 纹理自然，风格各异 ◎ 漆膜细腻平滑，质感绵柔 ◎ 操作简朴，涂刷面大

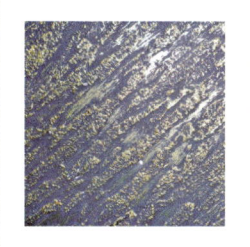

裂纹漆系列 110~170元/m²	马来漆系列 105~300元/m²	砂岩漆系列 170~270元/m²	云丝漆系列 200~450元/m²
特点： ◎ 能迅速有效地产生裂纹 ◎ 裂纹纹理均匀、变化多端 ◎ 花纹丰富，具独特的艺术美感	特点： ◎ 漆面光洁，有石质效果 ◎ 花纹以朦胧为美	特点： ◎ 密着性强，耐碱性优 ◎ 耐腐蚀、易清洗 ◎ 创造沙壁状质感	特点： ◎ 质感华丽，具有丝缎效果和金属光泽 ◎ 不易开裂、起泡 ◎ 适合作为个性形象墙的局部点缀

油漆如何应用才安全 实惠

（1）天然木器漆延长家具寿命又环保

在实际使用中，实木家具难免会遇到磕碰、刮花的情况，这时可以涂刷天然木器漆，起到保护作用的同时，又很环保。

← 天然木器漆既能保护木质家具，又能起到装饰作用

（2）板岩漆模仿石材效果，实惠又安全

由于天然石材价格不菲，很难进行大面积的铺装，但板岩漆能够完美模仿出石材的效果，并且价格更低，质量上也安全环保。

← 板岩漆电视背景墙，效果美观但花费却不高

第六章

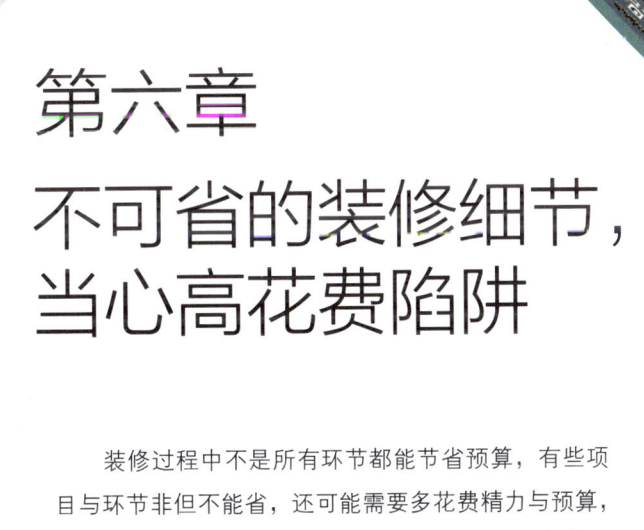

不可省的装修细节，当心高花费陷阱

装修过程中不是所有环节都能节省预算，有些项目与环节非但不能省，还可能需要多花费精力与预算，才能保证日后不会因为质量问题而造成返工，花费更多的预算。本章节详细分析了装修中不可以随意节省的细节，帮助业主一次做好装修项目，避免返工重整带来更多的损失。

装修基础指南

第一节

建材设备

一、玻璃选购，安全系数比省钱更重要

> **安全 vs 省钱**
>
> 玻璃在室内中被广泛应用，从玻璃家具到玻璃隔断，再到玻璃门窗，玻璃的身影无处不在。因为玻璃的透光性能较好，在家居设计中常用玻璃来进行装饰。但有时候预算不够时，便会选择普通、便宜的玻璃材质，结果因为意外撞击而破碎，导致家里成员受伤。
>
> **安全最重要**
>
> 安全玻璃具有力学性能高，抗冲击性、抗热震性强，破碎时碎块无尖利棱角且不会飞溅伤等优点，如果家中有老人与孩童，安全的玻璃能带来更多的保障。

1. 钢化玻璃

钢化玻璃是以普通平板玻璃为基材，通过加热再迅速冷却后的玻璃。钢化玻璃的强度是普通平板玻璃的 3~5 倍，有很高的使用安全性能。

钢化玻璃特点

- 耐冲击强度高
- 热稳定性良好
- 高抗弯曲度
- 安全性能好

| 选购技巧 |

看色斑	测手感	看弧度	仔细观察面层
戴上偏光太阳眼镜观看玻璃，钢化玻璃应该呈现出彩色条纹斑。在光下侧看玻璃，钢化玻璃会呈现发蓝的斑点	钢化玻璃的平整度会比普通玻璃差，用手摸钢化玻璃表面，会有凹凸的感觉	观察钢化玻璃较长的边，会有一定弧度。把两块较大的钢化玻璃靠在一起，弧度会更加明显	选购钢化玻璃时，可仔细观察面层，可以看到黑白相间的斑点，观察时注意调整光源，可以更容易观察到

2. 夹层玻璃

夹层玻璃是由两片或多片玻璃，之间夹了一层或多层中间膜，经过特殊的高温预压处理后，使玻璃和中间膜永久粘合为一体的复合玻璃产品。

夹层玻璃特点

- 吸收噪声
- 过滤紫外线
- 减弱太阳光的透射
- 安全性能好

| 选购技巧 |

看标志查证书

选购产品时首先要查看是否有3C标志，并根据企业信息、工厂编号或产品认证证书等通过网络查看购买的产品是否在该企业已通过强制认证的能力范围之内，认证证书是否有效

看外观查质量

不应有裂纹、脱胶；爆边的长度或宽度不应超过玻璃的厚度；划伤和磨伤不应影响使用；中间层的气泡、杂质或其他可观察到的不透明物等缺陷不应超过GB/T 15763.3标准要求

3. 磨砂玻璃

磨砂玻璃又叫毛玻璃、暗玻璃，是用普通平板玻璃经处理将表面处理成粗糙不平整的半透明玻璃。

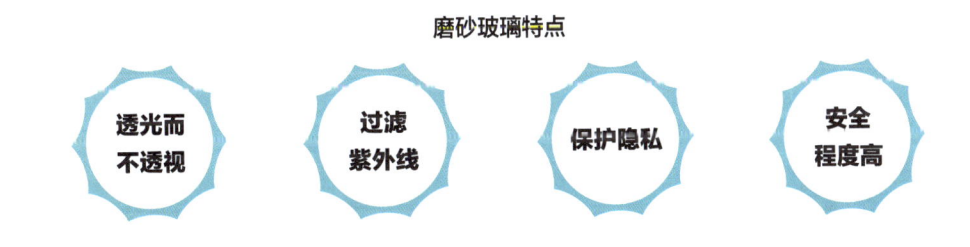

磨砂玻璃特点

- 透光而不透视
- 过滤紫外线
- 保护隐私
- 安全程度高

| 选购技巧 |

看厚度

购买时最好选择钢化的艺术玻璃，或者选购加厚的艺术玻璃，如10mm、12mm等，以降低破损概率

观察细节

选购时应注意玻璃表面细节的唯美性，不能有瑕疵，如气泡、夹杂物、裂纹等。从侧面看不能有任何弯曲或不平直的形态

用手摸

磨砂玻璃不但表面看起来不透明，而且它的表面也是凹凸不平的，只要用手去触摸玻璃表面，感觉是否粗糙就行了，可以预防商家在玻璃表面贴膜来混淆视线

装修基础指南

玻璃如何应用才 安全

（1）隔断划分，钢化玻璃更安全

居室空间有限，但仍想划分不同的空间功能，那么使用钢化玻璃隔断既能分隔区域也能保证安全。

↑ 钢化玻璃门作为空间分隔的载体，不仅质感良好还能保证安全

↑ 利用钢化玻璃作为空间分隔的材料，既安全又方便

2. 如何选择耐火板

选择知名品牌的产品。选购的时候，建议选择知名品牌的耐火板，虽然价格可能贵点，但是质量和售后比较有保证。

查看产品检测报告和燃烧等级。选购时，注意查看耐火板有无产品商标，行业检测的报告，产品出厂合格证等，如果没有，建议不要选购。仔细查看产品的检测报告，看产品各项性能指标是否合格，特别是注意查看检测报告中的产品燃烧等级，燃烧等级越高的产品耐火性越好

查看外观。首先要看其整块板面颜色、肌理是否一致，有无色差，有无瑕疵，用手摸有没有凹凸不平、起泡的现象，优质耐火板应该是图案清晰透彻、无色差、表面平整光滑、耐磨的产品

查看厚度。防水板厚度一般为 0.6~1.2mm，一般贴面选择 0.6~1mm 厚度就可以了，厚度达到标准且厚薄一致的才是优质的耐火板。

建议选择成型的防火板材。选购耐火板最好不要选择耐火板贴面，而应选择购买贴面与板材压制成的耐火板材产品。因为如果由木工粘贴耐火板，由于压制不过关，容易遇潮或霉变导致耐火板起泡脱落。而专业生产的工厂一般配备了大型压床、高精密度裁板机等设备，可保证耐火板达到不易起泡和变形的质量要求。

耐火板如何应用才能发挥最大 功效

固定板材的钉子一定要进行除锈处理，或用不锈钢钉。在玻镁耐火板中存在氯盐，而氯盐对铁有一定的腐蚀性，不少用耐火板的工程经一年多就在埋入的钉头上表面出现锈斑，再经一段时间锈斑就会鼓成包块。环境越潮湿，这个问题暴露的越早，要避免这个弊病的发生，必须保证钉子不被锈蚀。

↑ 床头使用耐火板进行装饰，保证安全的同时也不失美观

装修基础指南

五、无牌人造皮革价格低，气味浓烈危害大

> **⚠ 质量 vs 省钱**
>
> 　　旧屋翻新时，想对旧的沙发或软硬包进行重新改造，为了节约预算打算使用人造革皮对座套、衬里进行翻新，因为不暴露在外面，所以选择了较便宜的人造皮革，可以节省开支，没想到改造完成后，翻新后的家具气味浓烈，怎么开窗通风都有难闻的气味，影响了入住时间。
>
> **⚠ 质量最重要**
>
> 　　人造皮革模仿真皮的外形和手感，虽然还达不到真皮的状态，但在外观上与天然皮革很相似，几乎可在任何使用皮革的场合取而代之。质量差的人造皮革，没有经过很好的出厂处理，容易残留毒性，对人体健康形成危害。

1. PVC人造皮革与PU合成皮革的关系

PVC 人造皮革： 由 PVC 加增塑剂等复合在布上制成。

优点	缺点
◆ 色彩丰富、装饰效果好；制品强度高、成本低廉	◆ 容易变脆、变硬

PU 合成皮革： 不使用增塑剂，只用聚氨酯成分的表皮制成皮革。用于代替 PVC 人造革，其价格比 PVC 人造革高。

优点	缺点
◆ 不会变硬、变脆；花纹繁多；价格比皮质面料便宜	◆ 不耐磨，易破

2. 如何区分 PVC人造皮革与 PU合成皮革

　　取一小块面料，放在汽油中半小时，如果变脆变硬则是 PVC 人造革；如果不会变脆变硬则是 PU 合成皮革。

第六章 不可省的装修细节，当心高花费陷阱

3. 如何鉴别人造皮革与真皮

真皮 —— **人造皮革**

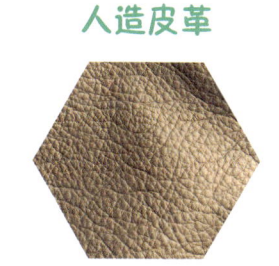

真皮		人造皮革
滑爽、柔软、丰满	手摸	发涩、死板、柔性差
有较清晰的毛孔、花纹	眼看	纹路死板、规律性强
带有天然的皮革气味	嗅闻	具有刺激性的塑料气味
有发毛气味，烧后不结硬疙瘩	点燃	有刺鼻气味，烧后结硬疙瘩

人造皮革如何应用才最 实惠

（1）背景墙使用 PVC 人造皮革，实惠好打理

PVC 人造皮革外观漂亮，品种样式多样，可以满足不同风格居室背景墙的打造。相对于真皮革，不仅价格更低，而且容易洗涤去污，打理保养起来更简单方便。

床头背景墙使用 PVC 人造皮革软包和金属线条装饰，时尚而美观 →

（2）PU合成革打造家具，定型效果好

由于 PU 合成革更接近皮质面料，所以柔软程度较好，用来制作沙发、床头等家具，不仅价格相对真皮要便宜，而且品种新颖，能够带来良好的使用感受。

↑ PU 合成革床头，充满了硬朗个性的感觉

↑ 随性个性的 PU 合成革床头造型，不仅能起到装饰效果，还能作为躺枕使用

（3）亚光漆涂刷儿童房气味小

亚光乳胶漆无毒、无味，环保性较高，比较适合儿童房使用，可以选择彩色亚光乳胶漆，创造出一个明快有趣而又安全的居住环境。

↑ 蓝色亚光漆涂刷成不规则的几何图案，使白色墙面变得生动有趣了起来

↑ 大面积的白色定制家具与蓝色调亚光漆形成淡雅又平和的学习氛围

三、杂牌橱柜容易坏，本末倒置修理贵

质量 vs 省钱

买橱柜时很多人都会忽视橱柜的品牌，可能挑选的时候整体的质量还算过关。但真正使用时却发现，用了一段时间门拉手的合页坏了，橱柜封边脱落，想找橱柜专卖店进行质保，却发现店面已经停业。

质量最重要

使用橱柜 2~3 年后，多数家庭的橱柜会有不同程度的损坏，如果选择杂牌橱柜，那么后续的维修更换服务很难得到保障，如果只是小问题不影响使用还可以忍受，但如果出现大问题，那么自己还要额外支付修理费用。

1. 橱柜构成

柜体 → 台面 → 橱柜五金配件 → 电器、灯具 → 饰件 → 功用配件

常见橱柜台面种类

分 类	特 点	价格/（元/延米）
人造石台面	◎表面光滑细腻 ◎可无缝拼接 ◎防烫能力较弱 ◎适合一般家庭装修	≥ 270
石英石台面	◎硬度较高 ◎花纹自然 ◎形式较单一 ◎适合于较高档的家居装修	≥ 350

续表

分类	特点	价格/(元/延米)
不锈钢台面	◎抗菌能力强 ◎耐磨防潮 ◎台面转角结合处处理较差 ◎不太适用于管道多的厨房	≥200
美耐板台面	◎花色多 ◎易清理，不易刮花 ◎转角处会有接缝 ◎适合追求简单、干净环境的居室	≥200

常见橱柜柜体种类

分类	性能特点	价格/(元/延米)
模压板橱柜	◎色彩丰富，木纹逼真 ◎无需封边 ◎不易开裂、变形 ◎不易长时间接近高温物体	≥1200
实木柜体	◎原木质感，天然环保 ◎坚固耐用 ◎需要精心养护	≥4000
烤漆柜体	◎色泽艳丽，易于造型 ◎抗污防水性强 ◎出现损坏较难修补 ◎适合时尚感、现代感较强的居室	≥2000

2. 橱柜选择方法

看做工。 优质橱柜的封边细腻、光滑、手感好，封线平直光滑，接头精细。

检查孔位。 专业大厂的孔位都是一个定位基准，尺寸的精度有保证。手工小厂则使用排钻，甚至是手枪钻打孔。这样组合出的箱体尺寸误差较大，方体不规则，容易变形。

看滑轨。 注意抽屉滑轨是否顺畅，是否有左右松动的状况，以及抽屉缝隙是否均匀。

注意尺寸精确度。 大型专业化企业通过电脑输入加工尺寸，开出的板尺寸精度非常高，板边不存在崩茬现象；而手工作坊型小厂用小型手动开料锯，开出的板尺寸误差往往在1mm以上，而且经常会出现崩茬现象，致使板材基材暴露在外。

四、耐火板贴面不过关，耐火性能差易老化

⚠ 质量 vs 省钱

　　台面、家具表面、整体墙面等常用到耐火板贴面，由于耐火板的特殊性能，具有防火、耐水的功效。但如果选择价格低廉但质量较差的耐火板，那么这种性能便很难发挥出来，从而产生安全隐患。

⚠ 质量最重要

　　耐火板俗称防火板，虽然不是真的不怕火，但也具有一定的耐火性能，能够抵挡高温，在被沸水或高温物体烫过以后基本不会留下烫伤、泛白的痕迹，安全可靠。

分　类	特　点	价格/（元/张）
木纹贴面耐火板	采用仿木纹色纸经过加工而成，其表面纹理多种多样，如油漆面、横纹、真木皮纹等	160~800
素色贴面耐火板	纯色耐火板，价格相对较为便宜实惠	85~450
金属贴面耐火板	表面由铝合金或者其他金属复合在耐火板之上，一般用于厨房，其价格是普通木纹耐火板的2~3倍，加工工艺更加复杂	450~3000
石材贴面耐火板	对高级石材纹路进行精细扫描，运用数码印刷技术，突破规格尺寸限制，制作成1∶1大尺寸拟真石纹耐火板	65~200

六、地板选择要谨慎，分辨不清易花冤枉钱

⚠ 种类 vs 省钱

地板种类繁多，各种材质、样式的地板往往让人难以选择。实木地板价格较高要保养，结果被铺设在儿童房，一年不到就变得面目全非；强化地板便宜耐磨但不吸水，被铺设在阳台暴晒很快便起翘、变形。

⚠ 种类最重要

地板的选择不仅要熟悉不同种类材质的特点，还要根据铺设位置、家居风格来确定，不能因为盲目追求便宜，而使用不合适的地板，否则后期追改修理的费用也是一笔不小的开支。

1. 地板的分类

分 类	特 点	价格/（元/m²）
实木地板	◎色泽鲜艳，纹路清晰 ◎防水耐腐，稳定性好 ◎具有天然原木纹理和图案 ◎适合卧室、书房、客厅等空间使用	400~1000
实木复合地板	◎不同树种的板材交错层压而成 ◎具有较好的尺寸稳定性 ◎保留了实木地板的自然木纹和舒适的脚感	150~500
强化复合地板	◎具有很高的耐磨性，表面耐磨度为普通木地板的10~30倍 ◎耐污染腐蚀、抗紫外线、耐香烟灼烧	100~350
竹地板	◎冬暖夏凉，色差较小 ◎具有超强的防虫蛀功能 ◎使用寿命长，稳定性好 ◎开裂变形率小于实木地板	150~800

2. 地板的选购

（1）实木地板

检查基材的缺陷	看是否有死节、开裂、腐朽、菌变等缺陷；并查看地板的漆膜光洁度是否合格，有无气泡、漏漆等问题
观测木地板的精度	木地板开箱后可取出10块左右徒手拼装，观察企口咬口，拼装间隙，相邻板间高度差。严格合缝，手感无明显高度差即可
确定合适的长度	实木地板并非越长越宽越好，建议选择中短长度地板，不易变形；长度、宽度过大的木地板相对容易变形
识别木地板材树种	有的厂家为促进销售，将木材冠以各式各样不符合木材分类的美名，如"金不换""玉檀香"等；更有甚者，以低档木材充高档木材，购买者一定要学会辨别

（2）复合地板

看厚度	地板的厚度一般在6~12mm，厚度越厚，使用寿命也就相对越长
查耐磨转数	一般情况下，复合地板的耐磨转数达到1万转为优等品，不足1万转的产品，在使用1~3年后就可能出现不同程度的磨损现象
注意甲醛含量	按照标准，每100g地板的甲醛含量不得超过9mg，如果超过9mg的属不合格产品
看基材	将地板对半破开，看里面的基材。好的基材里面没有杂质，颜色较为纯净；差的基材里能看见大量杂质。有的板材使用速生林，3~5年的木材就作为基材，质量不稳定，但FSC认证的板材对于木种有着严格的限制，所以木质基材较好

（3）竹地板

| 看表面 | 观察竹木地板的表面漆上有无气泡，竹节是否太黑，表面有无胶线，然后看四周有无裂缝、批灰痕迹等 |

| 看漆面 | 注意竹木地板是否是六面淋漆，由于竹木地板表面带有毛细孔，会因吸潮而变形，所以必须将四周、底、表面全部封漆 |

| 看竹龄 | 最好的竹材年龄为4~6年，4年以下竹龄太小没成材，竹质太嫩；年龄超过9年的竹子就老了，老毛竹皮太厚，使用起来较脆 |

| 掂分量 | 可用手拿起一块竹木地板观察，若拿在手中感觉较轻，说明采用的是嫩竹，若眼观其纹理模糊不清，说明此竹材不新鲜，是较陈的竹材 |

地板如何规划才最实用

（1）追求舒适脚感选择实木地板

实木地板由于其天然的纹路，给人以自然、柔和、富有亲和力的质感，同时由于它冬暖夏凉，脚感舒适，使用安全，十分适合卧室、书房等空间使用。

↑ 白色餐椅与红棕色实木地板形成优雅而内敛的室内效果

↑ 浅褐色的实木地板与卧室整体氛围呼应，打造优雅自然的氛围

375

（2）地暖空间适合铺设实木复合地板

实木复合地板具有良好的吸音性能和耐冲性，质量相对比较稳定，不容易损坏，所以对于有地暖安装需求的家庭，是物美价廉的好选择。

← 实木复合地板既有实木外观，又有复合地板的耐磨性，十分实用

（3）竹地板铺设避免潮湿空间

竹地板是一种较高档次和品位的装饰材料，理论上说来，一切通风干燥、便于维护的空间都可使用，但防潮处理不好、经常接触水的地方尽量避免使用。

← 竹木地板充满自然、悠然的氛围

七、暖气片质量很关键，保暖效果全靠它

> **⚠ 保暖 VS 省钱**
>
> 暖气片用了几年后，发现保暖效果不如以前好了，以为是锅炉烧的不够热，却发现邻居家暖气很热，检查后才发现是暖气片质量差导致的。
>
> **⚠ 保暖最重要**
>
> 劣质的暖气片里面的防腐层时间长了会掉渣，然后堵塞住出入口，水流不畅，水温就会降低，但是防腐层的好坏判断比较困难，所以尽量购买大品牌、有售后保障的暖气片，质量才能有所保证。

1. 防腐层的作用

避免管道生锈并脱落渣滓到水流中，堵塞在暖气片的管道口。

2. 暖气片的类型

材　料	优　点	缺　点
低碳钢	贮水量大、耐高压	如果防腐层质量差，易堵塞
铝合金	散热性强	容易被腐蚀，不适合集中供暖
铜铝复合	耐腐蚀、散热快	价格高、硬度低
钢铝复合	美观、散热好、耐腐蚀	热损失较大
纯铜	导热性能优越、耐腐蚀能力强	价格极高、款式很少、生产厂家很少
铸铁	耐腐蚀、价格低	样式难看、笨重

3. 暖气片的选择

| 集中供暖 | 首选低碳钢，不可用铝合金暖气片。因为集中供暖的锅炉为了保护钢制管道将水调为碱性，而铝怕碱水 |

| 独立供暖 | ①不宜用粗管暖气片，因为容水量大，热反应慢，浪费能源
②水地热不宜用复合型暖气片（如铜铝复合、钢铝复合） |

4. 暖气片与地热的区分

	地 热	暖气片
空间	◎不占空间，但会降低高度 ◎湿式地热降低 6~8cm；干式地热降低 4cm	占用空间，影响墙体装修和家具摆放，但不会降低高度
寿命	可使用 50 年	可使用 5~8 年
维修	容易出现问题且维修困难	不容易损坏且修理简单
热效率	◎低温热水，升温较慢 ◎初次开启温度上升时间较长	◎升温快、热效率非常高 ◎短时间采暖效果好
节能性	水温较低，能调控温度，对独立采暖或集中供暖分户计量的系统，有明显节能效果	水温高，没有控温装置，即使有，节能效果也不明显，能量损耗比地热高 30%
舒适度	◎热量由下而上散发，同一层面温度均匀，温差小 ◎给人脚热头凉的舒适感	◎同一层面的温差大，在较大房间更为明显 ◎房间上热下凉，给人头热脚凉的感觉

八、水泥质量不合格，墙面裂缝麻烦多

⚠ 质量 VS 省钱

装修入住后一段时间后，墙面竟然裂了缝，墙上的瓷砖没有裂，但相邻的接缝处却又了裂痕，排除了瓷砖质量的问题，发现是水泥质量不合格，导致了开裂，现在再修补不仅浪费开支，而且也不能像开始那样美观了。

⚠ 质量最重要

墙面开裂是非常常见的现象，而水泥层开裂则是最重要的原因。水泥的质量不合格或者兑比比例不对，都容易造成墙面开裂。墙面开裂不仅仅使空间整体的美观度下降，而且由于修补麻烦，还要额外的多花费金钱。

1. 水泥开裂的原因

水泥品质差。 水泥出厂后一般要在半年内使用，如果环境潮湿，必须再3个月内用完，而且每半个月要翻一次，以免硬化。不同品种、标号的水泥不能混用。但有的工人会给你用过期或受了潮的水泥，由于水泥并不用在表层，所以很多人会忽视水泥的质量问题。

水泥与沙子的比例不对。 打水泥地面，第一层用粗胚打底，此时水泥与沙子的比例是1∶3，由于这一层的表面较粗，所以需要一层"粉光"才能表面平滑，此时水泥与沙子的比例是1∶2。铺地砖时，如果使用干铺法，水泥与沙子的比例是1∶3；如果是铺墙砖，一般用湿铺法，水泥与沙子的比例是1∶2。

湿铺法	干铺法
优点：平整度会比湿铺更好控制，不会轻易的滑动 **缺点**：容易出现空鼓的情况	**优点**：很少会出现气泡，不容易出现空鼓或者瓷砖脱落的情况 **缺点**：比较费工，费用较高

2. 水泥开裂的补救方法

◆ 清理干净裂缝周围，包括容易掉落的渣子。
◆ 浇水，使表面湿润，这样可以增加填补剂的附着力。
◆ 填入填补剂，并等其干透。
◆ 完全干硬后，用砂纸磨平表面。
◆ 上漆。

3. 水泥的常见分类

分类	特点	价格
普通水泥	◎强度高，抗冻性好 ◎干缩小，耐磨性较好 ◎水化热大，抗碳化性较高 ◎初凝时间大于45min，终凝时间小于6.5h	17~25kg/袋
白水泥	◎强度不高，装饰性能强 ◎含铁量少，掺入适量石膏 ◎一般用于填补墙地砖、石材缝隙	25~50元/袋
彩色水泥	◎施工简单，容易维修 ◎造型方便，价格便宜 ◎一般用于装饰构造表面	50~80元/袋

4. 水泥的选择

摸手感。 用手握捏水泥粉末应有冰凉感，粉末较重且比较细腻，不应该出现各种不规则的杂质或结块。

看外观。 观察包装标识是否清楚、齐全，复膜编织袋是否完好无损；另外看水泥一般呈蓝灰色，颜色过深或过浅，有可能是掺杂其他杂质。

注意出厂日期。 水泥出厂1个月后强度会下降，出厂3个月后强度会下降15%~25%，存储6个月以上的水泥不宜购买。

询问配料。 听商家介绍关于水泥的配料，从而来推断水泥的品质。国内一些小水泥厂为了进行低价销售，违反水泥标准规定，过多地使用水泥混合材料，没有严格按照国家标准进行原料配比，从而影响水泥质量。

九、劣质铝合金窗要防范，价格便宜易变形

⚠ 质量 vs 省钱

品牌铝合金价格比较高，很多人会选择找普通门面进行加工定做铝合金窗，安装后不久发现窗户边缘出现斑斑水渍，阳台下方的乳胶漆墙面也被浸泡起皮，检查后发现原来是窗户变形了，导致雨水从缝隙里渗入。

⚠ 质量最重要

劣质铝合金窗因为质量问题，承受力较为薄弱，在长期风吹日晒的情况下极容易发生变形，导致玻璃窗和导轨不能很好地贴合，从而使雨水渗漏，造成墙面进水，这样不仅要更换窗户，还要重新刷补墙面，增加花销。

1. 铝合金窗的特点

强度较高，抗老化能力强，综合性能高，使用寿命长，装饰效果好。

2. 铝合金窗的选择

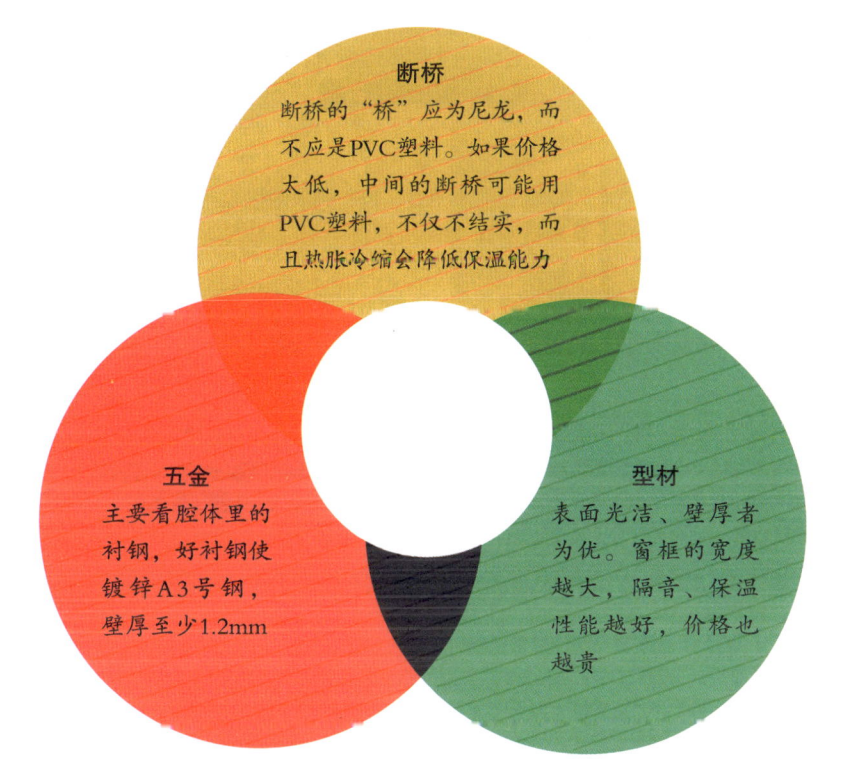

断桥
断桥的"桥"应为尼龙，而不应是PVC塑料。如果价格太低，中间的断桥可能用PVC塑料，不仅不结实，而且热胀冷缩会降低保温能力

五金
主要看腔体里的衬钢，好衬钢使镀锌A3号钢，壁厚至少1.2mm

型材
表面光洁、壁厚者为优。窗框的宽度越大，隔音、保温性能越好，价格也越贵

十、不锈钢水槽选择要选对，后期腐蚀难清理

> **质量 vs 省钱**
>
> 　　水槽用了两年，却发现颜色越来越难看，怎么清洁都擦不光亮。原本为了能够清理方便，选择了不锈钢水槽，没想到虽然没有像铁一样生锈，但也变得暗淡无光，很难看。
>
> **质量最重要**
>
> 　　不锈钢的质量也有高低之分，主要区别在于耐腐蚀性上。虽然不锈钢不会被腐蚀出洞，但也会颜色变暗，影响整体美观度，并且难以清洗干净。

1. 不锈钢水槽分类

拉丝
特点：
① 表面有细微而清晰的丝路，展现不锈钢的本色
② 耐用性能最高

哑光
特点：
① 表面光洁但不会反射明亮的光
② 优点是不沾油，缺点是不耐磨

镜面
特点：
① 表面光滑如镜
② 容易划伤，且痕迹无法消除

2. 测定不锈钢耐腐蚀性

　　不锈钢类型众多，这些类型的最大区别在于耐腐蚀性，304 的耐腐蚀性最好，201 最差，质量不好的不锈钢，使用时间稍长就会表面变色，提高挂污率。

测定工具： 不锈钢测定液。

测定方法： 保持不锈钢表面干净无油渍，去除镀层后滴一滴，观察颜色变化，对比颜色或变红时间，确定不锈钢型号和耐腐蚀性能。

鉴别反应

品　种	特　性
200 不锈钢（假 201）	5s 左右变红，10s 后红色与对比色卡一致
201 不锈钢（真 201）	50s 左右变红
202 不锈钢	1min 左右变红
301 不锈钢	3min 左右变红，颜色很淡
304 不锈钢	3min 业务变化，可能颜色变深，但无红色

十一、五金件虽小，质量不好更换花费高

! 质量 vs 省钱

装修时，很多人会将焦点放在吊顶、墙面等大面积物体上，会觉得五金件很小，因而忽视它们。比如制作柜体，柜子本身板材没有问题，但在五金件质量上偷工减料，那么就会总出现柜门掉落的现象，劳力费钱。

! 质量最重要

五金件可以说是链接点，是物品正常运作的关键角色，虽然五金件体积小，但不能为了一时的贪图便宜或节约预算，就买质量差的五金件，这样更会导致家具或电器运转出现问题，到时候再维修弥补则要花费更多的资金。

1. 常用五金分类

品　种	分　类
锁类	外装门锁、抽屉锁、玻璃橱窗锁、防盗锁、锁芯等
拉手类	抽屉拉手、柜门拉手、玻璃门拉手等
门窗类	合页、滑轨、门吸等
家庭装饰小五金类	窗帘杆、升降晾衣架等
水暖五金类	角阀、地漏等
卫浴、厨房五金	水龙头、花洒、水槽、开关、插座等

2. 具体五金价格

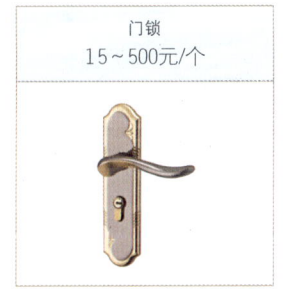

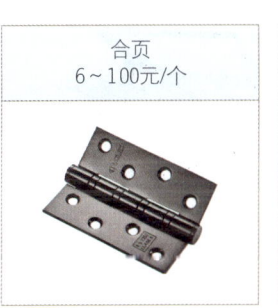

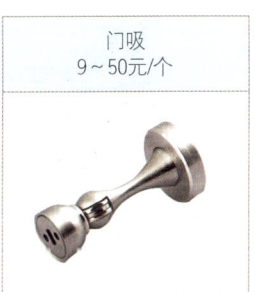

门锁 15~500元/个	拉手 8~150元/个	合页 6~100元/个	门吸 9~50元/个

续表

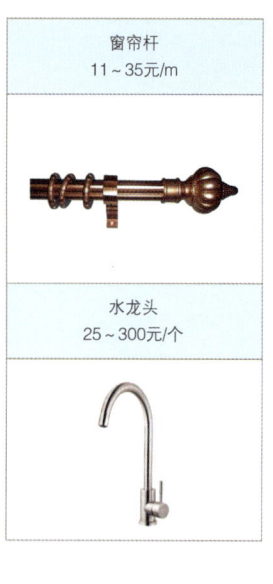

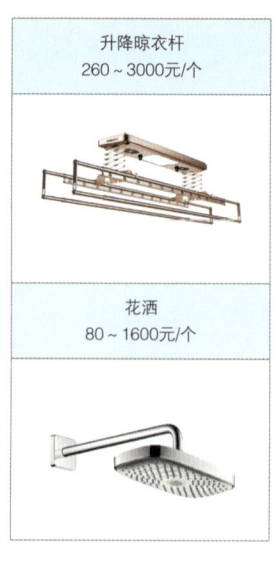

滑轨道 10~70元/m	窗帘杆 11~35元/m	升降晾衣杆 260~3000元/个	角阀 5~90元/个
地漏 38~128元/个	水龙头 25~300元/个	花洒 80~1600元/个	开关 8~30元/个

五金件如何选择才 安全

（1）门锁的选择

注意门边框的宽窄，球形锁和执手锁能安装的门边框不能小于90cm；一般门锁适用于厚35~45mm的门，有些门锁可延长至50mm，注意门锁的锁舌伸出的长度不能过短。

↑ 门锁的选择也要注意与室内风格相适应

（2）拉手的选择

外观不能有明显的缺陷，同时要能承受 6kg 以上的拉力。

↑ 质量好的拉手也是不可忽视的细节装饰

（3）门窗类的选择

合页	◎材质以不锈钢和铜为佳 ◎厚度最好选择 3mm 以上 ◎拿着其中一片合页，另一片自由打开时，另外一片只会缓慢打开时，说明合页内部有阻尼油，这样能防止门猛撞到门框上
滑轨道	◎具有与滑轨轮配合完美的弧度　　◎注意外表油漆和电镀的光亮度
门吸	◎注意外观造型、制作工艺以及减震簧的韧度　　◎注意适用性

（4）家庭装饰小五金类的选择

窗帘杆	◎最好选择纯不锈钢材质 ◎表面要有拉丝处理 ◎支架与墙的接触面要大，挂起来稳定
升降晾衣架	◎升降晾衣架杆子厚度适中，太厚不适合升降 ◎钢丝绳越粗越软越好 ◎滑轮使用纯铜复合滑轮较好

（5）水暖五金类的选择

角阀	◎钢材质最佳，使用寿命长；锌合金价格便宜，但容易断裂、跑水 ◎阀芯不能太重也不能太轻，要选择手感柔和的 ◎表面要光洁锃亮，手感顺滑无瑕疵
地漏	◎不锈钢和铜合金材质价格适中，黄铜性能最好 ◎最好选择物理防臭和深水防臭相结合的 ◎避免头发杂物堵塞，要选择防堵塞的

（6）卫浴、厨房五金的选择

水龙头	◎用手指按压，指纹散开很快并无痕迹，不易附着污物 ◎转动手柄，若感觉轻便、无阻滞感，说明阀芯较好
花洒	◎质量好的花洒喷头往往突出在外，便于清洁 ◎花洒表面越光亮细腻，镀层的工艺处理越好 ◎好的花洒阀芯用硬度极高的陶瓷制成，顺滑、耐磨
水槽	◎不锈钢材料的厚度以 0.8～1mm 厚度为宜 ◎砂光的耐磨损却易聚集污垢；哑光的光洁度、耐久性出色 ◎陶瓷水槽重要的参考指标是釉面光洁度、亮度和陶瓷的蓄水率，吸水率越低的越好
开关	◎面板应该很难用手直接取下，必须借助一定的专用工具 ◎按压开关功能件无空行程，声音清脆、手感顺畅、节奏感强 ◎好的产品明确标识可用电流强度，额定电流为16A，插座电流为10A，较大功率插座为16A

十二、地漏不防干，气味难闻疏通难

⚠ 功能 vs 省钱

市场上地漏名目繁多，难免让人挑花眼。选择了功能最简单的地漏安装，使用后发现卫生间无故飘臭味，检查下水道并没有堵塞，才知道地漏不防干，里面储存的水蒸发干了以后，管道里的臭味就会涌上来。

⚠ 功能最重要

用水封来防臭是最有效的防臭方式，所以选择防干地漏，就是利用水封来阻挡臭味，虽然价格上可能比普通地漏要贵，但能带来干净清爽的卫生间环境，避免管道恶臭影响日常生活。

1. 选择地漏的标准

- 01 排水顺畅
- 02 防臭功能好
- 03 便于清理

2. 地漏的分类

分 类	特 点
传统水封地漏	优点：便宜，广泛用于毛坯房建筑商自带产品 缺点：自清能力差，容易堵塞，不易清理；排水速度慢
吸铁石式地漏	优点：塑料材质芯可加工不同类型 缺点：会含有一些铁质杂质吸附在吸铁石上，一段时间后，杂质层就会导致密封垫无法闭合，起不到防臭作用
重力式地漏	优点：过滤网一体式不容易丢 缺点：会锈蚀或淤积泥沙，阻碍浮力球上下移动，影响排水、防臭、防菌
硅胶式地漏	优点：硅胶抗老化性能及自身弹性好，防臭性能良好，排水也快 缺点：硅胶常理情况下机械开合是不耐用
新式水封式地漏	优点：长期使用不容易损坏，效果好 缺点：不锈钢材质芯成本较高

3. 如何根治臭味

防臭、防干功能强的地漏，下水速度大都较慢，此外，一些开发商为了节省成本，楼内下水管管道里不安置"鹅颈弯"。如果是这样，即使使用了防干地漏，也可能会出现返臭问题。想要根治臭味，可以在做卫生间下水管道的时候，让泥工将排污管集中到一个"鹅颈弯"上，这样就能保证卫生间不出现臭味了。

地漏如何选择才 实用

（1）经常用水的地方可选深水封地漏

常用水的地方比如淋浴区域，用水封地漏更好，因为水封地漏更为保险，不易出现故障。另外，在淋浴这样人面积排水，水流冲力不大的区域，水封地漏和气封地漏排水速度差别并不太大。

↑ 在卫生间安装深水型地漏，注意及时清理地面上的头发，以免出水太慢

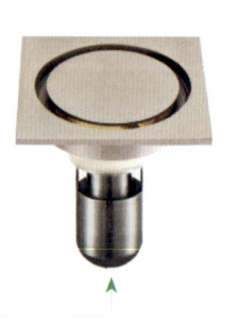

↑ 深水型地漏深度一般要在 12cm 以上，因此下水管的位置尽量不要改动

（2）不常用水的地方适合气封地漏

不常用水、比较干燥的地方，比如厨房或者阳台的地漏一般用于临时排水，平时基本用不到。新型水封地漏保持存水时间再长，也需要加水。而气封地漏密封不受时间限制，特别是厨房这样一般不排水的地方，因为很少使用地漏，所以能够保持其的密封性。

（3）洗衣机专用地漏尽量选用直排水气封地漏

由于无水封地漏的水流方向是直通型，所以排水非常通畅，现在很多洗衣机自带泵，瞬间水量非常大，如果地漏排水速度达不到要求，就会发生溢水，所以直排水的气封地漏更适合。另外，选洗衣机地漏时，要注意上面盖板的连接件，有锥形嘴的排水效果更好。

十三、合页不用便宜货，使用长久能省钱

> **质量 vs 省钱**
>
> 生活中常常遇到木工家具用了不到一年，拉门就歪了，因为一个合页坏了。凑合使用了一段时间后，另一个合页也报废了，开门很别扭，关门时也不顺手。
>
> **质量最重要**
>
> 对于各种门、柜子，合页是非常重要的零件。很多木工无法在木板上减料，就在合页上偷工，虽然看起来只是小小的零件，但却关系到门、柜的开合顺利与否。

1. 合页分类

普通合页	烟斗合页	大门合页
用于橱柜门、窗、门等。材质有铁质、铜质和不锈钢质。由于不具有弹簧铰链的功能，安装合页后必须再装上各种碰珠，否则风会吹动门板	主要用于家具门板的连接，它一般要求板厚度为16~20mm。材质有镀锌铁、锌合金。可根据空间，配合柜门开启角度	材质上可分铜质、不锈钢质。从目前消费情况来看，选用铜质轴承合页的较多，因为其式样美观、亮丽，价格适中，并配备螺钉

2. 合页安装

◆ 安装前，应核对合页与门窗框、扇是否匹配。

◆ 检查合页槽与合页高、宽、厚是否匹配。

◆ 应检查合页与其连接的螺钉、紧固件是否配套。

◆ 铰链的连接方式应与框、扇的材质相匹配，如钢框木门所用的合页，与钢框连接的一侧为焊接，与木门扇连接的一侧则为木螺钉固定。

◆ 在合页的两片页板不对称的情况下，应辨别哪一页板应与扇相连，哪一页板应与门窗框相连，与轴三段相连的一侧应与框固定，与轴两段相连的一侧应与门窗固定。

◆ 安装时，应保证同一扇上的合页的轴在同一铅垂线上，以免门窗扇弹翘。

第二节

施工验收

一、马桶移位容易堵，改回位置要花钱

> **⚠ 从这里改造千万要注意**
>
> 装修时觉得马桶的位置不理想，就让工人将马桶移到了另一侧，入住后，几乎每星期都会遇到马桶堵塞的问题，不管用什么办法疏通，都会出现这样的问题。请了人来维修，才知道马桶移位就会出现堵塞的情况，除非把马桶位置再改回来，这样地面瓷砖只能全部拆掉，其他家具也要移动，浪费开支。

1. 马桶移位方法

（1）使用马桶移位器

卫生间墙壁与排污管的距离是按标准尺寸设计排放的，由于坐便器品种款式甚多，所选择的坐便器排污口与下排污管口位置不对应，此时就需要移位器来完成对接。

优点：方便快捷
缺点：距离短，影响下水

（2）重新打洞移动马桶

地面凿坑，挖出原来的下水主支管，用新的 PVC 管与原主支管连接，并把座便器下水口改到业主所指定的新位置。

> 优点：工程较为简单
> 缺点：改造较为局限

（3）垫高地面

移动距离超过 15cm 马桶移位器就不太管用了，通常会导致堵塞现象。最好重新安装管子，同时抬高卫生间地面 12cm 左右。

> 优点：不容易堵塞
> 缺点：工程量大，花费高

2. 马桶移位注意事项

10cm 范围内马桶移位
一般变动马桶位置 10cm 左右，用的是专用马桶移位器。由于移动位置不是很大，所以不太会发生堵塞的情况。如果要移动更远一些的距离，就没有移位器可以用了，只能对下水管道进行改造了

10cm 以上范围马桶移位
如果要移动位置更远一点，超出专用马桶移位器可使用范围，那么在改造管道的同时必须得抬高卫生间地面且加个存水弯，存水弯用以防止臭气回流。由于排水管的直径一般为 110mm，所以地面至少要抬高 120mm，给水泥砂浆和下水管坡度留点余地

注意管道的密封性
特别是不同管道之间的接口位置，要多次检查是否有漏孔，一定要确保没有泄漏，密封圈、玻璃胶等一样都不能少

二、客厅外扩不能做，恢复原状更花钱

> **⚠ 从这里省钱千万要注意**
>
> 拿到房子后觉得客厅空间有点小，于是想把阳台内侧的那面墙敲掉，这样会显得客厅很大很明亮，另外很多人觉得阳台空间不需要过大，敲掉之后还能扩大客厅空间，一举两得。但是有时候有些墙是不能随便乱拆的，很可能拆完以后会被要求重新补上，这样就得不偿失了。
>
> ↑ 拆除室内墙之前要搞清楚哪些墙不能拆除，避免造成损失

不能拆的墙

承重墙。 指支撑着上部楼层重量的墙体。

鉴别方法	
看图纸	施工图中黑色粗实线部分和圈梁结构中非承重梁下的墙体都是承重墙
看厚度	承重墙一般厚度在24cm左右，非承重墙一般在12cm以下
听声音	敲击墙体时有清脆的人回音是非承重墙，而承重墙则没太大的声音
看位置	外墙通常是承重墙，和邻居共享的墙也是；非承重墙一般在卫浴间、储藏间、厨房、过道等位置

剪力墙。 房屋中主要承受风荷载或地震作用引起的水平荷载和竖向荷载的墙体，防止结构被破坏，因此剪力墙也叫抗震墙、抗风墙。

鉴别方法	
看厚度	一、二级剪力墙的厚度应大于16cm，三、四级剪力墙的厚度应大于14cm；有边框时，剪力墙的厚度不应小于12cm，无边框时，剪力墙的厚度不应小于14cm

三、忽视腻子质量，墙面起皮返工更花钱

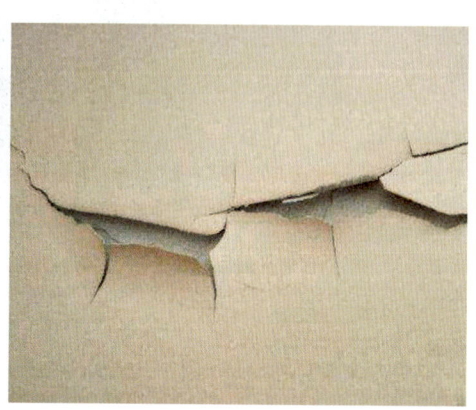

> **⚠ 从这里省钱千万要注意**
>
> 　　装修时，很多人会注意墙漆的质量和环保性，但往往会忽视腻子的质量，为了节约预算，腻子的选择并不是很在意。结果入住后没多久，发现墙面出现起皮的问题，想要再修补就很麻烦。
>
> ↑ 腻子的质量决定墙面的平整程度 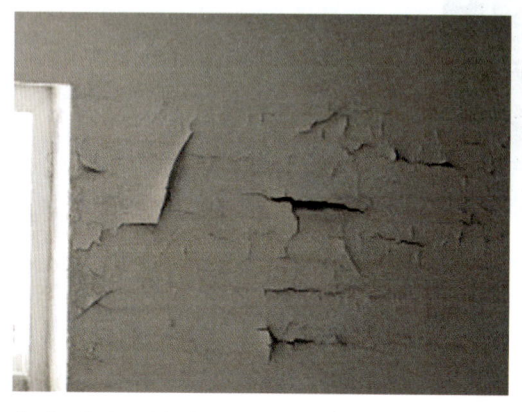

1. 腻子的作用

　　腻子是平整墙体表面的一种装饰性质的材料，可以涂施于底漆上或直接涂施于物体上，用以清除被涂物表面上高低不平的缺陷。

作　用	详　解
防潮	墙面腻子是乳胶漆的基层，隔绝墙面与乳胶漆的直接接触，防止墙面受潮而引起乳胶漆脱落
结实	腻子能强力地附着在墙面上，并承载乳胶漆
找平	用腻子可对墙面进行找平，填充凹陷部分，覆盖突出部分

2. 腻子的辨别

　　用水和好腻子后，黏性大、细腻并且干燥后用手摸不掉白、指甲不刮花、水刷不掉的为好腻子；反之，发散、有针孔的则质量较差。

腻子如何使用才最 有效

想要墙面平整牢固、不掉皮脱落，要严格按照步骤施工：

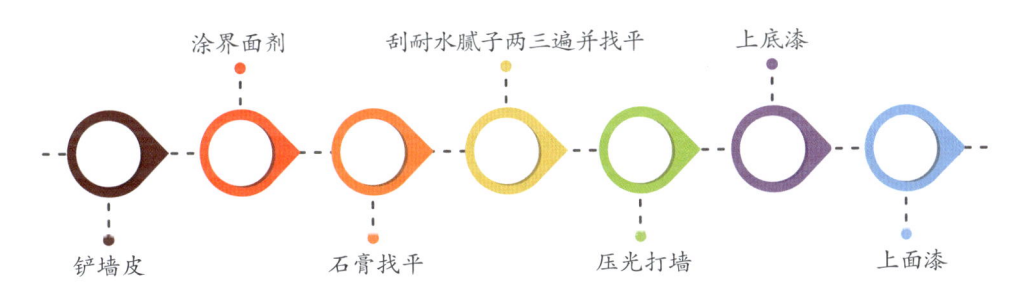

铲墙皮 → 涂界面剂 → 石膏找平 → 刮耐水腻子两三遍并找平 → 压光打墙 → 上底漆 → 上面漆

腻子的好坏不仅与本身的质量有关，还与施工时的操作方法有关。若基层不干净，会降低腻子与基层的黏结强度。腻子黏结不牢，会导致裂纹、起皮、脱落。腻子涂层太厚，也会导致这些问题。因此刮腻子也要严格按照步骤标准进行：

01 将墙面的粉尘清理干净，在局部刮腻子、磨平，板缝作石膏涨缝处理

02 腻子或石膏干了后，贴纸带，然后第一遍刮腻子。注意腻子要完全干后再刮下一次，否则日后容易脱落或霉变

03 第一遍腻子干后，刮第二遍腻子

04 第二遍腻子干后，检查并补腻子（要平整，不能太厚）

05 第三遍腻子干后，将墙面打磨平整，涂底漆

06 底漆干后刷面漆，面漆要刷两遍或三遍，每遍都要等上一遍干透才能刷

四、墙面底漆被遗漏，面漆寿短重刷烦

> **! 从这里省钱千万要注意**
>
> 有的油漆工人为了省事会漏刷底漆，刮完腻子后直接上面漆，因为面漆可以覆盖掉底漆。业主为了方便或节约预算可能并不会太在意，但入住一段时间后，发现墙面会出现白色粉末，并且有脱落现象，这时候再重新修整会更加麻烦。
>
> ↑ 不使用底漆，墙面容易出现脱落现象

1. 底漆的作用

◆ 防止墙面反碱，即防止墙面出现一层白色粉末。
◆ 增加墙面的附着力，使面漆更容易刷上，且刷后不易脱落。
◆ 刷了底漆的墙面，可节省 20% 左右的面漆。

2. 底漆和面漆的关系

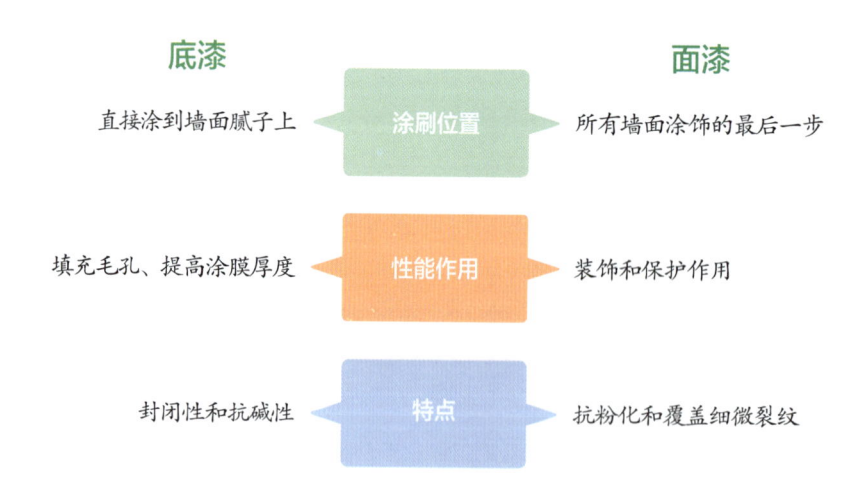

底漆		面漆
直接涂到墙面腻子上	涂刷位置	所有墙面涂饰的最后一步
填充毛孔、提高涂膜厚度	性能作用	装饰和保护作用
封闭性和抗碱性	特点	抗粉化和覆盖细微裂纹

底漆是最先被刷上去的那一层，它最主要的作用就是使漆面平整，从而对面漆起支撑作用，令油漆面看起来更为丰满，使装修时成本下降，同时还节约能源，而面漆是整个油漆系统中的最后一个"守关者"，它能体现整个漆面的光泽、手感、抗划伤情况等特点，因此面漆的好坏直接决定了整片漆膜的好坏。

五、插座安装图省钱，乱接插板隐患大

> **从这里省钱千万要注意**
>
> 　　一个房子的开关插座数量是不容小视的，随之而来的是电管、电线、开槽费、安装费的增加。有些业主为了省钱省事，认为不需要安装那么多的插座开关，结果等到入住后才发现插座不够用，那时候增加插座要敲掉瓷砖，费钱费力，只能到处拉插板，结果家里显得又乱又存在安全隐患。

1. 插座种类

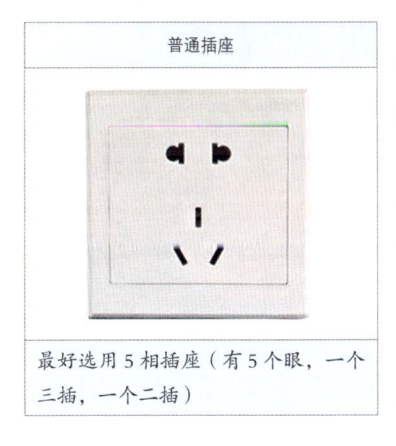

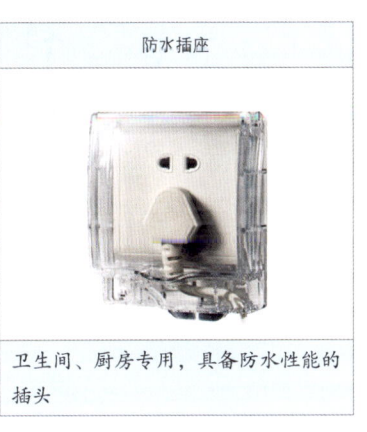

普通插座	防水插座	空调插座
最好选用5相插座（有5个眼，一个三插，一个二插）	卫生间、厨房专用，具备防水性能的插头	空调专用，额定电流更大

2. 提前计算好插座数量和位置

在进行水电工程之前，要计算好两类东西：

- 列出所有电器的种类、数量，包括暂时没用到的
- 事先安排好每个家具的摆放位置。否则，很容易将柜子、沙发、床等挡住插座。插座最好设计在电器的下面，比如吸油烟机的后方，这样既美观又实用

六、窗户填缝技术差，填缝不实麻烦多

> **从这里省钱千万要注意**
>
> 对旧房进行翻新时，一般会拆除并更换旧门窗，为了节约预算，请了较便宜的工人进行更换，觉得最后验收没问题就可以了。结果快要入住时才发现，卧室窗外的接缝处有缝隙。遇到雨天，雨水会灌入缝隙中，会把墙面淋湿，要求工人补修，还要额外支付工钱。

↑ 窗户填缝技术差，雨水渗入，造成墙面返潮

1. 窗户填缝的作用

安装窗户的时候，会把内墙的四角先敲掉，所以在安装完窗户后，要进行填缝处理，把缝隙填满后才能避免雨水、泥沙渗入，污染家居环境。

2. 填缝材料选择

（1）水泥浆

优点：传统的填充窗户的材料，价格便宜，相对而言更结实耐用。
缺点：填充量较多，时间一长，窗户保温性质会变差，因此容易出现小裂缝。
注意事项：如果家中使用的是铝质的窗框，就要在使用水泥砂浆时加强保护措施，避免铝材质被腐蚀。

（2）发泡剂

优点：节能环保，保温效果非常好，因为能与窗户缝隙紧密切合，所以不会出现裂缝和渗水现象。
缺点：用料成本上高于水泥浆。

3. 窗户填缝注意事项

安装窗户时，有的工人会将小木片或纸片暂时塞在窗框下，以保持窗户水平，但而后工人可能会忘了拿出这些木片，并将其与水泥一起封在窗框里。这些木片会吸水，时间长了会腐烂，并在水泥结构中留下小空隙，这会导致漏水。所以最好不要用小木片固定，要用专用垫片。

七、防水施工不做好，重新刷墙花费高

> **⚠ 从这里省钱千万要注意**
>
> 　　卫生间施工时，很多人会注意自己家的防水工程或楼上邻居的防水施工，没想到入住后，墙面还是出现了返潮。检查水管没有漏水现象，楼上邻居也没有漏水的现象，最后才知道隔壁邻居没有做好防水工程，导致自己家的墙面也跟着返潮了，最后还要重新刷墙，增添不少麻烦。

1. 防水施工的作用

　　通常家居中卫浴室、厨房、阳台的地面和墙面，一楼住宅的所有地面和墙面，地下室的地面和所有墙面都应进行防水防潮处理，避免漏水损坏家居环境，甚至引起电器短路。

防水处理之前，一定先找平地面，如果地面不平会造成开裂渗漏
→

2. 防水涂刷高度

地面防水	墙体上翻刷 30cm 高
淋浴区	周围墙体上翻刷 180cm 或者直接刷到墙顶位置
浴缸区	有浴缸的位置上翻刷比浴缸高 30cm

3. 蓄水试验

　　防水层完工之后，要做蓄水测试，可以测出防水有没有做好。

　　蓄水时，先把地漏堵住，再将地面放满水，再一次漏下去，24h 内看楼下可有漏水。

蓄水试验的蓄水深度应不小于 20mm，蓄水高度一般为 30~40mm
→

装修基础指南

防水如何施工才最 有效

（1）基层要够平，够干净

基层底要干净，水泥砂浆打底的附着力才会好。另外，如果要拆除旧地板，也会导致基层底不平整，就先得用水泥打底，然后再上防水层。

基层平整是关键的第一步 →

（2）防水浆料要少涂多层，等干透再涂

防水层就是涂刷防水浆料，所以在涂刷时尽量一次均匀涂抹薄薄的一层，多次分层来涂。然后必须等防水浆料干透后，才能形成膜来防水。

防水浆料要少涂多层才能成膜 →

（3）局部位置涂刷可加强

在地漏、套管、卫生洁具根部、阴阳角等部位，可加强涂刷，但之前水泥砂浆在根部要先做圆角，才好上防水浆料。在涂刷防水浆料时，若流到阴角也要刮除，以免积太厚而开裂。

关键细节要着重涂刷 →

（4）涂刷完毕后，需要养护 3~7 天

常见的防水浆料有树脂型和硅酸质型。树脂型的要干燥养护，尽量避免用电风扇加速干燥；硅酸质的防水浆料则要喷水养护，有水才能结晶，时间越长结晶越密，填缝就越完善。

涂刷完毕后不要着急做蓄水试验，养护好再试验 →

八、不做止水墩，漏水渗水损失大

> **⚠ 从这里省钱千万要注意**
>
> 装修时只在卫生间门口做了门槛，虽然没有让卫生间的水从门槛中流出来过，但门外的墙壁和地板还是被水泡了。检查之后才明白，门槛的防水没做好，水从门槛下渗透了出来。

← 门槛能够防止卫浴间用水回渗到客厅或卧室等其他空间，减少损失

1. 门槛的作用

实现厨卫空间与客厅的干湿分离，避免厨卫间里的积水漫至客厅，造成损失。

2. 门槛的缺点

缺点：卫浴间的门槛与其他的门槛不同，即使它比地面高，也不一定可以阻隔卫浴间的水。在瓷砖底下，卫浴间可能与客厅是连通着，如同有一个暗渠。如果门槛附近有水，可能会通过暗渠渗透到门槛外面。

解决方法：为了避免这样的情况发生，可以在门槛下面做一个止水墩，即一个 n 形的门槛。在其中填满防水水泥，高度要高于客厅的地面，然后再铺上瓷砖，这样就可以增加断水层的高度，防止渗水。

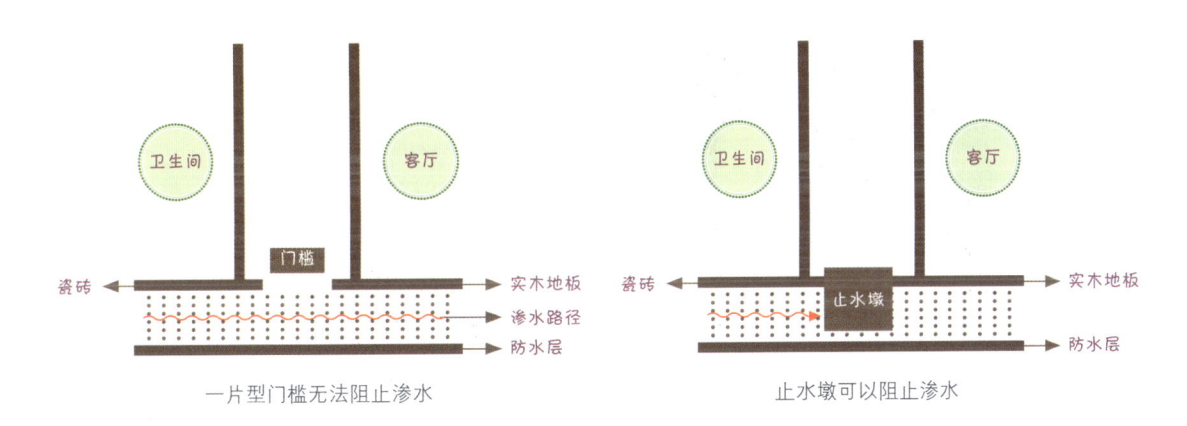

一片型门槛无法阻止渗水　　　　　　　止水墩可以阻止渗水

卫浴间门槛如何 制作

（1）卫浴间要做止水墩

门槛会漏水的原因，第一是没有做止水墩。止水墩可以用打底的水泥做，或用防水浆料做。高1~2cm即可，考虑门槛的高度，超过卫生间瓷砖和卧室木地板即可，做太高不行。

衣帽间与卫浴间之间要做好止水墩，否则会导致衣帽间木地板起翘

（2）门槛形状尽量选择∩型

门槛有很多样式，材质有人造石或大理石等。记得要选∩型的，不能用一字型，因为一字型的无法防渗水。

↑ ∩型门槛防水效果更好

（3）先做门槛再做门套

制作时可以先做门槛，最后再做门套。门槛要完全顶到左右墙两端，门套两侧要置于门槛上，横拉门的门套也一样，久了水会从门套处渗出

↑ 门槛和门套要依次进行制作

九、不装三角阀崩水难控制，淹水修缮开销大

> **！从这里省钱千万要注意**
>
> 改造水路时，很多人都会将三角阀忽略掉，或者为了节约预算而将其省略。如果没有三角阀，水龙头突然崩裂，只能从水路总开关来止水，而一般水路总开关位置比较隐蔽，等找到时，家里很可能已经被淹。如果安装了三角阀，那么可以提前从接头处知道有没有漏水，提早做好准备，避免额外的损失。

1. 三角阀的作用

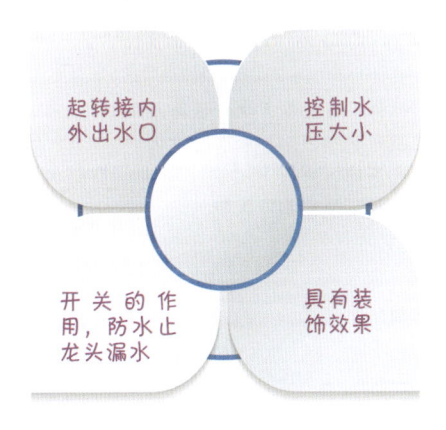

- 起转接内外出水口
- 控制水压大小
- 开关的作用，防水止龙头漏水
- 具有装饰效果

2. 三角阀的使用寿命

角阀的使用年限主要看材质，不同材质的角阀，使用年限也不同。比如合金的角阀，比较脆，一般使用年限为 3 年；而铜制角阀的使用年限可以在 8 年左右；红冲以及锻压的在 10 年以上，翻砂的 5~8 年。所以角阀的使用年限，要根据材质来决定。

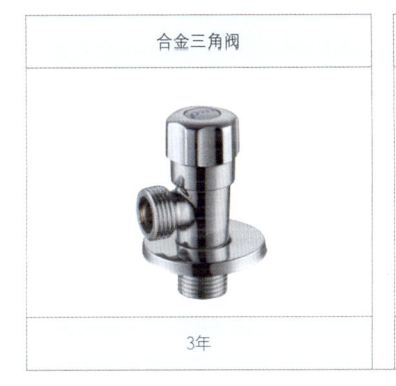

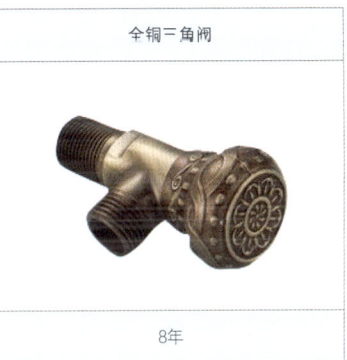

合金三角阀	全铜三角阀	红冲三角阀
3年	8年	10年以上

2. 三角阀的分类

按照冷热区分	"冷"和"热"两种（以蓝、红标志区分）同一厂家同一型号中的冷暖三角阀其材质绝大部分都是一样的没有本质区别，区分冷暖的主要目的是：冷热标志，主要是为了区分哪个是热水，哪个是冷水
按照开启方式区分	"快开"和"慢开"两种。快开是指90°快速开启和关闭阀门。慢开是指360°不停的旋转角阀手柄才能开启和关闭阀门
根据阀芯区分	① 球形阀芯：口径比陶瓷阀芯大、不会减小水压和流量、操作便捷；阀芯是镀铬的，硬度高耐磨、使用寿命长、避免产生铜绿 ② ABS(工程塑料)：塑料阀芯造价低，质量也没有保证 ③ 陶瓷阀芯：开关的手感顺滑轻巧，适用于家庭，使用寿命长，造价也比较高
按外壳材质区分	① 黄铜：容易加工，可塑性强，有硬度，抗折抗扭力强 ② 合金：造价低，缺点是抗折抗扭力低，表面易氧化 ③ 铁：易生锈，污染水源。不建议使用 ④ 塑料：造价低廉，不易在极寒冷的北方使用

3. 三角阀选购

看材质	铜材质会比较重，大幅延长了产品的使用寿命；市场上的锌合金的用了一年容易断裂，维修难
看阀芯	手感太重，开关比较费力；手感太轻，容易漏水；手感柔和的寿命比较长
看电镀光泽	注意光泽度，产品是否起泡、划伤，好的产品的表面光洁锃亮，手摸顺滑无瑕疵
用手摸	用手指按一下龙头表面，指纹很快散开，且不易附水垢

十、打压测试不能省，后期渗漏麻烦多

⚠ 从这里省钱千万要注意

很多人为了省时省钱，在做试水打压试验时只打一次压，结果后期出现质量问题再修理会更加麻烦。试水打压要进行多次，才能很好地检查出施工的质量问题，为以后减少隐患。

↑ 打压测试能够检测出漏水或者施工不完善的地方，防止后期渗漏问题出现

1. 打压测试的作用

用于判断水管管路连接是否可靠。在试压的时候要逐个检查接头、内丝接头，堵头都不能有渗水，否则就会直接影响试压器的表针。

2. 打压测试的工具

专门的试压工具，主要由千斤顶、压力表、水箱、软管组成；一般打压试验由项目经理、水管安装公司与业主三方共同在场完成。

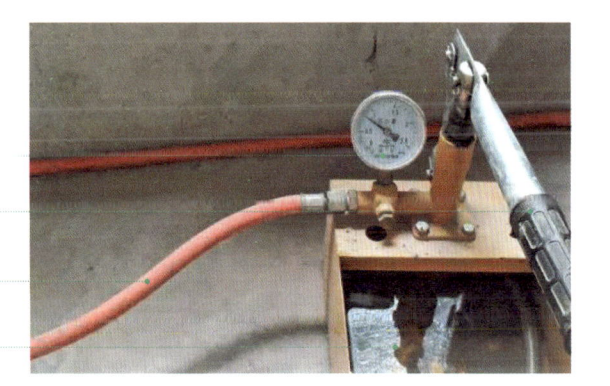

压力表　千斤顶　软管　水箱

3. 打压测试注意事项

◆ 打压试验要在水管安装好后的 24h 后，才能够进行。
◆ 水管测压试验时，管道内最好不要有空气，以免影响准确性。
◆ 避免使用劣质水表，或在打压时速度过快，否则会使水表的表盖破损。
◆ 测压试验时，要检测是否有堵头未堵好，压力器的压力值是否会下降得非常快。

装修基础指南

十一、铝扣板别用胶水粘，容易起翘要返工

> ⚠ **从这里省钱千万要注意**
>
> 卫生间的天花板用的是铝扣板，本应该使用钉子进行固定，为了节省预算，便使用了胶水进行固定，没想到安装过几天后，铝扣板的边角便起翘了。请工人进行保修，却被要求额外支付胶水的费用，这样又多花了一笔钱。

01 弹线 确定龙骨位置

02 安装龙骨 先安装主龙骨吊杆，再安装主龙骨，最后安装次龙骨

03 安装铝扣板 安装铝边条及铝扣板

04 安装灯具 布置灯具及通风口

2. 铝扣板的固定

由于安装扣板时，是将扣板两边完全卡进次龙骨后再推紧，所以一般对靠墙没有龙骨的铝扣板才会进行固定。如果使用胶水进行固定，与墙面很难有粘合力，很容易就会脱落，并且如果技术不好，打胶还会留下难看的痕迹。所以一般推荐使用钉子进行固定，但要注意不要将墙面瓷砖打破。

铝扣板安装时依次卡进的安装，方便后期拆改 →

铝扣板如何应用才最 有效

（1）提前明确尺寸和位置，以便确定吊灯开孔位置

厨房安装铝扣板吊顶，需先固定软管烟道后，再安装吊顶；卫浴间需要先安装浴霸和排风扇后才能安装吊顶。

↑ 厨房铝扣板安装注意抽烟机、灯具的位置，要提前规划好　　↑ 卫浴间则要提前安排好排风扇和照明的位置

（2）铝扣板做吊顶避免负重过重，造成变形

安装时切忌把排风扇、浴霸和灯具直接安装在扣板或龙骨上，建议直接加固在顶部，防止吊顶因负载过重而变形。

灯具等需要安装在顶面的物件，最好直接安装在龙骨上 →

装修基础指南

十二、忽略空气质量检测，影响入住最糟心

> **从这里省钱千万要注意**
>
> 很多人不知道，装修后的室内空气质量也要进行验收，可能尽管使用了有国家环保认证的装修材料，但是并不能保证任何一款材料都是百分之百安全的，所以在装修过程中，难免会产生一定的空气污染。如果为了节约预算而不进行空气检测，那么等到入住出现健康问题时，就得不偿失了。

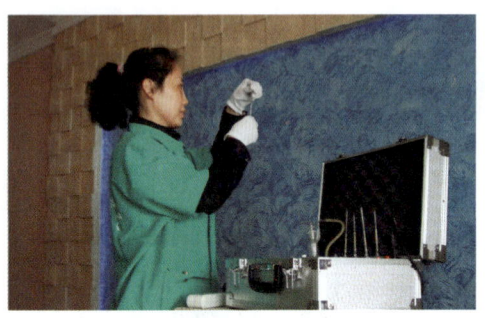

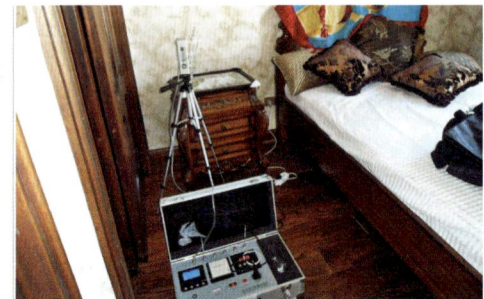

↑ 空气质量检测是对家人和自己健康的一个保障

1. 室内空气常见污染物

（1）甲醛

危害	对皮肤黏膜有刺激作用，能与蛋白质结合、高浓度吸入时出现呼吸道严重的刺激和水肿、眼刺激、头痛
来用	应用于黏合剂中，各种人造板材、墙地面装饰铺设由于会用到黏合剂所以会有甲醛释放；化纤地毯、油漆涂料等

（2）苯

危害	经常接触苯。皮肤会因脱脂而变得干燥，甚至出现过敏性湿疹；长期吸入能导致再生障碍性贫血
来用	来源于大量使用的化工原料，如涂料、木器漆、胶黏剂及各种有机溶剂

（3）空气氡

危害	容易导致肺癌、白血病等；使人丧失生育能力，引起胎儿畸形等问题
来用	大理石、花岗岩、砖沙、水泥及石膏之类建筑材料，特别是含有放射性元素的天然石材；从日常用水以及用于取暖和厨房设备的天然气中释放出氡

408

2. 室内空气测量标准

污染物	单位	浓度限量
二氧化硫	mg/m²	0.5（1h均值）
一氧化碳	mg/m²	0.24（1h均值）
二氧化碳	mg/m²	10（1h均值）
氨	%	0.1（1h均值）
臭氧	mg/m²	0.16（1h均值）
甲醛	mg/m²	0.1（1h均值）
苯	mg/m²	0.11（1h均值）
甲苯	mg/m²	0.2（1h均值）
可吸入颗粒	mg/m²	0.15（日均值）

3. 辨别室内空气检测机构

检测报告带有 CMA 计量认证专用章
出具的检测报告是否有 CMA 计量认证专用章是衡量该机构是否正规的硬性标准之一，非正规机构没有或者使用模糊虚假的专用章

没有附加收费项目
正规的检测机构不会有任何产品销售，如果又检测又买产品肯定不是正规的检测机构，不会有一条龙服务的，那样数据就不会准确可靠了

价格成本较高
一般检测的最低收费是 400 元左右，面积在 50m² 以下，设一个检测点即可，正规检测机构因检测时间长、过程较为复杂，所以其检测成本较高。有些公司也打着正规的旗号做检测，价格相应低很多，一般在 400~800 元一套房，但数据可参考性就差了很多

空气检测常见的 误区

（1）新房吹一段时间可以住 ✗

甲醛、苯等有毒有害气体一般分三种状态存在：游离状态、吸附状态、结合状态。只有游离状态才能通过风处理消除，而且要在正常的风速四倍以上才能清除。况且装修及家具板材中不断释放的有毒有害气体的潜伏期长达3~15年，因此不论是装修的新房还是老房这些方法只是治标不治本。

↑ 对于有害气体要进行检测才能有效地去除

（2）采用绿色材料不会产生污染 ✗

事实上绿色材料仅仅是满足了污染物的最低排放标准，并非绝对绿色建材。装修后空气质量取决于装修的程度、家具的质量等诸多不确定因素。有可能采用了绿色建材，但装修过度也是有害无益的，为提高生活品质可以作进一步的治理。

↑ 全木质的家具也要注意空气问题

第六章　不可省的装修细节，当心高花费陷阱

第三节

软装配饰

一、家具质量要把关，质次价高要规避

装修小状况

网购、团购买了喜欢的家具，结果到手不仅色差大，尺寸上也有问题，勉强摆放稳妥之后，使用了一段时间才发现，家具内部质量有问题，想再替换不仅花费大而且很麻烦。

↑ 网上的照片往往会出现色差，颜色的偏差可能比较明显

解决小建议

家具购买除了购买途径要注意，还要学会识别家具质量，把好家具质量关卡，因为家具是陪伴生活使用最直接的物件，其质量的好坏直接影响到生活质量。

1. 家具选择原则

实用原则。 选择家具时不要只顾追求样式上的好看，而忽略了实用功能。有的人习惯将衣服分类，但买回来的衣柜虽然造型漂亮，却没有足够的空间将各类衣服分开摆放。这样的设计极不合理，又浪费空间。

细节原则。 查看五金件的表面是否粗糙、是否能够活动自如、有没有不正常的噪声；像门把手这类五金件不但有其功能性，也有一定的装饰性，所以颜色、质地都要与家具相协调。

空间原则。 空间较大时可以选择一些尺寸较大的整体家具，这样不但实用，也能凸显出空间感；空间有限时，一定不要选择尺寸过大的家具，否则会让空间有一定的拥挤感。

2. 常见家具的选购要点

（1）木质框式家具

☆查看尺寸准确，尽量用卷尺进行测量核实。

☆家具表面油漆平滑光洁，无凸起砂粒和疵斑。可以查看选材是否优质高强，框架用材是否细密结实，无霉斑节疤。用材是否干燥，用手摸无潮湿感，表面无裂口、无翘曲变形、无脱损。

☆合页、插销等小五金要齐全、安装牢固，使用灵活。

☆抽屉底板应插装于侧板的开槽中，侧板、背板和面板均卯榫相接，而不允许仅用钉子钉装。

（2）木质板式家具

☆木质板式家具材质以木芯板最佳，中密度板次之，刨花板最差。复合板用蜂窝纸心胶合，质量轻，不变形，但四周必须有结实的木方，否则无法固定连接件。

☆观察板面是否光洁平滑，表面有无霉斑、划痕、毛边、边角缺损。

☆查看家具拼接效果时要注意拼接角度是否为直角，拼装是否严丝合缝，抽屉、门的开启是否灵活，关闭是否严实。

☆拆装式家具在拼装前要检查连接件的质量，制作尺寸是否规矩、固定牢靠、结合紧密。

（3）金属家具

☆金属家具镀铬要清新光亮，烤漆要色泽丰润，无锈斑、掉漆、碰伤、划伤等现象。
☆底座落地时应放置平稳，折叠平直，使用方便、灵活。
☆金属家具的焊接处应圆滑一致，电镀层要无裂纹、无麻点，焊接点要无疤痕、无气孔无砂眼、无开焊及漏焊等现象。金属家具的弯曲处应无明显褶皱，无突出硬棱。
☆家具的螺钉、钉子要牢固，钉了处应光滑平整，无毛刺、无松动、焊接处周围不应该有外向锤伤。

（4）藤编家具

☆如果藤材表面起褶皱，说明该家具是用幼嫩的藤加工而成，韧性差、强度低，容易折断和腐蚀。
☆藤艺家具用材比较讲究，除用云南的藤以外，好多藤材来自印度尼西亚、马来西亚等东南亚国家，这些藤质地坚硬，首尾粗细一致。
☆在购买时可以用手掌在家具表面拂拭一遍，如果很光滑，没有扎手的感觉就可以，也可以双手抓住藤家具边缘，轻轻摇一下，感觉一下框架是不是稳固。
☆观察家具表面的光泽是不是均匀，是否有斑点、异色和虫蛀的痕迹。

（5）布艺家具

☆布艺家具框架应是超稳定结构、干燥的硬木，不应有突起，但边缘处应有滚边以突出家具的形状。

☆独立弹簧要用麻线拴紧，在布艺家具承重弹簧处应有钢条加固弹簧，固定弹簧的织物应不易腐蚀且无味，覆盖在弹簧上的织物也应具有同样的特性。

☆防火聚酯纤维层应设在布艺家具座位下，靠垫核心处应是高质量的聚亚安酯，布艺家具背后应用聚丙酯织物覆盖弹簧。为了安全、舒适，靠背也要有与座位一样的要求。

（6）真皮家具

☆观察皮革，线条直而不硬，皮质较粗厚。

☆牛皮皮质柔软、厚实，质量最好。马皮、驴皮的皮纹与牛皮相似，但表面皮青松弛，时间长了容易剥落，不耐用，所以价格相对便宜。

☆一般木架都藏在沙发里面，可以用手托起沙发感觉一下重量，如果是用包装板、夹板钉成的沙发分量轻，实木架则比较重。

☆用手去按沙发的扶手及靠背，如果能明显地感觉到木架的存在，则证明填充密度不高，弹性也不够好。轻易被按到的沙发木架也会加速沙发外套的磨损，降低沙发的使用寿命。

二、亲肤布艺要注意，含量不好易过敏

装修小状况

装修结束后准备为家中挑选软装布艺，由于后期预算超标，所以在选择类似靠枕、枕套、沙发套等布艺时，没有太在意材质质量问题，只关注了装饰效果是否合适，结果入住不久后发现身上经常会过敏，喉咙也总是痒痒的不舒服。

解决小建议

虽然不能说便宜的布料就一定不好，但好的布料染料贵，价格自然也要高一些。大品牌的布艺产品经过高温定型等处理，一般可以放心使用，一些小店卖的产品，最好在买回家时进行清洗，同时尽量避免贴身使用。

1. 常见亲肤布艺

布艺沙发	靠枕	床品	窗帘

2. 亲肤布艺的处理清洁

充分清洗 买回来的布艺应先在清水中充分浸泡，以减少残留在织物上的化学毒性残留；手感较硬的布料，可用柔顺剂洗涤，以免刺激摩擦皮肤，引起局部瘙痒

保持干燥 潮湿的空气以及不注意通风，都是霉菌喜欢光顾的原因。针对霉菌怕光、怕氧、怕冷、怕燥的特点，可不时将床品、坐垫、窗帘等拿到阳光下暴晒。经常开窗也可使室内霉菌数量减少

及时清理 最好经常使用吸尘器或刷子除去沙发上的灰尘，防止灰尘或污渍长时间遗留在纤维里，刺激过敏性皮炎或鼻炎、哮喘的发生

装修基础指南

三、劣质地毯价格低，影响健康代价高

装修小状况

很多人觉得地毯铺在地上，经常要被踩踏，所以不需要购买太贵的地毯，同时也方便后期的随时更换，因此可能会忽视地毯的质量，觉得颜色、尺寸符合就可以，不必要花费太多预算。但买来后才发现地毯气味刺鼻，并且容易掉毛脱毛。

解决小建议

在购买地毯时，首先应该去大商场购买品牌产品，另外，最有效的就是向销售人员索要产品的质量合格证以及质量检验报告。怕地毯不经用，可以根据使用位置和频率来选择材质，踩踏频率密集的区域使用耐磨、易打理材质的地毯。

1. 地毯的分类

分　类		特　点	价格/（元/m²）
纯毛地毯		◎脚感舒适，不易老化和褪色 ◎清洗保养较麻烦，价格较贵	≥380
混纺地毯		◎图案、色泽、质地、手感等方面与羊毛地毯差别不大 ◎耐虫蛀、不易腐蚀、不易霉变 ◎价格相对羊毛地毯较低廉	195～280
化纤地毯		◎质地、视感近似于羊毛 ◎防燃、防污、防虫蛀 ◎清洗维护很方便	260～460
塑料地毯		◎色彩鲜艳 ◎耐湿、耐腐蚀、防虫蛀 ◎质地较薄，手感硬，容易老化	15～200

416

2. 地毯的选购

| 燃烧法鉴别 | 纯毛地毯燃烧速度慢,有烟有泡,灰多且呈脆块状,气味类似头发焦味;化纤及混纺地毯燃烧后呈胶体并可拉成丝状 |

| 用手摸 | 质量好的地毯,毯面密度丰满、手感柔韧有弹性 |

| 看色牢度 | 可用手或抹布在毯面上反复摩擦数次,看手或抹布上是否粘有颜色,如粘有颜色,则说明该地毯的色牢度不佳 |

| 风格与室内整体统一 | 选购时注意地毯颜色与室内整体效果统一,一般客厅内宜选择色彩较暗、花纹图案较大的地毯;卧室内宜选择花型较小、色彩明快的地毯 |

3. 地毯的保养

| 吸尘器清扫 | 地毯的绒毛容易积灰,可以先用立式吸尘器把地毯大面积清理一遍,进行除尘第一步;然后再用手持式吸尘器,对落灰特别严重的地方,如茶几下面、墙角、床沿边进行细致处理 |

| 醋除有色污渍 | 咖啡、可乐或者果汁等饮料所造成的污渍,可以先用干布或者纸巾吸取水分,然后用醋沾湿干布轻轻拍拭污渍,直到污渍清除 |

| 稀释醋去异味 | 在4L温水中加入40mL醋浸湿毛巾,拧干后擦拭地毯,擦拭完成后把地毯放在通风的地方风干,就能去除长期使用带来的异味 |

地毯如何应用性价比才最高

（1）根据摆放位置选择合适材质地毯，发挥最大效果

地毯作为编织品，不同的材质会有不同的使用效果。如果用在玄关等位置起防滑作用，则可以考虑混纺的地毯，使用上更耐磨。如果使用在客厅起装饰作用，则可以考虑羊毛地毯，能够起到良好的装饰美化效果。

← 客厅可以选择样式美观大方的纯羊毛地毯

← 玄关处选择化纤地毯，更耐磨易清洁

（2）根据家具色彩搭配地毯，兼备实用与装饰效果

在墙面、家具、软装饰色彩单调的空间中，地毯可以选择具有艳丽图案的类型；同时，选择与壁纸、窗帘、靠包等装饰图案相同或近似的地毯，可以令空间呈现立体装饰效果。

↑ 棕色花纹的米白色地毯与卧室主要色彩呼应，使深色调的地板看上去不会过于沉闷

↑ 客厅整体色调简单，风格简约利落，搭配纯色的米色地毯，形成干净又不失品味的效果

装修基础指南

↑ 蓝白色几何图案的地毯与其他家具、布艺呼应，既不脱离整体，又能加强北欧风格感

↑ 家具色彩鲜艳而抢眼，是客厅中的视觉焦点，因此以低调的浅木色圆形地毯搭配，既不会抢夺视线，又能很好地过渡地面与家具色彩